生物信息学与基因组分析入门

李余动 编著

图书在版编目(CIP)数据

生物信息学与基因组分析入门 / 李余动编著. —杭州:浙江大学出版社,2021.10(2025.1重印)
ISBN 978-7-308-20980-9

Ⅰ. ①生… Ⅱ. ①李… Ⅲ. ①生物信息论 ②基因组—分析 Ⅳ. ①Q811.4 ②Q78

中国版本图书馆CIP数据核字(2020)第264902号

生物信息学与基因组分析入门
李余动 编著

责任编辑 秦 瑕
责任校对 徐 霞
封面设计 周 灵
出版发行 浙江大学出版社
(杭州市天目山路148号 邮政编码310007)
(网址:http://www.zjupress.com)
排 版 杭州朝曦图文设计有限公司
印 刷 广东虎彩云印刷有限公司绍兴分公司
开 本 787mm×1092mm 1/16
印 张 12.75
字 数 302千
版 印 次 2021年10月第1版 2025年1月第7次印刷
书 号 ISBN 978-7-308-20980-9
定 价 39.00元

浙江大学出版社市场运营中心联系方式:0571-88925591;http://zjdxcbs.tmall.com

前　言

生物信息学综合利用生物学、计算机科学和统计学等学科的方法，实现对海量生物医学数据的分析与解读，从而揭示生命的奥秘。随着基因组测序技术的快速发展、大数据处理和人工智能技术的广泛应用，生物信息技术在遗传病预防、病原体检测、肿瘤诊断及药物研发等方面都有重要的应用。目前生物信息技术已经逐渐走进人们的生活，如基于基因组大数据的精准医疗或健康管理等。党的二十大报告提出“推进健康中国建设”，生物信息技术将在未来的智慧健康产业中发挥重要作用。

本书是编者在给生物、食品相关专业学生讲授生物信息学课程的基础上整理编撰而成的。全书共有15章，第1—2章分别为生物学与计算机的基础知识；第3—10章介绍DNA、RNA以及蛋白质序列分析，为生物信息学的基本理论与方法；第11—15章介绍下一代测序（NGS）数据分析方法及其应用，如基因组组装、基因变异检测、转录组测序（RNA-seq）、宏基因组学等。

每章内容适用于1个教学课时，教师可根据不同教学课时选讲其中部分章节内容。另外，生物信息学是一门实践性很强的课程，一般安排课堂讲授11—12个课时，再结合上机实践练习4—5个课时。

本书的编写得到了国家自然科学基金项目（31671836）和浙江工商大学研究生教材出版项目的资助。2016年夏天，父亲罹患癌症逝世，我放下手头的工作，一边陪伴年幼的女儿，一边开始写作本书。在此期间，我的多位研究生（陈怡王、张国庆、王明月、黄炜、李高磊等）参与修改书稿，浙江大学出版社秦瑕编辑对书稿做了大量修订工作，特此一并致谢！在本书编写过程中，参阅了部分国内外相关文献。由于作者水平有限，书中可能还存在一些纰漏之处，恳请读者和专家批评指正。

李余动

2021年9月

目 录

第1章　分子生物学基础

道生一，一生二，二生三，三生万物。——老子《道德经》

本章简单介绍生物大分子DNA、RNA和蛋白质，以及基因表达、基因结构的基础知识，涉及生物遗传信息的存储、传递和利用等，是学习本书后续内容的理论基础，还介绍使用在线SMS工具分析生物序列的基本方法。

◎导学案例

生物信息学(bioinformatics)是一门集生物学、统计学与计算机科学等学科的方法和技术于一体，以理解海量的生物医学数据为目的的新兴交叉学科。简单地说，生物信息学是使用计算机工具，以数学的方法，解决生物学问题的一门学科。随着基因测序技术的进步以及大数据和人工智能技术的广泛应用，生物信息学在肿瘤诊断、病原体检测和药物研发等方面都有重要应用。

王国维在《人间词话》描述做学术有三个境界，古今之成大事业、大学问者，必经过三种之境界：昨夜西风凋碧树，独上高楼，望尽天涯路，此第一境也。衣带渐宽终不悔，为伊消得人憔悴，此第二境也。众里寻他千百度，蓦然回首，那人却在，灯火阑珊处，此第三境也。

与之类似，从事生物信息学研究也有三个层次。

(1)能利用已有的一些计算机工具，或编写脚本处理数据等，是生物信息学研究的第一层次。生物信息学需要处理大量的数据，并从中得到规律性的知识，如通过测序数据与参考基因组序列比对检测突变位点，以及根据已知基因序列推断各物种的进化关系等。

(2)能掌握生物信息工具的算法，理解其背后的统计学原理，并能开发新的分析工具等，是生物信息学研究的第二层次，如序列比对工具BLAST的算法、RNA-seq数据分析工具DESeq2分析差异表达基因都有特定的数学模型。

(3)能选择或提出有意义的生物学问题，是生物信息学研究的最高层次。生物信息学研究要解决的问题是生物学问题，正如爱因斯坦说过“提出问题比解决问题更重要”。总之，计算机决定研究的效率，数学决定研究的高度，而生物学决定了研究的境界。

地球上生存着丰富多样的生物物种(species)，一般可分为动物、植物、微生物等。它们从形态上来看千姿百态，例如蚂蚁、大象与金鱼。但是，从微观或分子层面上看，它们却有许多共同特点，如大多数生物（除了病毒）都由细胞构成，都有利用碳水化合物产生能量的生化代谢途径，并以DNA作为遗传信息的载体等。那么，为什么不同生物在分子水平上如此相似呢？答案可能就在于生物进化（evolution）。地球上所有生物都是起源于共同祖先（common ancestor），各种生物彼此之间都有或近或远的亲缘关系。我们的地球大约有45亿年历史，据估计，第一个生命形式大约在地球形成10亿年之后产生，那时的地球环境已经变得适合生命生存，如有水、有空气、温度适宜等。地球上初始的生命形式非常简单，后经历漫长进化，形成各种新的、复杂的物种。1859年，达尔文出版了著作《物种起源》（*The Origin of Species*），首次提出了进化学说。地球上现有生物具有丰富的物种多样性，据估计地球上的物种数量至少有200万种。瑞典植物学家林奈（Carl Linnaeus）基于达尔文进化思想对物种进行系统分类与命名，其创立的双名法（属名+种名）沿用至今，如人的分类名是*Homo sapiens*，*Homo*是人属，种名*sapiens*是智慧的意思）。直到现在还不断有新物种被发现。

漫长的生物进化过程伴随遗传信息的变异，即突变（mutation）。而这些变异是否会在种群（population）中保留下来，是由自然选择（natural selection）决定，即适者生存（survival of the fittest）。达尔文提出自然选择学说用于解释生物进化的机理。例如，人类的大脑更发达，因此相对其他灵长类动物更有选择优势，这是长期进化的结果，而不是神创造了人与其他动物不一样的特征。

早期的进化研究主要基于形态、解剖及生理生化特征等的观察数据，而现代分子生物学的大量数据进一步证明生物进化理论的科学性。例如，一个生物的大多数基因在其他物种中也有相似度很高的序列，说明它们可能来源于一个共同祖先，相似序列预示有同源性（homology）。原核生物（如细菌）和真核生物（如酵母、植物及动物）不仅使用相同的核苷酸“字母”储存信息，而且采用相同的一套遗传密码子来表达信息，说明在地球早期出现的生命中就已经设计出DNA“语言”及其解读规则，而且它们至关重要，因此几十亿年来变化很小。毋庸置疑，进化是生物学的基本原则之一。进化论涵盖了生物学的一切领域，也是生物信息学与基因组学的理论基础。许多生物信息分析都与进化相关，常见的应用是通过基因序列的比对来推测基因功能。例如，一个生物学家克隆一条新的人类DNA序列，要想知道它有什么功能，他会用这条序列与数据库中的其他物种序列进行比较，如果其他物种（小鼠、酵母等）中也有与这条DNA序列相似的序列（即同源基因），而且它们在这些物种中的功能已经被研究清楚，就可以推断出它在人体内也具有相似的功能。

1.1 生命的基本物质

1.1.1 DNA：遗传信息的载体

DNA为英文deoxyribonucleic acid（脱氧核糖核酸）的缩写，它是生物的主要遗传物质，携带生物的遗传信息，指导蛋白质合成及生命机能运作。孩子可以遗传妈妈的大眼睛或爸爸的高鼻子，这些都是遗传信息的直接作用结果。一般把在遗传水平上控制这些生命特征的

DNA序列称为基因(gene)。

DNA是由脱氧核糖核苷酸(nucleotide,nt)组成,每个脱氧核糖核苷酸由3部分组成:一个磷酸基团、中间的一个脱氧核糖和一个含氮碱基(图1-1)。DNA分子中只有4种不同的碱基:腺嘌呤(A)、鸟嘌呤(G)、胞嘧啶(C)和胸腺嘧啶(T)。含氮碱基与磷酸基团和脱氧核糖结合形成脱氧核糖核苷酸。不同脱氧核糖核苷酸的差异在于它们所结合的含氮碱基的不同。类似于计算机二进制使用一连串的0和1两个数字,或英文使用26个不同的字母来表达信息,基因所包含的信息来自4种不同核苷酸沿DNA分子的排列顺序(图1-2)。一个复杂的基因可有几千个核苷酸,而生物体的所有遗传信息(基因组),则由几百万甚至几十亿个核苷酸组成,如人类基因组约为30亿碱基对(3×10^9nt)。

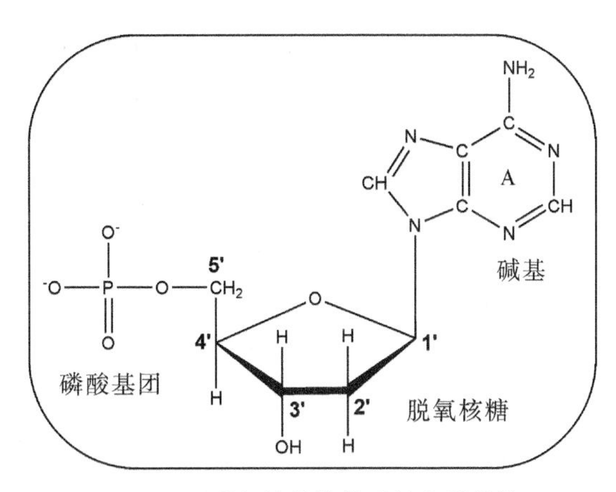

图1-1　脱氧核糖核苷酸的化学结构

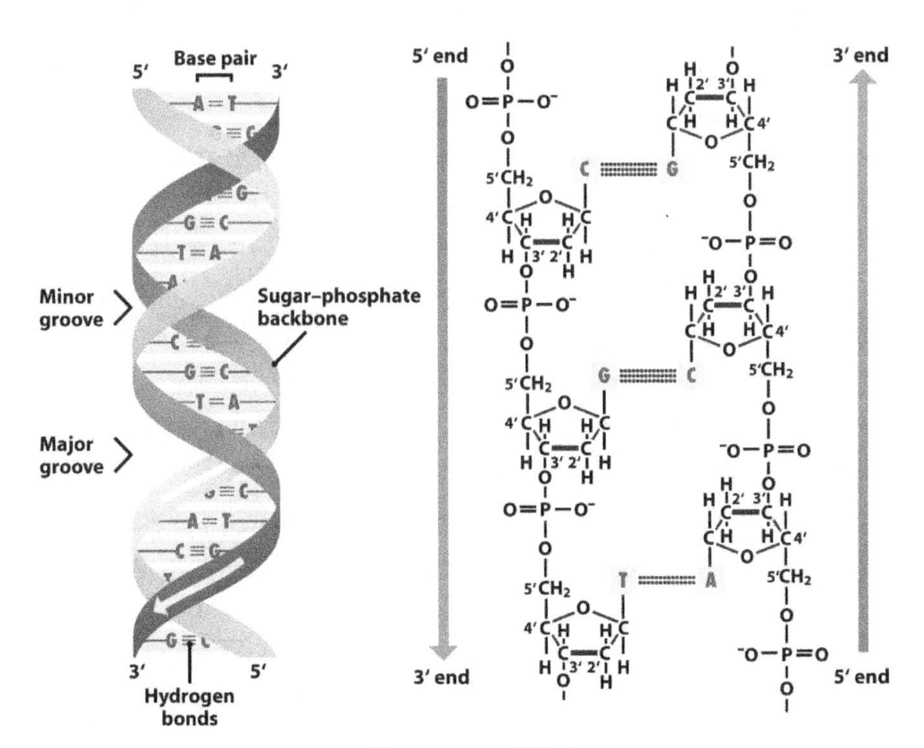

图1-2　DNA结构

两个脱氧核糖核苷酸通常是通过磷酸二酯键(phosphodiester bond)连接的。该键将一个脱氧核糖核苷酸的磷酸基团与另一个脱氧核糖核苷酸的脱氧核糖连接(图1-2)。磷酸二酯键含有两个酯键(酯键是指那些由氧原子参与连接的键),分别位于磷原子的两侧。多个核苷酸相互连接形成多聚核苷酸链(polynucleotide),并在更高层次上形成染色体。

化学家用数字(1'到5')标记脱氧核糖的5个碳原子。任何单一的、未结合脱氧核糖核苷酸的磷酸基团都在5'碳端,当新的核苷酸连接到多聚核苷酸链的时候,其5'端的磷酸基团与DNA链的3'端的脱氧核糖相结合。因此,核苷酸链的一端总是与另一个核苷酸结合的5'碳端连接,另一端是未结合的3'碳端。建立磷酸二酯键时,核苷酸只能结合在DNA分子的3'端上。核苷酸链的两个末端(5'端和3'端)决定了DNA分子的方向(polarity),犹如我们知道读英文时要从左到右、从上到下才能理解信息内容一样。

众所周知,生物大分子的结构决定其功能是生物学的一条基本原则。20世纪50年代,人们开始了解DNA的化学结构。1950年,Rosalind Franklin拍到了一张精美的DNA的X射线衍射图(图1-3),这是推测DNA分子结构的最重要数据;1952年,Erwin Chargaff发现DNA分子中A与T的数量相等,而G与C的数量相等,即查盖夫规则(Chargaff's rules);后来James Waston和Fracis Crick在综合前人研究的基础上提出DNA双螺旋结构模型,这对于理解DNA遗传物质的传递规律具有重要意义。他们在1953年发表在《自然》(*Nature*)的论文中有一段关于DNA结构的描述:DNA一条链中的信息内容相对于另一条链中的信息是冗余的。DNA通过双链分离并且分别以两条链作为模板而合成新链,从而形成新的DNA分子,这样,DNA可以忠实地代代传递。

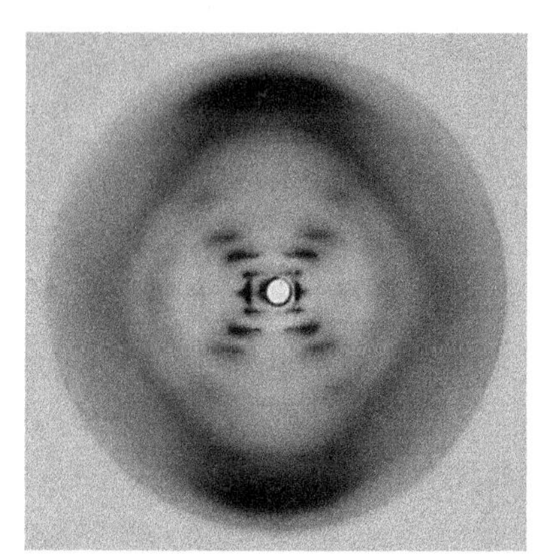

图1-3 DNA的X射线衍射照片

如前所述,DNA分子的遗传信息来自特定的核苷酸排列顺序,然而DNA双链上的碱基是互补(complementary)的,即对于一条链上的每个G或A,都有另一条链上的C或T与之对应,反之亦然。实际上,G与C配对(在G与C之间形成三个氢键)、A与T配对(在A与T之间形成两个氢键)可形成稳定的碱基对(base pairs,bp)。G的化学结构中含有两个环,若与同样含有两个环的A或另一个G配对,则会因两条链间的空间不足而无法配对;同样道理,若含一个环的T与含一个环的C或另一个T配对,会因两条链间的空间距离过大而无法配对。G与T、A与C间的相互作用的障碍除了受空间限制,还受化学基团不相容的影响。只有G与C配对,A与T配对,才有合适的空间及化学基团相互作用,从而形成稳定的碱基对,碱基之间的相互作用足以将两条互补的链结合在一起。

虽然DNA分子的两条链互补,但方向不同,是互为反向平行(antiparallel)或反向互补(reverse complementary)的,即一条链的5'端与互补链的3'端相对应。若一条链的碱基序列是5'-GTATCC-3',则另一条链是3'-CATAGG-5'。由于细胞内DNA的复制过程是沿5'端到3'端进行的,所以通常从5'到3'的顺序表示此条DNA序列。另外,一般将位于一个基因5'端前的序列通常称为该基因的“上游(upstream)”序列,而位于基因3'端后的称为“下游(downstream)”序列。

1.1.2 RNA:遗传信息的中介

核糖核酸(ribonucleic acid,缩写为RNA)是存在于生物细胞中的重要生物大分子之一。传统观念一般认为RNA的功能主要是遗传信息从DNA到蛋白质传递过程的中介分子,即RNA是由DNA转录而来。但部分病毒(如HIV病毒)、类病毒也以RNA为遗传物质。RNA的化学结构与DNA非常相似,都由核苷酸单元组成(图1-4),但有3个区别:

(1)RNA的糖基为核糖而不是脱氧核糖,即在核糖第2位碳原子上是羟基(—OH),而不是DNA的氢(H);

(2)RNA用含氮碱基尿嘧啶(U)代替DNA中的胸腺嘧啶(T);

(3)RNA一般是单链,但与DNA一样有5'到3'方向性。

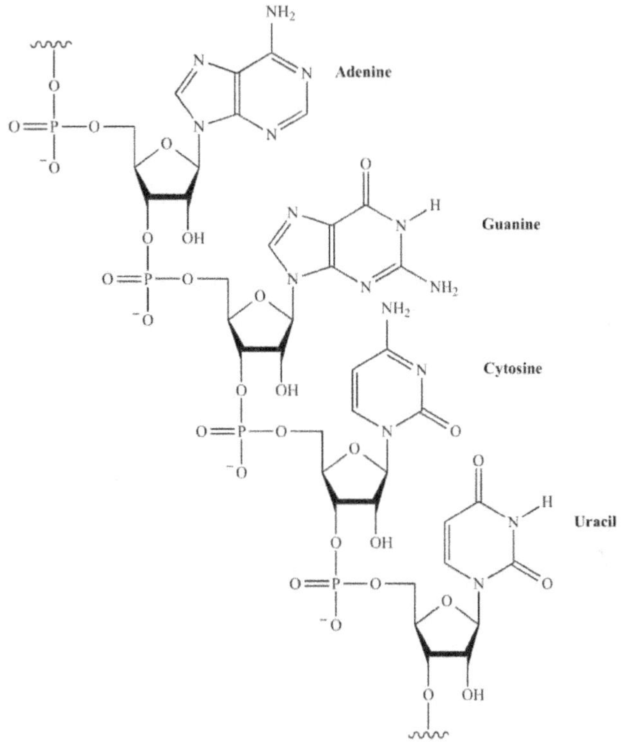

图1-4 RNA结构

RNA主要有三种形式存在,即mRNA(信使RNA)、tRNA(转运RNA)与rRNA(核糖体RNA)。mRNA的功能为生物遗传信息的中间载体,指导蛋白质合成,其作用类似信使(messenger)。tRNA连接密码子与mRNA,指导氨基酸的合成,是蛋白质合成过程中氨基酸转运的工具。目前在脊椎动物中发现了22种tRNA(一种tRNA分子可识别一种以上的同一种氨基酸的密码子)。rRNA作为结构支架与核糖体蛋白共同形成核糖体,为蛋白质合成所需要的mRNA、tRNA和多种蛋白因子提供相互作用的场所。按沉降系数(S)不同,真核生物的rRNA包括28S、18S、5.8S、5S四种;原核生物的rRNA包括23S、16S、5S三种。因此,RNA长期以来被认为是结构单位,其作为功能单位的重要性被忽视。直到1982年,Tomas Cech发现了具有催化功能的RNA(核酶),这个发现使人们认识到RNA的功能远非“传递遗传信息”那么简单。最新的研究还发现许多非编码RNA,包括非编码小RNA(如siRNA、miRNA)、长链非编码RNA(lncRNA)等。这些非编码RNA参与细胞内的复杂基因表达调控过程,利用其调控机制建立的RNA干扰(RNAi)技术已成为生物学中研究基因功能的一种新方法。

1.1.3 蛋白质:生命的构建单元

蛋白质(protein)是生物体的基本组成成分,protein来自希腊语“protos”,为“第一”和“最重要的"的意思。几乎所有的细胞都含有蛋白质，而且细胞内蛋白质的含量较多，约占细胞固体成分的45%。人体细胞内约有21000种不同的蛋白质，执行特定的不同功能，如酶催化生命活动的各种生化反应（胃蛋白酶可分解食物），膜蛋白可作为细胞膜上的离子运输通道（Na^+通道），结构蛋白可作为维持细胞结构的骨架（胶原蛋白维持结缔组织）等。

蛋白质是由氨基酸（amino acids，aa）组成。氨基酸的基本结构是：与羧基（—COOH）相邻的α碳原子上都有一个氨基（—NH_2），α碳原子上还与一个侧链（用—R表示）相连。常见的氨基酸有20种，20种氨基酸都有相同的氨基、α-碳原子和羧基，但是每个氨基酸都有其独特的R基团。图1-5为20种氨基酸的化学结构，不同之处在于它们各自不同的R基团，可以根据氨基酸侧链的特性进行分类。在图1-5中给出了每种氨基酸的名称与1个字母的标准缩写。

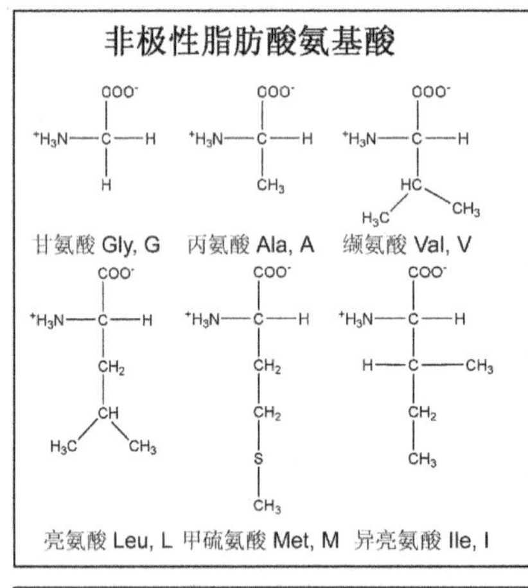

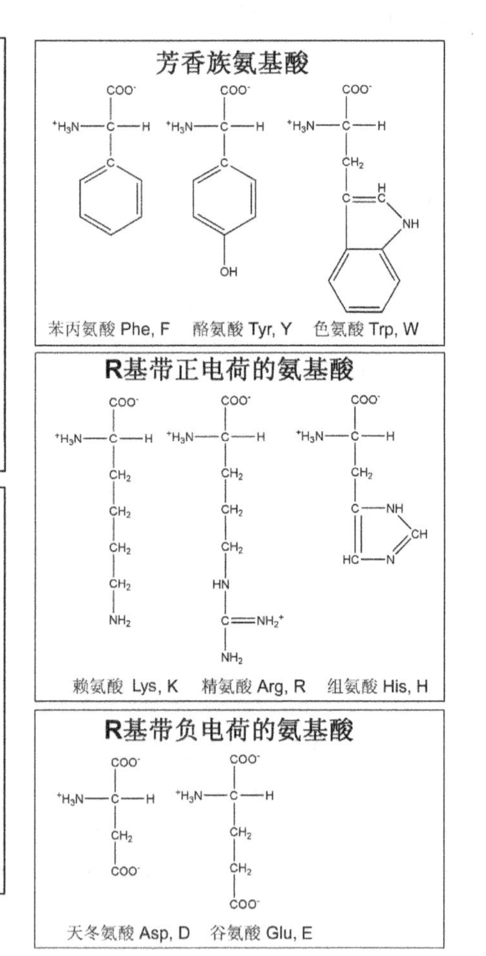

图1-5　20种氨基酸的化学结构

氨基酸通常被分为3类：第一类为疏水（hydrophobic）氨基酸，其侧链大多或全部由碳原子和氢原子组成，因此这些氨基酸不大可能与水分子形成氢键，如丙氨酸（Ala）、苯丙氨酸（Phe）等。第二类为极性（polar）氨基酸，其侧链通常由氧原子或氮原子组成，它们比较容易与水分子形成氢键,如丝氨酸(Ser)、谷氨酰胺(Gln)等。第三类为带电(charged)氨基酸,它们在生物pH环境带有正电或负电,如带正电的精氨酸(Arg)、带负电的谷氨酸(Glu)。蛋白质中每个氨基酸的特性都会影响蛋白质的结构与功能,因此了解每个氨基酸的结构与特性非常重要。

几个氨基酸组成的氨基酸链被称为肽(peptide)。当两个氨基酸共价结合时,通过脱去一分子水生成一个二肽(图1-6)。连接两个氨基酸间的共价链为肽键(peptide bond)。由于氨基酸中的一些原子在肽链形成过程中作为水分子丢失了,所以此氨基酸在多肽中通常也被称为氨基酸残基(residue)。

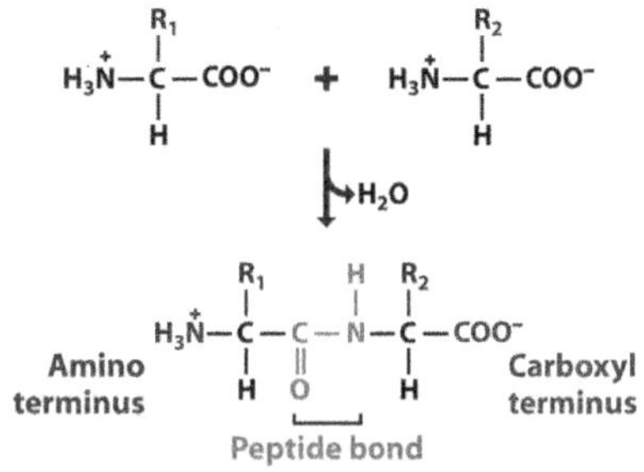

图1-6 氨基酸共价连接成二肽

多个氨基酸组成的氨基酸链称为多肽(polypetide)。与DNA分子一样,多肽链也具有方向性。多肽链的氨基端(amino terminus,简称N端)带有一个氨基,而在它的羧基端(carboxy terminus,简称C端)为一个羧基(注意不是羰基)。蛋白质序列通常被认为是从N端开始,延伸到C端结束。这个氨基酸序列称为蛋白质的一级结构(primary structure)。组成蛋白质的氨基酸序列决定了这个蛋白质的三维结构与理化性质。如前所述,结构决定蛋白质功能是生物学的一条基本原则,因此氨基酸序列决定高级结构,后者又决定了蛋白质的生物学功能。关于蛋白质结构的更多内容参见本书第7章蛋白质结构预测部分。

1.2 基因表达——遗传信息的流动

虽然DNA序列储存遗传信息,但是蛋白质才是生命功能的执行者,如细胞的各项生化反应都需要酶来催化完成。基因最初的一个定义就是:基因是细胞生产蛋白质所必需的DNA序列。因此,基因表达是指遗传信息从基因的核苷酸序列中被读出,用来指导蛋白质合成的过程,这个过程对地球上的所有生物都是相似的,分子生物学家称之为中心法则(central dogma),是生物学的基本原则之一。如图1-7所示的分子生物学中心法则中,生物的遗传信息从DNA中传递到RNA中(转录),再从RNA到蛋白质中(翻译),同时DNA分子在细胞分裂过程中完成自我复制。但有些病毒(如HIV病毒、烟草花叶病毒)以RNA为遗传物质,RNA可以自我复制,也可以反转录生成DNA,这是对中心法则的重要补充。

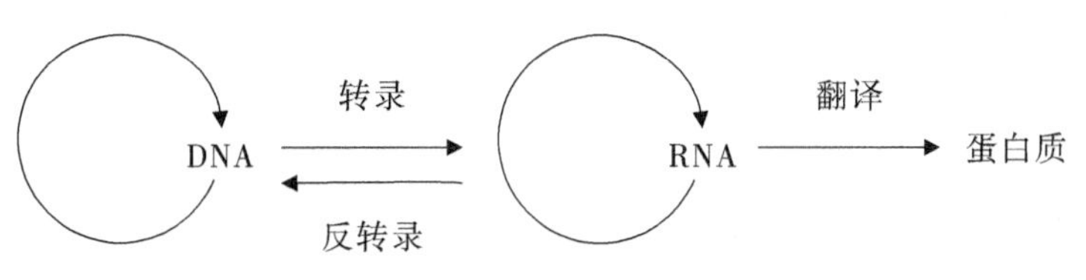

图1-7 分子生物学中心法则

1.2.1 转录与翻译

由DNA中储存的信息指导合成一条寿命较短的单链核苷酸(RNA)的过程叫作转录(transcription),这个过程由RNA聚合酶(RNA polymerase)催化完成。用来合成RNA的核苷酸(G、A、U和C,其中U代表尿嘧啶)与DNA分子中的核苷酸(分别是G、A、T和C)是一一对应的。RNA转录与DNA复制过程有相似之处,两者都以DNA的一条链为模板(模板链)产生新的一条核苷酸链。除了用U代替T,RNA序列与DNA编码链的序列相同。

转录产生的mRNA可指导蛋白质的合成。将mRNA中的核苷酸序列信息转换成蛋白质中氨基酸序列的过程叫作翻译(translation)(图1-8)。这就像从一种语言(核苷酸)翻译成另一种语言(氨基酸)。转运RNA(tRNA)负责核酸语言与蛋白质语言的翻译。翻译过程在核糖体(ribosome)上进行,核糖体由蛋白质和rRNA组成。

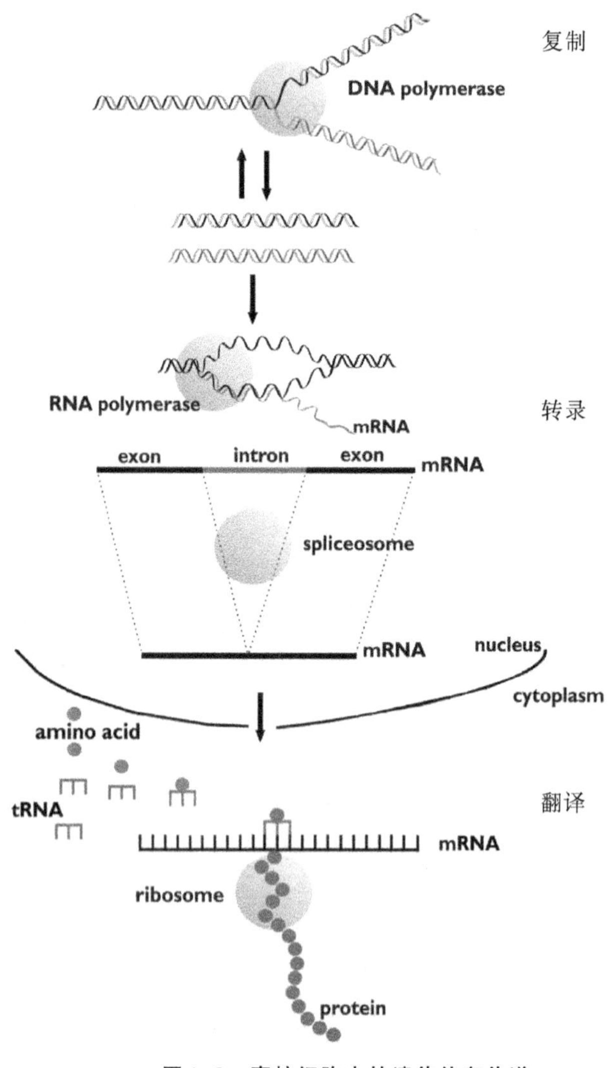

图1-8 真核细胞中的遗传信息传递

基因转录与翻译过程可统称为基因表达(gene expression)。但不是所有基因都能表达蛋白质,表达蛋白质的基因称为蛋白编码基因(protein-coding genes),还有些基因只表达RNA,如各种非编码RNA基因(tRNA、microRNA等)。因此,后来基因定义又扩展为编码RNA的DNA序列(The RNA-encoding segments of the DNA are called genes)。基因表达过程在转录与翻译水平上受不同调控。

在原核生物细胞中,蛋白质的翻译过程是随着DNA的转录而同时进行的,而在真核生物中,基因表达的两个步骤被核膜在空间上分开,转录只发生在细胞核内,而翻译仅当mRNA被运送到细胞质中后才发生。真核RNA聚合酶转录的RNA分子在运送到核糖体之前需要进行修饰,如加polyA尾巴、剪切内含子等。

1.2.2　遗传密码

核苷酸是构成核酸分子(DNA和RNA)的基本单位,细胞利用这些分子储存和传递遗传信息。氨基酸是构成蛋白质的基本单位,蛋白质是细胞功能的主要执行者。蛋白质的功能取决于翻译过程中核糖体装配的氨基酸的序列,而该序列又取决于由RNA聚合酶转录的mRNA分子中编码的核苷酸序列。RNA和DNA分子只有4种不同的核苷酸(nt),而在蛋白质构成中却有20种不同的氨基酸(aa)。因此,基因的核苷酸与蛋白质的氨基酸之间不是一种简单的一对一关系(1 nt≠1 aa;$4^1<20$),需要一种复杂的编码机制。考虑两个核苷酸的组合,总共有16种可能的组合(2 nt≠1 aa;$4^2<20$),因此,两个核苷酸的组合也不能作为一种编码机制。然而,若3个核苷酸结合在一起,则4种核苷酸有64种不同的组合形式($4^3>20$)。

20世纪60年代,遗传密码被成功破译,确认核糖体利用三联密码子将RNA中的核苷酸序列翻译成蛋白质中的氨基酸序列。在RNA中的蛋白编码部分,每三个核苷酸为一个密码子(codon),对应一种特定的氨基酸。如表1-1是64种三联遗传密码编码的20种常用的氨基酸(氨基酸的三位标准缩写)。只有3个例外,密码子UAA、UAG、UGA的功能并非编码一个

表1-1　64种三联遗传密码编码的氨基酸

First letter \ Second letter	U	C	A	G	Third letter
U	UUU, UUC: Phe UUA, UUG: Leu	UCU, UCC, UCA, UCG: Ser	UAU, UAC: Tyr **UAA Stop** **UAG Stop**	UGU, UGC: Cys **UGA Stop** UGG Trp	U C A G
C	CUU, CUC, CUA, CUG: Leu	CCU, CCC, CCA, CCG: Pro	CAU, CAC: His CAA, CAG: Gln	CGU, CGC, CGA, CGG: Arg	U C A G
A	AUU, AUC, AUA: Ile AUG Met	ACU, ACC, ACA, ACG: Thr	AAU, AAC: Asn AAA, AAG: Lys	AGU, AGC: Ser AGA, AGG: Arg	U C A G
G	GUU, GUC, GUA, GUG: Val	GCU, GCC, GCA, GCG: Ala	GAU, GAC: Asp GAA, GAG: Glu	GGU, GGC, GGA, GGG: Gly	U C A G

特定的氨基酸,而是引起翻译的终止,所以称为终止密码子(stop codon)。另一个甲硫氨酸(methionine)的编码密码子AUG也称为起始密码子(start codon),可作为多肽链合成的起始信号。

共有61个三联密码子能编码氨基酸,而氨基酸只有20种。除了甲硫氨酸与色氨酸,其他18个氨基酸具有多个密码子,这种特性叫作密码子的简并性(degeneracy)。由于密码子的简并性,在DNA复制或转录过程中发生错误不会使蛋白质的氨基酸序列受到影响,尤其当突变发生在密码子的第3位(最后1位)时更是如此。氨基酸可划分为4类:极性的、非极性的、带正电荷的和带负电荷的氨基酸。通常三联密码子中一个碱基的改变不足以引起所编码的氨基酸从一类变成另一类。简而言之,遗传密码是非常可靠的,可以尽可能地减少由于基因中核苷酸序列错误而导致所编码氨基酸的错误。

除极个别情况外,现在地球上的所有生物共用一套遗传密码。密码子在动物(包括人类)、植物、真菌、古细菌、细菌和病毒都具有普遍性,但在线粒体和某些微生物中密码子存在一些小的改变。例如,在一些细菌的基因中,终止密码了UGA能编码在自然界中发现的第21种氨基酸,即硒代半胱氨酸。作为绝大多数生物终止密码子的UAG在一些细菌和真核生物中编码第22种氨基酸,即吡咯赖氨酸。

1.2.3 开放阅读框(ORF)

蛋白质翻译是从mRNA的起始密码子开始,到终止密码子结束。这一长串未被终止密码子打断的密码子序列被称为开放阅读框(open reading frame,ORF)。遗传密码有一个密码子(AUG)作为起始密码子(start codon),但有3个密码子(UAA、UAG、UGA)用作终止密码子(stop codon)。密码子AUG也可用来编码甲硫氨酸,所以还需要其他信号(如promoter、Shine-Dalgarna序列等)来准确识别翻译起始位置。

> ORF是基因预测的结果,并不是所有ORF都能表达出蛋白质序列。与ORF类似的名词CDS(coding sequence)是指能编码一段蛋白产物的序列。

阅读框是由起始密码子决定的,只有当核糖体在正确的相位或阅读框(reading frame)中阅读,才能够准确地翻译(图1-9)。一条mRNA序列可以有3种不同的阅读框,如序列ACUGCCAC…可以是ACU|GCC|AC…(对应氨基酸Thr-Ala…),或第二相位:A|CUG|CCA|C…(对应氨基酸Leu-Pro…),或第三相位:AC|UGC|CAC…(对应氨基酸Cys-His…)。如果是一条DNA序列,由于DNA的双链中任一条正、负链都可能是编码链,因此有六个阅读框。

开放阅读框是许多原核生物和真核生物基因的明显特征(图1-9)。多数基因的阅读框具有长的密码子串,如大多数基因编码的蛋白质序列长度为几百个氨基酸,而且在这个密码子串中没有终止密码子。而在随机产生的序列中,终止密码子发生率约为1/20(64个密码子中的3个),意味着在长度为20个左右的密码子串中就会出现一个终止密码子。如果基因突变造成基因阅读框的移位(frame shift),则会改变突变位点下游编码的每一个氨基酸,这种改变通常会产生提前的终止密码子,从而产生缩短的蛋白质,使蛋白质失去生理功能。

```
5' ATGCCCAAGCTGAATAGCGTAGAGGGGTTTTCATCATTTGAGTAA 3'
阅读框:
1 atg ccc aag ctg aat agc gta gag ggg ttt tca tca ttt gag taa
   M   P   K   L   N   S   V   E   G   F   S   S   F   E   *
2 tgc cca agc tga ata gcg tag agg ggt ttt cat cat ttg agt
   C   P   S   *   I   A   *   R   G   F   H   H   L   S
3 gcc caa gct gaa tag cgt aga ggg gtt ttc atc att tga gta
   A   Q   A   E   *   R   R   G   V   F   I   I   *   V
```

图1-9 开放阅读框(ORF),*代表终止密码子

1.2.4 内含子和外显子

原核生物的基因序列与其转录的mRNA序列完全对应。然而,真核生物的基因结构比较复杂,大都是由外显子(exon)与内含子(intron)构成的嵌合体。多数真核基因的RNA初始转录本需要经过剪接(splicing)过程,将内含子的序列精确剪切掉,并将其两侧的外显子重新连接(图1-10)。多数真核基因具有多个内含子,研究表明95%的人类基因具有内含子。一个极端的例子是与人类囊性纤维症有关的基因(CFTR),含有24个内含子及超过100万个核苷酸,但在核糖体中的成熟mRNA却只有1000个核苷酸。剪接绝不是一个简单的过程,真核生物中负责剪接的酶复合体称为剪接体(spliceosomes)。大多数真核生物的内含子遵照"GT—AG规则",即所有内含子DNA序列的头两个核苷酸是GT,而结尾两个核苷酸是AG。在不同类型的细胞中,剪接结果有所不同,相同的几个外显子可通过不同组合产生不同的基因产物。这种可变剪接(alternative splicing)是由识别内含子/外显子边界的剪接体及附属蛋白的精巧机制实现的,大大增强了真核生物蛋白质的多样性。

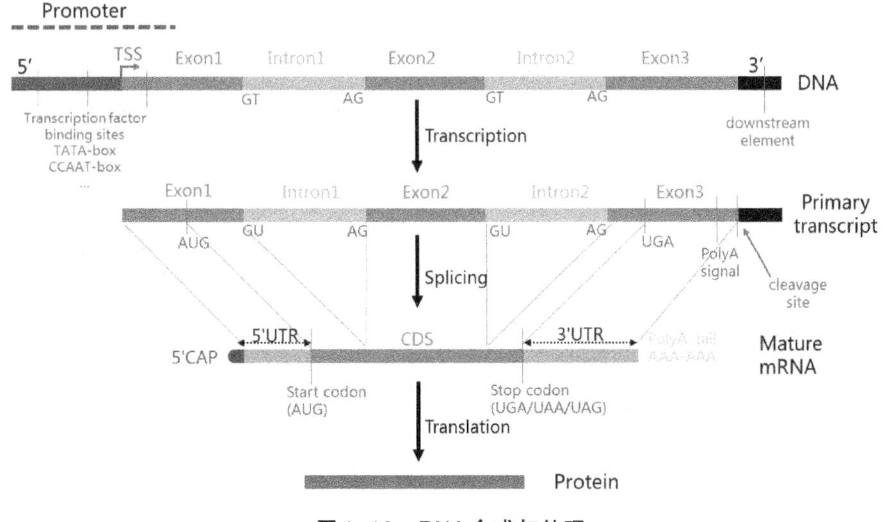

图1-10 RNA合成与处理

图1-10是对真核基因的RNA初级转录本的剪接，将内含子切去，并将外显子精确地连接在一起。一旦内含子序列被切去，mRNA经适当修饰后，将从细胞核中被运出，在核外的核糖体进行翻译。

此外，基因序列一般还包括非翻译区（untranslated region，UTR）、启动子（promoter）、增强子（enhancer）区域等调控基因表达的部分。它们一般位于外显子和内含子的两侧，是基因的“控制区”，调控基因表达或转录的时间和方式。UTR序列会转录成RNA，但不会被翻译成蛋白质，一般位于第一个外显子（5'UTR）或最后一个外显子（3'UTR）。启动子区是转录因子（transcription factor）识别并结合启动基因转录的区域。真核生物的启动子在-30～-25bp处有段特定序列的TATA框，在-70～-78bp处有CAAT框。UTR和启动子通过影响mRNA的转录和降解，参与基因表达水平的调控。例如，启动子区域可控制某个基因是否应该在肝脏或大脑中表达，而基因的3'UTR区可与一些miRNA结合降解mRNA等。真核生物的增强子则会大大增加基因转录的水平。

1.3 生物序列处理

现代分子生物学实验往往产生大量的数据，为方便进行数据分析，现已开发大量的生物信息学分析工具。此处我们以在线工具SMS（Sequence Manipulation Suite）为例，简单介绍如何进行生物序列处理，如DNA序列的反向、互补、翻译等操作。其他各种生物信息工具将在下一章介绍。

SMS是用JavaScript编写的序列操作工具，可在任何网络浏览器中运行，只要打开SMS网站即可使用。SMS主页左边栏列出了多种常用分析工具（图1-11）。

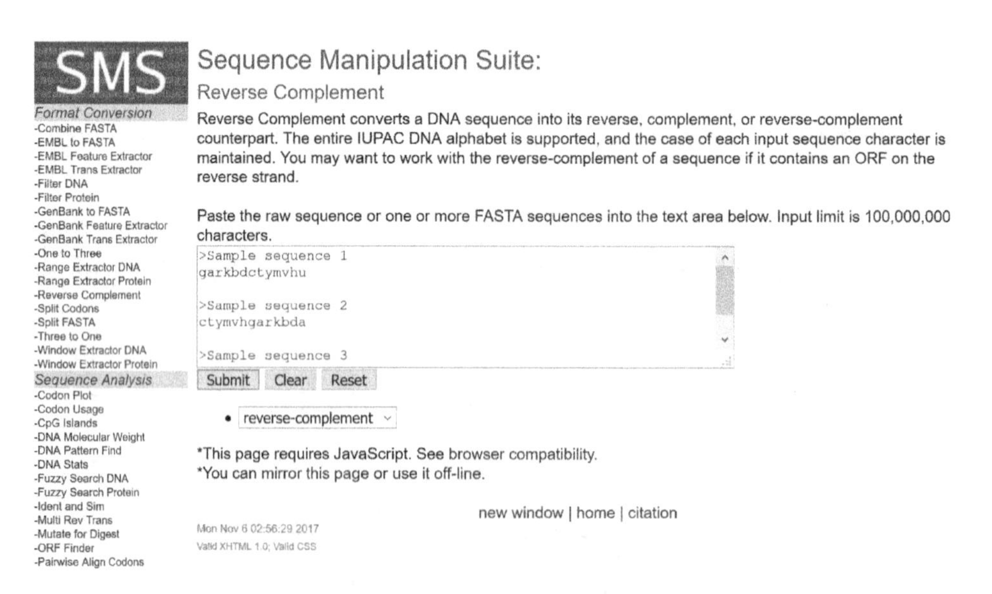

图1-11 SMS分析工具页面

这里我们利用SMS处理一个DNA序列，请用记事本打开文件DNA_sequences.txt查看，部分序列如下：

```
1   gtcgacccac gcgtccgtct tgaaagaata tgaagttgta aagagctggt aaagtggtaa
61  taagcaagat gatggaatct ggggctccta tatgccatac ctgtggtgaa caggtggggc
121 atgatgcaaa tggggagcta tttgtggctt gccatgagtg tagctatccc atgtgcaagt
```

1.3.1　SMS序列分析

（1）由于此文件中含有数字、空格等非DNA字符，需要先把DNA序列提取出来，可利用SMS的“Filter DNA”工具。

选择左边栏的“Filter DNA”工具，只要将文本复制粘贴到文本输入框，再点击“Submit”就可以得到过滤后的DNA序列。过滤后的DNA序列只含有字符“ACGT”，以FASTA格式输出，可用于后续的序列分析。

FASTA格式是记录基因或蛋白质序列最常用的一种文件格式，每一条记录分成两部分。

第一部分为标题行，以“＞”开头，记录序列的相关注释信息，如序列名称（ID）、序列来源等。

第二部分为序列行，从标题行的下一行开始，记录序列的具体字符串，字符必须为标准IUB/IUPAC核苷酸或氨基酸符号。一般FASTA格式中每一行序列不多于80个字符，字符的大小写同义。

```
>sequence1 information
GCGCGTGCGCGGAAGGAGCCAAGGTGAAGTTGTAGCAGTGTGTCAGAAGAGGTGCGTGGC
ACCATGCTGTCCCCCGAGGCGGAGCGGGTGCTGCGGTACCTGGTCGAAGTAGAGGAGTTG
>sequence2 information
TACCGCCAACGGCCGGCCCCCGTGGCGGCCCGGCCCGGGGCCCCGGCGGACCCAAGGGGC
CCCGGCCCGGGGCCCCACAACGGCCCGGCGCATGCGCTGTG
```

注意，标题行“＞”之后紧跟的内容不能有空格，而且注释信息内容不能超过一行；序列行可以有多行，直到遇到下一个“＞”。

（2）如果要得到这条DNA序列的反向互补序列，可以利用SMS的“Reverse Complement”工具。

选择左边栏的“Reverse Complement”工具（图1-11），将过滤后的DNA序列复制到输入框，再点击“Submit”就可以得到反向互补的DNA序列。此工具还有一个参数可选择，默认是“Reverse-Complement”（反向互补），也可在选择框中选择“Reverse”（反向）或“Complement”（互补）。

(3)如果要得到DNA翻译成蛋白质,可利用SMS的“Translate”工具。

选择左边栏的“Translate”工具,将过滤后的DNA序列复制到输入框,再点击“Submit”就可以得到DNA序列翻译的氨基酸序列。在氨基酸序列中,终止密码子用“*”表示。ORF序列一般是以编码甲硫氨酸(M)的ATG开头(有些细菌可能以CTG或其他密码子为起始密码子),在起始密码子前面的密码子都被核糖体忽略而不编码蛋白质。

由于DNA的双链中任一条正、负链都可能是编码链,所以一条DNA序列有六个阅读框。默认参数是“reading frame 1”与“direct strand”,你可以选择不同的参数,得到不同的结果。通过比较正链的3个不同ORFs,发现ORF3(“reading frame 3”)的氨基酸序列比较长,最可能是正确的编码序列。

(4)如果要得到编码蛋白的DNA序列部分,可利用SMS的“Range Extractor DNA”工具。可以通过氨基酸序列找到M(ATG)与终止密码子的位置。这里以上面ORF3为例,可以通过氨基酸序列找到M(23)与终止密码子*(159)的位置分别对应DNA位置为ATG(69)与TGA(477)。由于阅读框3需要往后第2位开始编码氨基酸,所以TGA在DNA上的实际位置为477+2=479。

选择左边栏的“Range Extractor DNA”工具,将过滤后的DNA序列复制到输入框,再输入位置范围69..479,点击“Submit”就可以得到ORF序列。检查一下起始密码子ATG,与终止密码子TGA。

(5)再用“Translate”工具得到ORF序列的氨基酸序列。使用默认参数“Reading frame 1”与“Direct strand”。如果操作都正确,最终的蛋白质序列含有136个氨基酸。

(6)序列比对是把两条序列并排在一起查看序列差异的部分。先用记事本新建一个文件,并把步骤5中得到的ORF序列拷贝到此处,分别复制粘贴两次,将第一条序列名称改成“>raw_seq”,另一个序列名称改成“>mut_seq”,并对mut_seq序列做任意修改或删除几个碱基的编辑操作。

(7)利用SMS的“Pairwise Align DNA”工具,分别复制粘贴这两个ORF序列到相应的输入框中,点击“Submit”提交后产生两个比对好的序列。

(8)通过“Color Align Conservation”比对可视化工具,把上一步“Pairwise Align DNA”比对后的序列复制粘贴到输入框,点击“Submit”就可以查看两条序列间的差异位点。使用默认参数比对后的结果如图1-12所示,差异碱基的背景是白色,而相同碱基背景为黑色。

```
raw_seq atgatggaatctggggctcctatatg-ccatacctgtggtgaacaggtggggcatgatgcaaatggggagctatttgtgg 79
mut_seq atgatggaatctgtggctaatatatgcccatacctgtggtgaacaggtaag-catgatgcaaatgg--agctatttgtgg 77
```

图1-12 Color Align Conservation结果页面

习题

1. 试画出DNA分子中的脱氧核糖和RNA分子中的核糖的化学结构。
2. 现有一条mRNA序列5'-AUGGGAUCGACGCGCAAG-3',它的模板链序列是什么?若它被核糖体翻译，将形成怎样的氨基酸序列？

3. 将上文1.3部分的ORF序列，先翻译成蛋白质序列，再利用SMS进行蛋白质序列比对。

4. 简述gene、ORF、mRNA、CDS、promoter、exon、intron、UTR的含义。

第2章　计算机技能基础

工欲善其事，必先利其器。——《论语·卫灵公》

本章介绍生物信息分析需要用到的一些Windows基础技能，如文本编辑器、搜索引擎和生物软件(BioEdit)的使用，并介绍Linux系统的安装与基本命令操作等。

◎导学案例

比尔·盖茨(Bill Gates)创办微软(Microsoft)公司的最初动机是他想写出“最伟大的软件”，最终微软推出了划时代的计算机产品——Windows操作系统。比尔·盖茨从小就喜欢看书，具有良好的数学基础，使得他在编程方面有着天然的优势。在哈佛大学期间，有一次数学老师克里斯托斯·潘帕莱米托(Christos Papadimitriou)给他们出了一道难题：一个厨师做了一叠大小不同的煎饼，他要不断从上面拿起几个煎饼翻到下面。假设有***N***个煎饼，厨师需要翻动多少次，才能完成这个排列？比尔·盖茨想出了解决这道难题的一个比较好的办法。潘帕莱米托利用暑假时间将比尔·盖茨的方法写成一篇论文发表在《离散数学》杂志上(Gates W H & Papadimitriou C H. Bounds for sorting by prefix reversal. Discrete Mathematics, 1979, (27): 47-57.)。据说比尔·盖茨的这个解法是解决这一难题的突破性进展。比尔·盖茨喜欢编程是因为程序本身蕴含的运算性与逻辑性。他在大学二年级时退学创办了微软公司，追求自己的兴趣。后来哈佛大学授予他荣誉学位，表彰这位最成功的辍学者，而发给他的证书其实不是博士学位证书，而是学士学位证书。

随着信息技术的发展，计算机已经成为人们日常工作和生活的重要工具。生物信息学就是计算机在生物学研究中的应用。生物高通量实验技术的发展，产生了海量的生物数据，大多数生物实验室都需要利用一些生物信息学工具来分析实验数据。个人计算机(PC)普遍使用微软的Windows操作系统，它具有图形化界面，操作简单。本书假设读者已经熟悉Windows的基本操作技能，如安装软件、文件管理、浏览网络和使用Office软件办公等。许多生物信息学软件需要在Linux系统下运行，在开始学习生物信息学之前，首先也需要学习Linux系统的一些操作技能。Linux是开源、自由的免费系统，广泛应用于多种网络服务器。虽然Windows系统的使用比较方便，但在数据处理与程序运行方面，Windows系统不如Linux

系统运行效率高。因此，许多生物信息分析软件都是基于Linux系统开发，尤其高通量测序数据分析，一般只能在Linux服务器上通过命令行终端(terminal)进行处理。另外，最好还要学习一门编程语言(如Python或R)，当遇到没有现成工具可用的问题，可以自己编码解决，如编写一些脚本进行特殊的数据格式转换等。更多关于Linux与编程等计算机技能的介绍可扫描章末二维码查看。本书假设读者使用的计算机已安装Windows 10系统，并安装Windows的Linux子系统用于Linux基本命令的学习。本书后续章节还会介绍具体生物信息分析软件在Linux下的安装与使用。

2.1 文本编辑器

文本编辑器是用来编写普通文字的应用软件，它以纯文本形式进行文件储存，如记事本用来编写程序源代码。而办公软件，如微软的Word，具有强大的编辑和排版功能，可改变文字字体、颜色、显示图片等，并以二进制格式进行储存文件。文本编辑器是生物信息学的重要工具之一，如绝大多数生物信息分析软件的输入输出数据是纯文本，因此可用文本编辑器进行数据查看或处理，并且编写分析脚本一般也只需要文本编辑器。

Windows默认记事本的功能比较弱，有时不能胜任生物序列数据处理的任务，如打开大的基因组序列文件的速度很慢、不能识别Linux系统的换行符等。这里推荐使用Notepad2代替Windows的记事本(图2-1)，你也可以使用其他文本编辑器，如Notepad++、UltraEdit、EditPlus等。

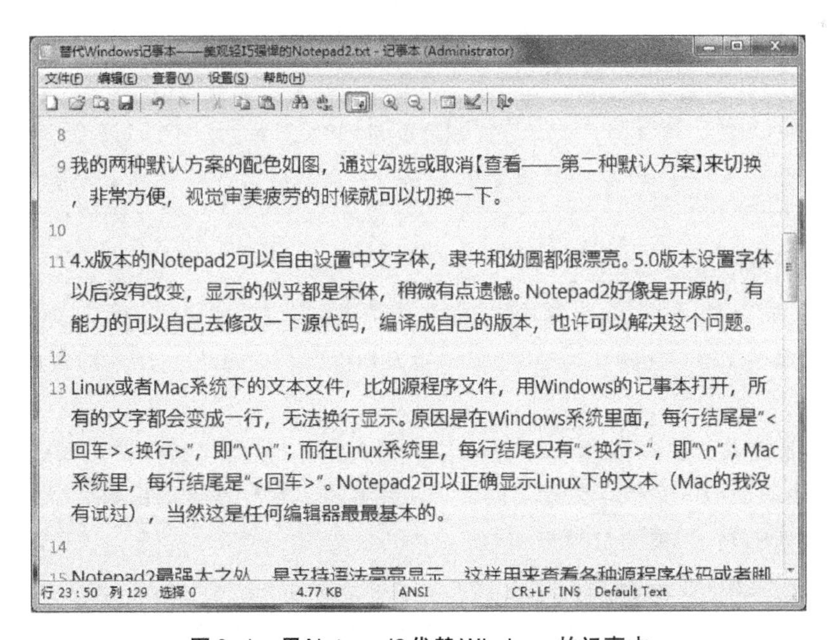

图2-1 用Notepad2代替Windows的记事本

Notepad2是一个优秀的轻量级文本编辑器,具有很多特色功能,如代码高亮、编码转换、行号显示、多步撤销(Ctrl+Z)等。Notepad2-mod是Notepad2的修改版,并增强了一些编辑功能,如代码折叠、自动代替Windows记事本等。

Notepad2的安装与配置说明,可扫描章末二维码查看。

2.2 网络搜索

学习过程经常会遇到各种问题,对于常见的生物信息问题,一般前人都遇到过,很多可以直接从网上找到解决方法。因此,学习生物信息的第一步就是要掌握常用的搜索工具的使用方法。根据关键词在百度或Google搜索相关问题的答案,是生物信息学的必备技能之一。英文信息可以优先查Google或Bing,中文资料可优先在百度中查找。目前随着手机移动网络的发展,各种自媒体平台的信息快速增加,如微博和微信公众号等。自媒体发布的内容一般都比较新,如果要查找微博和微信公众号的信息可以优先在Sogou查找。

各种搜索引擎的使用方法基本相似。

下面以百度为例,介绍搜索工具的一些搜索小技巧。

(1)关键词精确匹配("AB")

大多数用户可能没有意识到,Google默认在一次搜索输入的所有关键词之间是一种"和(AND)"的逻辑关系。也就是说,如果你输入两个词,它就会假定你所寻找的页面包含这两个词。它不会反馈给你仅包含其中一个词的页面。而搜索"A OR B"可以得到含有A或B关键词的页面。如果要精确匹配中间含空格的关键词(如16S rRNA),要前后加入引号("16S rRNA"),加引号与不加引号的搜索结果完全不同。

> 16S rRNA的正确写法是"16S"与"rRNA"之间有空格,而"16"与大写"S"之间没有空格,经常有同学写错,从以上的搜索结果也可以看到网上有许多错误的写法。

(2)限定文件类型(filetype)

Windows系统的不同文件类型都有对应的后缀,如Word文档为DOC(".doc"),PowerPoint文稿为PPT(".ppt"),学术论文一般为PDF文件(".pdf"),图片的常用格式有PNG(".png"),JPG(".jpg")等。

例如,我们要找一篇介绍16S rRNA基因的论文,可以输入"16S rRNA filetype:PDF",即限定搜索结果都是PDF文档。搜索其他格式文件都可以在要搜索的内容后添加相应的文件格式,如图片PNG格式,视频MP4格式等。

(3)限定在某网站内搜索(site)

由于一般搜索结果的数据量比较多,如果我们只对某个网站的信息感兴趣,那么只要在关键词后加"site:xxx(网址)"。

例如,知乎是一个真实的网络问答社区。如果你想知道怎么学生物信息学,可以指定在知乎网站搜索答案:“生物信息学 site:zhihu.com”。

国内网络受防火墙(GFW)影响,经常不能访问国外的一些网站。一般可以花钱购买VPN网络代理,或使用一些免费的代理软件,如浏览器插件Hoxx VPN Proxy,浏览器Chrome与Firefox都可以用这个插件。

2.3 常用生物软件

生物软件是用于蛋白质或核酸序列分析与数据处理的工具。Internet互联网上有大量的免费生物软件,一般分在线与离线两种形式。在线工具软件只要通过浏览器就可使用,如序列处理在线工具包SMS(The Sequence Manipulation Suite)、PCR引物设计Primer3等。而离线工具要先下载软件,在本地电脑上安装使用,如综合序列分析软件BioEdit、EMBOSS(European Molecular Biology Open Software Suite)等。还有一些更容易使用的商业化的生物软件,但购买价格比较贵,如Genesius、DNAstar、SnapGene等。一般只要学习使用免费软件就可以完成常见的生物信息分析任务,本书学习内容主要使用免费工具SMS、BioEdit来完成。

BioEdit是一款免费的综合序列分析软件,非常适合序列比对、编辑和分析结果显示。

BioEdit是Windows图形界面软件,主要功能都提供了明显且易用的菜单选项,操作非常方便。BioEdit的序列窗口如图2-2所示。

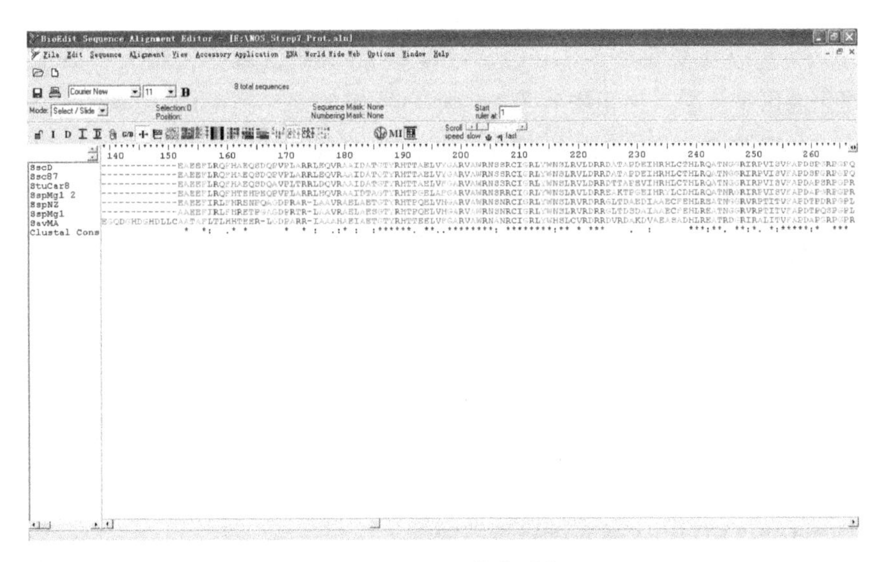

图2-2 BioEdit的序列窗口

BioEdit提供多种序列分析功能,如把DNA序列翻译成蛋白质、转换互补链、序列比对、蛋白质疏水性分析、质粒图制作等。序列分析功能主要在Sequence菜单,如其中的Nucleic Acid(核酸)菜单可对核酸序列进行分析处理,包含核酸组成、互补、反向互补、DNA和RNA

转换、翻译、ORF预测等功能；Toggle Translation（翻译切换）可把DNA翻译为氨基酸序列，在对编码蛋白质的DNA序列比对时，利用这个功能把DNA临时翻译为氨基酸序列，比对结束后再转换回原来的DNA序列，这时的DNA比对已经按密码子为单位排列，这样的比对通常更好地把同源位点排列在一起。

BioEdit程序还集成了序列比对的常用程序BLAST和ClustalW，以及其他一些著名序列分析网站的链接，如Primer3、ExPASy proteomics tools等。BioEdit优良的序列编辑分析环境可以很方便地对ClustalW的比对结果进行编辑，直到获得满意结果。BioEdit程序也可以进行多种序列格式的转换，方便用于其他程序的数据分析，如将ClustalW多序列比对结果的默认CLUSTAL格式转换成FASTA格式或PHYLIP格式等。

2.3.1 BioEdit序列处理

（1）从NCBI网站的gene数据库检索并下载CFTR基因的mRNA序列（索引号：NM_000492.3），保存为FASTA格式文件（CFTR_mRNA.fasta），并用记事本打开，把注释行改成：>CFTR_mRNA。

（2）用BioEdit打开CFTR_mRNA.fasta文件。注意：此mRNA序列的U已经都被T代替。

（3）如果想得到此mRNA的DNA模板链（template）序列，可以通过BioEdit菜单Sequence->Nucleic acid->Complement得到。

（4）将此mRNA翻译成蛋白质：Sequence->Nucleic acid->Translate->Frame 1（或Frame 2/Frame 3）。一条mRNA序列可以有3种不同的阅读框，如序列ACUGCCAC…可以是ACU|GCC|AC…（对应氨基酸Thr-Ala…）或A|CUG|CCA|C…（对应氨基酸Leu-Pro…）或AC|UGC|CAC…（对应氨基酸Cys-His…）。假设CFTR编码区域会占用大多数mRNA序列，并不能被终止密码子打断。终止密码子TAG/TGA在氨基酸序列中用*表示。

（5）可以先通过氨基酸序列找到M（ATG）与终止密码子（*）的位置，再通过菜单Sequence->Select positions，拷贝得到编码蛋白的DNA序列（Edit->Copy）。检查序列起始密码子ATG，与终止密码子TAG。（注：此处CDS位置为133..4575。）

（6）新建CDS序列：菜单Sequence->New sequence，在跳出的窗口中粘贴CDS序列，序列名称输入“CFTR_CDS”，Sequence type选“DNA”。

（7）选择CFTR_CDS序列，再用Sequence->Toggle Translate得到CDS序列的氨基酸序列。如果操作都正确，最终的氨基酸序列是1480个氨基酸。

2.4 Windows的Linux子系统安装与使用

微软在Windows 10新推出Linux子系统功能，可在Windows系统下直接使用Linux系统的操作命令或运行原生Linux程序。WSL是“Windows Subsystem for Linux”的缩写，也就是Windows系统的Linux子系统。WSL可以通过微软商店（Microsoft Store）进行安装，像安装其他应用一样，非常方便。

下面简要介绍下WSL安装过程，注意WSL只能在Windows 10 64bit系统下使用，而且安装WSL前需要将Windows 10 64bit升级到最新版本（至少要Windows 10 1709 Fall Creators Update以上版本）。

2.4.1　WSL安装

（1）开启WSL功能

打开控制面板，选择“应用”->“程序与功能”->“启用或关闭Windows功能”（图2-3），在弹出的面板中选中“Windows Subsystem for Linux”来启用 WSL功能，点“OK”后重启系统。

图2-3　Windows功能设置

（2）在Windows开始菜单中打开Microsoft Store（微软商店），搜索“Linux”，目前有5个Linux系统可选，这里选择并下载Ubuntu系统（默认第一个），即点击图2-4中的Get按钮，文件大约只有200Mb，下载非常快。

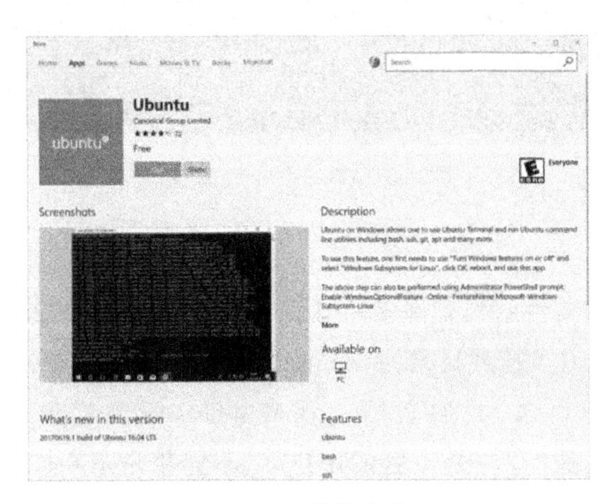

图2-4　微软商店

(3)当Ubuntu应用下载完成后,图2-4中的按钮变成“Launch”,点击“Launch”启动安装。安装过程会出现一个控制台窗口(图2-5),并会提示你创建Linux用户账号,输入英文用户名,后再输入密码(注意:出于安全考虑,此处密码不显示)。这个用户名(username)与密码(password)与你电脑Windows系统的用户名密码没有任何关系,可以设置成不一样,也可以一样。

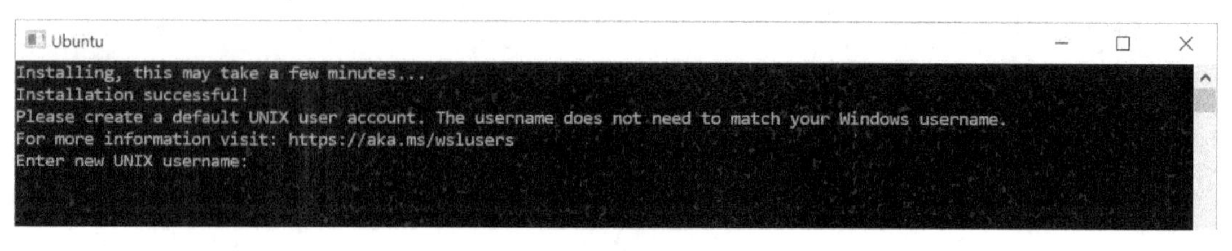

图2-5　WSL安装界面

(4)安装完成后,即可以在开始菜单出现Ubuntu程序图标,可运行Ubuntu Linux系统。为方便以后运行WSL,可以将此图标固定到任务栏。

2.4.2　使用WSL终端

本教程安装的Linux子系统版本是“Bash on Ubuntu”,可以在Bash终端执行Linux命令(图2-6)。Bash是Linux最常用的命令行Shell终端,这里先只介绍几点在Windows 10系统下使用Linux要注意的知识。

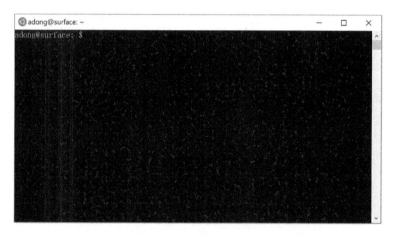

图2-6　WLS命令终端窗口

(1)文件目录

Linux与Windows的文件结构有许多差异。在WSL环境中,电脑的各个硬盘分区都挂载在“/mnt”目录下,即电脑C盘挂载目录为“/mnt/c”,而D盘挂载目录为“/mnt/d”,以此类推。例如Windows系统常用的目录“我的文档”,在Windows资源管理器中显示的路径是:“C:\Users\×××\Documents\”(这里×××是电脑的用户名,不同用户不一样),而在WSL中,对应的路径是:“/mnt/c/Users/xxx/Documents/”。(注意:Windows路径是用反斜杠“\”分隔目录。Linux系统的路径是用斜杠“/”分隔目录。)

在WSL下对此目录文件的读写操作,与在Windows资源管理器下对它们的操作没有区别。因此,在WSL下可以直接访问Windows的硬盘,我们可以把数据放在Windows的某个目录,然后切换到WSL对应的目录下运行Linux命令处理数据,并能在Windows资源管理器下用文本编辑器查看输出结果。因此,WSL方便了对Linux不熟悉的生物学家进行生物信息数据分析与处理。

(2)文本文件格式

Linux系统下创建的文本文件,比如多行基因序列文件,拷贝到Windows系统用记事本打开时,会发现所有的字母都会变成一行,无法换行显示,十分混乱。原因是Windows与Linux文件的换行符不同:

- Windows 系统的文件每行结尾是“＜回车＞＜换行＞”(“\r\n”);
- Linux系统的文件每行结尾只有“＜换行＞”(“\n”);
- MacOS系统的文件每行结尾只有“＜回车＞”(“\r”)。

Windows系统自带记事本不能正确识别Linux的换行符,而Notepad2等文本编辑器则可以自动识别不同操作系统的换行符。

(3)Linux命令行终端

Linux命令行终端(terminal)就是一个文本窗口程序(图 2-6),如GNOME桌面环境的Terminal或KDE桌面的Konsole,通过它可使用命令行Shell,Ubuntu系统默认的Shell是Bash。终端显示一个提示符,Bash的提示符是一个美元符号($),“$”符号后面是光标位置,用户可以在此输入命令。如果当前用户是管理员(root),则命令提示符变成“#”号。由于系统安全性原因,一般不推荐用root用户登录使用Linux。Linux系统支持打开多个终端,如果有多个终端窗口,则当前终端窗口的光标是实心方块,可进行命令输入;其他窗口是空心方块,不能输入命令。

图2-6“$”符号前面显示“adong@surface:~”,其意义为:adong是当前用户名;surface是主机名,当你远程登录另一台服务器,主机名就会变化;“~”是用户主(home)目录的指示符,代表当前目录是/home/adong,Linux系统为每个用户自动分配一个自己使用的home目录。“@”与“:”是系统设定的分隔符号。退出终端可直接用鼠标点击窗口关闭按钮或输入命令“exit”并敲下回车退出。

终端常用技巧

• Tab键自动补全名称:输入命令、文件或目录名称的开头几个字母,然后按Tab键,名称中的其他部分会自动补充完成。如输入his+[Tab],就会输入history命令。如果shell找到多个以输入字母开头的名称,将会响铃提醒,可再输入几个字符再按Tab键。

• 向上(↑)或向下键(↓):可以显示最近终端中使用过的命令,如可以调出以前输入过的长命令,不用再重新输入,节省时间。

- 如果输入有误，可以用Ctrl+U(同时按下Ctrl键与U键)取消整个输入行内容。
- 编辑命令可快速移动光标：Ctrl+A可以把光标定位到行首，而Ctrl+E移到行尾
- 清理终端显示内容：Ctrl+L，功能相当于命令“clear”。
- 终止进程：Ctrl+C(同时按下Ctrl键与C键终止命令)。

2.4.3 Linux简单命令

精通Linux系统对初学者来说非常困难，但其实只需掌握一些Linux简单命令就可以做生物信息学分析。这里介绍几个Linux最常用的命令的使用，最好先学习Linux的文件系统结构与命令终端的知识。

常用Linux命令

- ls：显示文件或目录，如：$ls -l(显示目录详细信息)
- cd：改变目录，如：$cd ~ (切换到用户目录)
- pwd：显示当前工作目录
- mkdir：创建目录，如：$mkdir dirname(目录名)
- rm：删除文件或目录，如：$rm filename(删除文件)
- mv：移动/重命名文件，如：$mv filename1 filename2(将filename1重命名为filename2)
- cp：复制文件，如：$cp filename1 filename2(将filename1复制为filename2)
- cat：阅读文件内容，如：$cat filename
- echo：输出字符串
- kill：结束进程，如：$kill PID(进程ID)
- top：查看进程，第1列显示进程ID
- sudo：授予超级用户权限执行命令

(1)打开一个终端，进入电脑C盘，看里面有什么文件。

$ ls #在终端输入“ls”并回车，显示当前目录内容

$ cd /mnt/c #切换到Windows系统的C盘根目录

$ ls -al #加上选项(-al)显示当前目录的所有文件及其详细信息

$ pwd #显示当前目录为: /mnt/c

(2)在电脑C盘下创建一个目录(test)，并转到test目录

$ mkdir test #创建目录

$ cd test #切换到此目录

(3)新建一个文本文件(test.txt)，并输入当前目录下的所有文件名。

$ ls /mnt/c > test.txt #此命令中“>”符是Linux的输入输出重定向符，将前面命令的输

出作为后面命令的输入。

(4)用Notepad2打开test.txt,并在文件末尾输入任何句子,如“Linux挺好玩!”,并保存。回到WSL终端,显示test.txt文件。

$cat test.txt

(5)将test目录下的文件复制到用户的Home目录(~),查看后又删除Home目录下test.txt。

$ cp test.txt ~ #注意命令、文件及Home目录(~)三者之间都有空格

$ cd ~ #切换到Home目录

$ ls #列出当前目录文件

$ rm test.txt #删除文件

$ cp sources.list ~/sources.list.bak #修改前先备份文件(后缀.bak)

$ cp sources.list /mnt/c/test #将文件复制到test目录

注:这里可以使用Linux终端的自动补全功能,如只要输入“cp sou”再按[Tab]键,就可补充成“sources.list”。如果还有多个选项,终端会响铃提醒,然后再多输入几个字母再按[Tab]就可以完成自动输入。

(6)最后,更改Ubuntu系统的更新源为国内的镜像站。默认是国外的网站,安装程序速度会非常慢。

$cd /etc/apt #切换到/etc/apt目录

$cp sources.list ~/sources.list.bak #修改前备份文件

$cp sources.list /mnt/c/test #将文件复制到test目录

(7)在Windows下用Notepad2打开test目录下的sources.list,并用章末二维码提供的文件ubuntu_sources.list内容全部替换,再保存文件,将Ubuntu软件源更改为阿里云镜像。

$pwd #确定还是在/etc/apt目录

$sudo cp /mnt/c/test/sources.list . #此处点(“.”)代表当前目录/etc/apt

(8)然后,执行如下命令更新系统软件仓库:

$ sudo apt update #更新软件仓库索引

注意,必需要使用与前面安装的Ubuntu系统版本号一致的源文件,不然会更新失败!

此命令显示将安装或更新多少个软件包,需要占用多少磁盘空间等,提示是否继续。[Y/n],输入Y,将更新系统。

这里的Ubuntu更新源是Ubuntu 20.04LTS版本,如果你的Ubuntu系统不是这个版本,则不能用此文件,请自行上网查询相应版本的国内源。

$lsb_release -a #查询Ubuntu版本

习题

1. 用生物软件BioEdit对一条序列进行DNA翻译、互补链、序列比对等操作。

2. 打开WSL终端,进行常见命令的练习,并将所有练习的历史命令保存为一个文件。

第3章 生物数据库

科学是有序的知识,智慧是有序的生活。——Immanuel Kant

本章以常用的NCBI综合数据库为例,介绍生物数据库的基本知识,重点介绍GenBank数据格式及NCBI数据库的查询方法,并介绍UniProt蛋白质数据库与UCSC基因组浏览器的使用方法。

◎导学案例

糖尿病是一种由胰岛素分泌缺陷或胰岛素作用障碍导致的高血糖代谢性疾病。主要症状为过度口渴、多尿和体重减轻等。持续高血糖与长期代谢紊乱等可导致全身组织器官功能障碍和衰竭,严重会导致死亡。据世界卫生组织(WHO)统计,2016年全世界有超过4亿人患糖尿病,中国是全世界较为严重的地区之一。

胰岛素(insulin)是动物胰脏内的胰岛β细胞受内源性或外源性物质,如葡萄糖、乳糖、精氨酸等刺激而分泌的一种蛋白质激素,是体内唯一的降血糖激素,在维持血糖恒定,增加糖原、脂肪和蛋白质合成,调控多种代谢途径等方面都有重要作用。胰岛素于1921年被加拿大的外科医生弗雷德里克·班廷(Frederick Banting)首先发现,并用于临床治疗糖尿病。1955年英国桑格小组测定了牛胰岛素的全部氨基酸序列(图3-1),成熟胰岛素由A与B两条链通过两个二硫键连接而成,包含51个氨基酸。1965年,中国科学家首次人工合成具有生物活性的结晶牛胰岛素。班廷因为首次发现并提取了胰岛素,被称为“胰岛素之父”,并获得1923年的诺贝尔生理医学奖。

图3-1 人胰岛素的序列

随着各种高通量实验与测序技术的发展，生物分子数据急剧增加，如GenBank数据库中的DNA数据近几年呈指数方式增长。为有效利用这些数据，大量生物数据库已经被开发用来存储、分析与维护这些数据。著名分子生物学杂志《核酸研究》(*Nucliec Acids Research*，NAR)每年会出版一期Database专辑，截至2014年，已经收录1552个在线分子生物学数据库，而且每年还在增多。生物数据库对海量的生物数据进行分门别类，有助于从中发现隐藏的生物知识，正所谓Half day on the web，saves you half month in the lab，利用好这些生物数据库将大大提高生物医学的研究效率。

生物信息数据库大致可以分为几个类型：核酸序列数据库(如GenBank、ENA)、蛋白质序列与结构数据库(如UniProt、PDB)、基因组数据库(如UCSC、SGD)、综合数据库(如NCBI、EMBL-EBI)和其他主要数据库(如KEGG、IMG)等。国际核酸序列数据库联盟(INSDC)由欧洲分子生物学实验室(EMBL)，美国GenBank和日本DNA数据银行(DDBJ)联合组成(1986年EMBL和GenBank加入，1987年DDBJ加入)，主要负责制定规范化数据格式，报告核苷酸序列的最简信息，并促进数据库之间数据共享。

下面我们简要介绍常用的NCBI综合数据库，重点介绍其中的核酸数据库(GenBank)的使用方法及其数据格式。

3.1 NCBI综合数据库

NCBI是美国生物技术信息中心(National Center for Biotechnology Information)的简称。NCBI成立于1988年，现已是当今世界上最大的基于互联网的生物医学研究中心，其主要任务是开发新的信息技术，来帮助理解控制人类健康和疾病的基本分子机制。NCBI创建并维护了一系列不同的生物医学数据库，包含核酸、蛋白质与基因组等数据，代表性的数据库有GenBank、RefSeq、Genome、PubMed、OMIM、dbSNP等。

> NCBI网址(ncbi.nlm.nih.gov)只要理解它的单位组成结构就很容易记忆。它隶属于美国国立医学图书馆(National Library of Medicine，NLM)。nlm又是美国国立卫生研究院(National Institutes of Health，NIH)的一个部门。最后的gov代表政府部门网址。

NCBI所有数据库都有一个统一的检索系统Entrez。它是一个集成了序列、分类、文献和三维结构等数据的搜索系统，并提供Web界面方便用户检索所有数据库(图3-2)。利用Entrez系统，用户可以跨库搜索(all database)，也可以只选择查询单个数据库，如Nucleotide(核酸数据库)、Genome(基因组数据库)和PubMed(文献数据库)等。

图3-2 NCBI搜索窗口

下面介绍一下最重要的GenBank核酸数据库(Nucleotide)。

3.1.1 GenBank数据库

GenBank是NCBI于1979年创建并维护的核酸序列数据库。GenBank包含了所有已知的核酸序列,以及与其相关的文献与生物学注释信息。GenBank的数据主要由用户提交,NCBI网站提供在线提交工具Bankit,用户提交测序所得DNA序列时,还需要一起提供序列的注释信息,如蛋白质编码区、蛋白质序列、重复序列和调控元件等。

GenBank数据的每一个记录代表一个单独的、连续的并附有注释的DNA或RNA片段(如为RNA则是其对应的cDNA序列),并以文本的格式保存。GenBank序列格式已经成为序列标准格式之一,GenBank格式文件(GenBank flat file,GBFF)是GenBank数据库的基本信息单位。简单地讲,GenBank记录可以分为三个部分,第一部分是关于整个记录的信息,包含对序列的简要描述、学名、物种分类、参考文献。第二部分是注释这一记录的序列特征(features),包含对序列的生物学特征注释,如编码区、蛋白质序列、转录单位、重复序列、变异位点等。第三部分是核苷酸序列本身的信息(ORIGIN),GenBank格式记录的末尾必须以"//"结束。

我们以GenBank网站的一个样本文件(U49845)为例,详细讲解GenBank格式文件。由于GenBank格式文件比较长,这里只能分成两部分展示:头部分与序列特性部分,并省略其中核苷酸序列与氨基酸序列的一部分内容,全部内容可到相关网址查看。

3.1.2 头部分(header)

头部分含有描述整个GenBank记录的信息,分不同的字段进行详细的说明,如序列名称、提交日期、物种来源、参考文献等(图3-3)。每个字段位于左侧第一列。

第一行LOCUS是序列的简单描述,包括序列名称、序列长度、核酸类型、生物体种属来源以及修订日期,图中序列名称为SCU49845,序列长度5028bp,核酸类型DNA,物种来源PLN(植物、真菌和藻类),最后一次数据修订日期1999.06.21。核酸类型也可为RNA(mRNA,tRNA,rRNA),GenBank中储存的RNA序列实为其对应的反转录cDNA序列。

```
LOCUS       SCU49845     5028 bp    DNA            PLN       21-JUN-1999
DEFINITION  Saccharomyces cerevisiae TCP1-beta gene,partial cds,and Axl2p
            (AXL2)and Rev7p(REV7)genes,complete cds.
ACCESSION   U49845
VERSION     U49845.1  GI:1293613
KEYWORDS    .
SOURCE      Saccharomyces cerevisiae(baker's yeast)
ORGANISM    Saccharomyces cerevisiae
            Eukaryota;Fungi;Ascomycota;Saccharomycotina;Saccharomycetes;
            Saccharomycetales;Saccharomycetaceae;Saccharomyces.
REFERENCE   1(bases 1 to 5028)
AUTHORS     Torpey,L.E.,Gibbs,P.E.,Nelson,J. and Lawrence,C.W.
TITLE       Cloning and sequence of REV7,a gene whose function is required for
            DNA damage-induced mutagenesis in Saccharomyces cerevisiae
JOURNAL     Yeast 10(11),1503-1509(1994)
PUBMED      7871890
REFERENCE   2(bases 1 to 5028)
AUTHORS     Roemer,T.,Madden,K.,Chang,J. and Snyder,M.
TITLE       Selection of axial growth sites in yeast requires Axl2p,a novel
            plasma membrane glycoprotein
JOURNAL     Genes Dev. 10(7),777-793(1996)
PUBMED      8846915
REFERENCE   3(bases 1 to 5028)
AUTHORS     Roemer,T.
TITLE       Direct Submission
JOURNAL     Submitted(22-FEB-1996)Terry Roemer,Biology,Yale University,New
            Haven,CT,USA
```

图3-3 GenBank格式文件头部分

> GenBank中的数据按照惯例被分成独立的18个类别，主要类别有细菌类(BCT)，病毒类(VRL)，噬菌体(PHG)，植物、真菌和藻类(PLN)，灵长类(PRI)，啮齿类(ROD)，人工合成序列(SYN)，专利序列(PAT)，以及新增的表达序列标签(EST)数据，高通量基因组数据(high-throghput genomic sequences，HTG)、环境样品数据(environment sample，ENV)等。

在LOCUS下面的DEFINITION行是序列的简明注释，用于说明该DNA序列的来源物种和已知基因或蛋白质的名称。图3-3中的DEFINITION表示该物种为酿酒酵母，基因序列编码三个蛋白质TCP1-beta，Ax12p和Rev7p。该DNA包含TCP1-beta的部分序列(partial cds)和另外两个基因的完整序列(complete cds)。字母cds(常用大写字母CDS)表示蛋白编码序列(coding sequence)，也就是说，CDS是编码蛋白质的核苷酸序列。Axl2p和Rev7p序列是完整的，因为它们的CDS从起始密码子到终止密码子都被记录，而TCP1-beta基因只是记录部分序列。

DEFINITION下面的词是ACCESSION(检索号)，检索号是序列记录的唯一标识，是从数据库中检索到一个记录的主要关键词。通常由一个字母加5个数字(U12345)或两个字母加6个数字(AF123456)组成。检索号在数据库中是独一无二的且永远不会改变的，即使数据的提交者改变数据的内容。值得注意的是，经专家人工注释的RefSeq数据库中记录的检索号与其他序列不同，它用两个字母加一下划线后再加6个或更多个数字组成，如：NM_006744，代表mRNA序列；NP_006735，代表Protein序列；NC_123456，代表Genome序列等。通常检索GenBank数据库会得到多个序列结果，一般可根据RefSeq记录号的特征，优先选择RefSeq数据库的序列用于后续分析。

VERSION(版本号)的格式是检索号.版本号。数据更新后，版本号将会增加，而检索号不变。U49835.1中小数点后面的"1"表示序列是版本1。版本号与后面的GI(GenInfo identifier)号是平行的，当一条序列改变后，它将被赋予一个新的GI号，同时它的版本号将增加。

KEYWORDS包括该序列的基因产物及其他相关信息，由该序列的提交者提供。如果该行没有任何内容那么就只包含一个"."。

SOURCE(物种来源)表示此DNA序列的来源物种，ORGANISM表示物种名与分类，以NCBI的分类数据库为依据，指定物种的正式科学命名。

REFERENCE(参考文献)列出了与该数据有关的参考文献，最先发表的文献列于第一位。如果所引用文献存在于PubMed数据库中，将出现PUBMED关键字(PMID)，允许链接到PubMed数据库相应记录。

3.1.3 序列特性部分(FEATURES)

序列特性部分显示基因和基因产物，以及与序列相关的其他生物学特征的信息。序列特征分为两列，第一列是特征关键字(feature key)，第二列是序列位置(location)与限定词(qualifiers)，序列位置与限定词之间通过"/"分开。这个数据记录有三个特性关键词：source、CDS和gene。source表示此段完整序列的范围(1—5028)，CDS表示此段序列内的蛋白质编码序列，gene表示完整基因序列的位置，注意在一段序列位置内可能有不止一个限定词。

(1)特征关键词source

source通常包含序列来源生物的简称，有些时候也包含分子类型。第一个限定词organism表示物种分类，描述限定词的内容放在等号后面的引号中(如="*Saccharomyces cerevisiae*")。当限定词内容只是一个数字时，则不需要用引号。许多限定词是不同数据库之间的相互引用，如图3-4第二个限定符db_xref表示在物种分类数据库中的交叉索引号为4932。

(2)特征关键词CDS

CDS是一个重要的基因特性，表示蛋白编码序列。如图3-4所示，source下为GenBank记录中的CDS特征词，第二列的数字表示编码氨基酸序列的核苷酸范围，包括终止密码子。

```
FEATURES             Location/Qualifiers
     source          1..5028
                     /organism="Saccharomyces cerevisiae"
                     /db_xref="taxon:4932"
                     /chromosome="IX"
                     /map="9"
     CDS             <1..206
                     /codon_start=3
                     /product="TCP1-beta"
                     /protein_id="AAA98665.1"
                     /db_xref="GI:1293614"
                     /translation="SSIYNGISTSGLDLNNGTIADMRQLGIVESYKLKRAVVSSASEA
                     AEVLLRVDNIIRARPRTANRQHM"
     gene            687..3158
                     /gene="AXL2"
     CDS             687..3158
                     /gene="AXL2"
                     /note="plasma membrane glycoprotein"
                     /codon_start=1
                     /function="required for axial budding pattern of S.cerevisiae"
                     /product="Axl2p"
                     /protein_id="AAA98666.1"
                     /db_xref="GI:1293615"
                     /translation="MTQLQISLLLTATISLLHLVVATPYEAYPIGKQYPPVARVNESF
                     TFQISNDTYKSSVDKTAQITYNCFDLPSWLSFDSSSRTFSGEPSSDLLSDA…"
     gene            complement(3300..4037)
                     /gene="REV7"
     CDS             complement(3300..4037)
                     /gene="REV7"
                     /codon_start=1
                     /product="Rev7p"
                     /protein_id="AAA98667.1"
                     /db_xref="GI:1293616"
                     /translation="MNRWVEKWLRVYLKCYINLILFYRNVYPPQSFDYTTYQSFNLPQ
                     FVPINRHPALIDYIEELILDVLSKLTHVYRFSICIINKKNDLCIEKYVLDFSE…"
ORIGIN
        1 gatcctccat atacaacggt atctccacct caggtttaga tctcaacaac ggaaccattg
       61 ccgacatgag ……(删除部分序列)
      661 cgtatatcaa gaagcattca cttaccatga cacagcttca gatttcatta ttgctgacag
      721 ctactatatc ……(删除部分序列)
     4021 tctacccatc tattcataaa gctgacgcaa cgattactat ttttttttc ttcttggatc
     4081 tcagtcgtcg ……(删除部分序列)
     4981 tgccatgact cagattctaa ttttaagcta ttcaatttct ctttgatc
//
```

图3-4　GenBank格式文件序列特性部分

CDS序列前三个核苷酸为起始密码子ATG，编码甲硫氨酸。有时GenBank中核苷酸序列不是完整的蛋白质编码序列。当CDS表示一部分蛋白质序列时，核苷酸数字范围将会以“<”开头或以“>”结尾。由符号“<”开头表示在该符号之前的蛋白质序列并不在此CDS序列中，同样末尾的“>”符号表示CDS序列不包括蛋白质序列末尾部分。如图3-4所示，第一个CDS范围是<1..206，表示此记录不包括编码此蛋白质的前面部分DNA序列，序列起始于第一个已测序的碱基之前。往下看限定符translation，注意第一个氨基酸为丝氨酸(Ser)而不是甲硫氨酸(Met)，表示这段数据不包含Ser上游区域的编码氨基酸信息。“codon_start=3”表示编码Ser密码子的第一个核苷酸来自ORIGIN下面序列左边开头的第三个核苷酸密码子(tcc)。此记录中缺失这个基因的上游片段序列，没有起始密码子。终止密码子的最后一个核苷酸的位置是206。该基因的产物是TCP1-beta。因为此DNA片段不含有TCP-beta完整的CDS，因此没有列出gene特性关键词。

(3)特征关键词gene

图3-4后面还有特性关键词gene，这个基因名为“AXL2”，位置在687..3158，即在此核苷酸序列中的687—3158区域。下一个特征词是CDS，此记录含有AXL2的完整CDS，并与AXL2基因的核苷酸位置相同。CDS范围是基因序列的最小范围，因为完整的基因序列包括CDS序列、内含子及其上游(5')或下游(3')的非翻译区域(UTR)等。AXL2基因的CDS范围前面没有符号“<”和“>”，表示该CDS是完整的，从下面翻译(/translation)的氨基酸序列也可以看到第一个氨基酸是甲硫氨酸(Met)。

另一个基因是“REV7”，其核苷酸范围在3300..4037，在数字范围前的“complement”表示这段DNA序列的编码链在互补链(complementary strand)上，即编码核苷酸序列是ORIGIN下面显示序列的反向互补链序列，注意方向是反向的。如图3-5所示，在反向互补链上的起始密码子5'-ATG-3'，方向变成从3'到5'(3'-GTA-5')，即此处末尾粗体显示的序列第4035、4036、4037三个碱基c、a、t，分别对应其互补链的碱基为3'-GTA-5'。

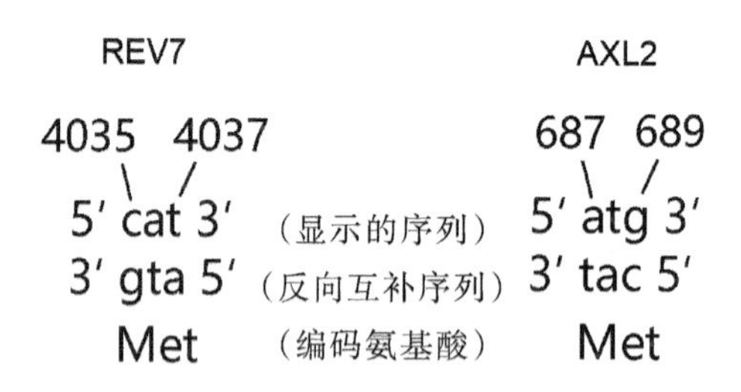

图3-5 DNA正反链中起始密码子位置

GenBank记录的第三部分为整个核苷酸序列，序列显示在ORIGIN行下面，并以“//”符号表示该核苷酸序列结束。

3.2 一级数据库与二级数据库

分子生物学数据库可分为一级数据库与二级数据库。一级数据库的数据都直接来源于实验获得的原始数据,只经过简单的归类整理和注释。因此,一级数据库具有容量大、更新速度快、用户面广等特点,其运行维护也需要具有高性能计算机硬件和专门的数据库管理系统,如欧洲生物信息学研究所维护EMBL用的数据库管理软件是Oracle。二级数据库也称专门数据库,是根据生命科学不同领域的实际需要,对原始生物分子数据进行整理和分类,即在一级数据库、实验数据和理论分析的基础上,针对特定的目标衍生而来的数据库,是对生物学信息的进一步整理。虽然二级数据库的种类繁多,但其容量小,可以不用大型商业数据库软件支撑。

生物信息学数据库大致可以分为4类:基因组数据库、核酸和蛋白质一级结构序列数据库、生物大分子(主要是蛋白质)三维空间结构数据库以及由这3类数据库和文献资料为基础构建的二级数据库。除了前面介绍的NCBI数据库外,下面补充介绍两种常见的数据库。

3.2.1 UniProt蛋白质数据库

UniProt(Universal Protein Resource)是由欧洲生物信息研究所(EMBL-EBI)、瑞士生物信息学研究所(Swiss Institute of Bioinformatics)以及PIR(Protein Information Resource)三家机构共同组成的UniProt协会所创建的蛋白质资源数据库。UniProt是整合Swiss-Prot、TrEMBL和PIR-PSD三个数据库的数据而成的,它不仅集中收录蛋白质序列资源,还能与其他资源相互联系,是一个目前收录蛋白质序列最广泛、功能注释最全面的数据库。UniProt对所有使用者免费开放,全球科研人员都可以登录其网址进行在线搜索并下载蛋白质序列。

UniProt由UniProt知识库(UniProtKB)、UniProt参考资料库(UniRef)、UniProt档案库(UniParc)和UniProt蛋白质组数据库(Proteomes)这4个主要数据库组成(图3-6)。UniProtKB是经过专家校验的数据集,主要由UniProtKB/SwissProt和UniProtKB/trEMBL两部分构成,UniProtKB/SwissProt包含专家检查过的、手工注释的条目,而UniProtKB/trEMBL包含未人工检查的、计算机自动注释的条目。UniProtKB里面属于同一物种完整的蛋白质组记录构成了Proteome数据集。UniParc数据库是对现有可公开获得的蛋白质序列数据进行整合后的非冗余蛋白质序列数据库,并给每个蛋白质一个唯一的ID(unique identifier,UPI),其命名格式为UPI后加10个十六进制数,如UPI000000000A。该数据库只有序列信息,其他注释信息需要链接至来源数据库。UniProtKB和UniParc数据库里面的属于同一蛋白质簇(cluster)的数据构成了UniRef数据库,按一个簇内蛋白质序列的相似度及覆盖度,又可细分为UniRef100(簇序列一致或11个以上氨基酸一致),UniRef90(90%的序列一致及80%覆盖度)与UniRef50(50%的序列一致及80%覆盖度)等。可在UniProt主页点击以上4个数据集,查看各个数据集的情况。

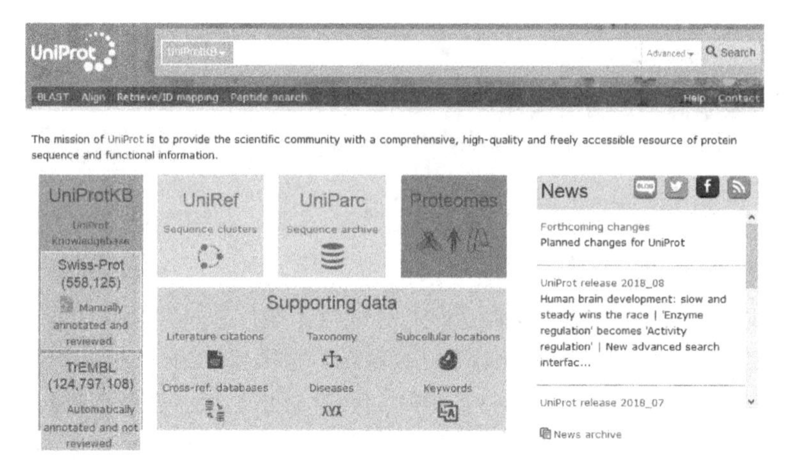

图3-6 UniProt网站首页

3.2.2 UCSC基因组数据库

UCSC基因组数据库是由加利福尼亚大学克鲁兹分校(University of California at Santa Cruz)开发的一个开放的、收录众多物种基因组序列及其注释信息的数据库。UCSC基因组数据库拥有人类、多种脊椎动物及主要模式生物的基因组序列数据资源,并且集成大量来自序列比对分析或实验研究的注释信息。基因组数据、浏览工具与可下载数据文件都可以在其网站找到,并可通过Table Browser下载多个物种的基因序列及相关注释数据。值得一提的是,UCSC Genome Browser(基因组浏览器)可根据基因组的位置、基因ID等信息方便进行浏览,并可放大或缩小染色体来显示所有注释信息(图3-7)。UCSC基因组浏览器的具体使用方法可扫描章末二维码查看。

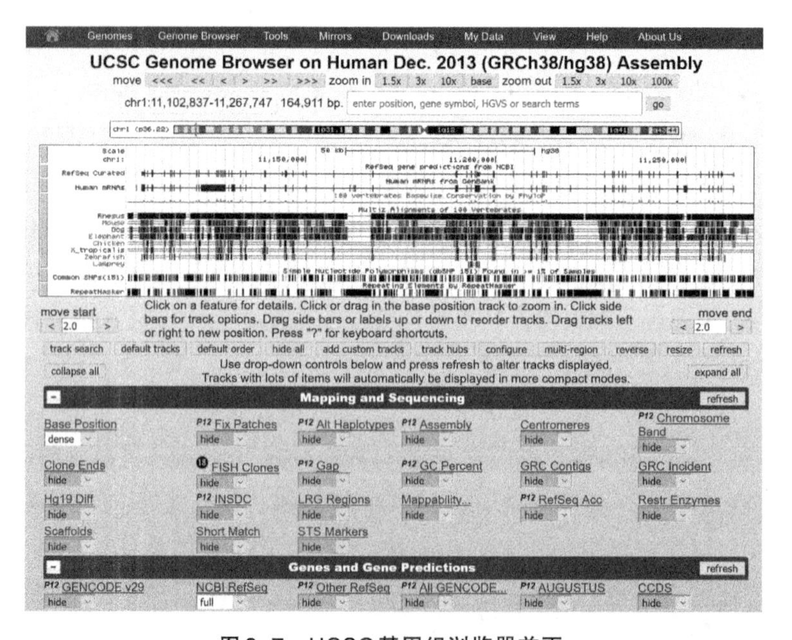

图3-7 UCSC基因组浏览器首页

3.3 NCBI查找胰岛素基因序列

假设我们需要克隆人的胰岛素(insulin)基因,用于表达蛋白质或进化分析就需要了解基因的相关信息。下面介绍在NCBI中如何找到胰岛素基因(INS)。

3.3.1 序列查询

(1)打开NCBI主页。

(2)先在查询栏中选择Nucleotide数据库,在搜索框中输入“insulin”,你可以看到会有许多条结果。

(3)那么我们需要加限定词,限定只查看人的胰岛素,输入insulin[Title] AND homo sapiens[Organism](AND必须大写)。现在少了一些,但还有上千条,许多不是insulin基因,而是与之有关的类似物(insulin like)、受体(insulin receptor)等基因。

(4)另外可用页面左边栏的选项限制结果数量,如选择Source databases为RefSeq,就只剩100个左右条目。RefSeq数据库只收录GenBank中的一部分原始类型序列(wild-type sequences),是非冗余、高质量的序列。

(5)再选择限制项Molecular types为“genomic DNA/RNA”,只有20项左右了。通过在查询结果页面中查看,可以找到人的胰岛素基因INS:*Homo sapiens* insulin(INS),RefSeqGene on chromosome 11。

> 如果已经知道基因名,可以通过Gene name限定词查询:INS[Gene Name],也可以直接查询"insulin[Title] AND homo sapiens[Organism] AND INS[Gene Name]"得到较少结果。

3.3.2 序列显示

(1)点击这条索引号为NG_007114.1的序列,可以查看它的信息(图3-8),默认显示的是GenBank格式,包括三部分:①描述部分,含参考文献;②各种特征列表;③核苷酸序列显示在最末端,并以//结束。可以鼠标上下移动网页观察这三部分的内容。

(2)如果想要只显示DNA序列,可以点击上面的FASTA链接,FASTA格式只包括序列(没有空格与数字),第一行为注释,最前面必须是>号,后跟任意注释信息。

(3)现在点击上面GenBank链接返回到Genbank格式,并选择Customize view中的“Gene,RNA and CDS features only”看一看各个特征值(CDS,mRNA,exons等)。点击某一个特征就可以显示并只高亮此特征的序列,而且在网页底部出现一个信息栏,可以选择显示不同的特征信息。

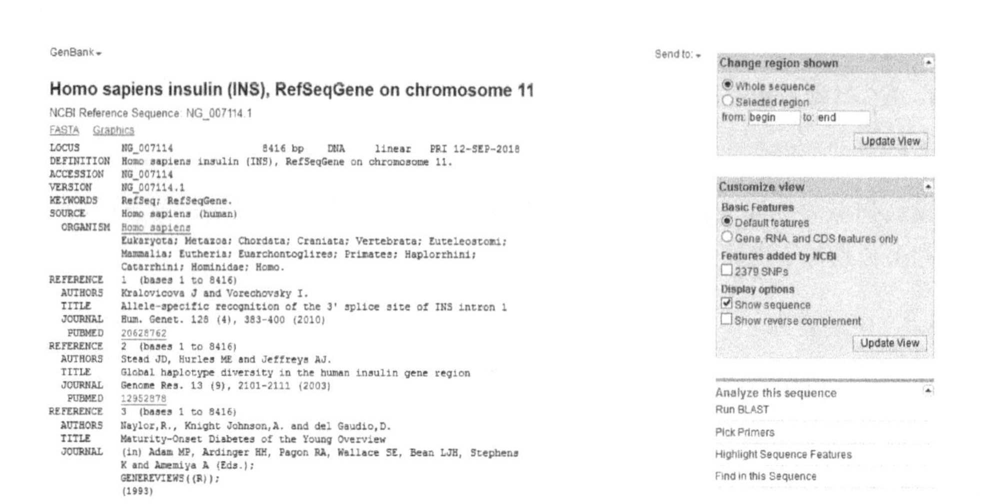

图3-8 胰岛素查询结果

试试显示任一个gene、mRNA、CDS,并比较它们的差异。

(4)在网页的右边"Related information"是关于这个基因的其他资源链接。例如OMIM数据库可以查看此基因的疾病关联信息。PubMed数据库可以查看此基因的文章,Gene或Protein数据库可以链接到此基因或蛋白质的数据库条目等。

(5)Display的另一个Graphics链接是用一个小基因组浏览器显示基因的结构与基因组位置等图形信息。它可以放大或缩小,显示基因的内含子与外显子。

3.3.3 序列下载

(1)如果要下载INS基因的编码蛋白质的核苷酸序列,可以找到注释为INS的CDS特征(/gene="INS"),可在浏览器中查询"/gene=INS",再点击前面的CDS链接,在跳出的信息栏中选Display(显示)为FASTA,即显示为FASTA格式,可以复制FASTA格式序列,并保存到一个文本文件。

```
>NG_007114.1:5224-5410,6198-6343 Homo sapiens insulin (INS), RefSeqGene on chromosome 11
ATGGCCCTGTGGATGCGCCTCCTGCCCCTGCTGGCGCTGCTGGCCCTCTGGGGACCTGACCCAGCCGCAG
CCTTTGTGAACCAACACCTGTGCGGCTCACACCTGGTGGAAGCTCTCTACCTAGTGTGCGGGGAACGAGG
CTTCTTCTACACACCCAAGACCCGCCGGGAGGCAGAGGACCTGCAGGTGGGGCAGGTGGAGCTGGGCGGG
GGCCCTGGTGCAGGCAGCCTGCAGCCCTTGGCCCTGGAGGGGTCCCTGCAGAAGCGTGGCATTGTGGAAC
AATGCTGTACCAGCATCTGCTCCCTCTACCAGCTGGAGAACTACTGCAACTAG
```

(2)同理,如果要下载此INS基因的氨基酸序列,只要在跳出的信息栏中点击"/protein_id=NP_000198.1"的链接即可。除了复制粘贴序列,也可直接下载序列,点右上角的"Send to",并在下拉框中选择"File",就可以保存为一个本地文件。

习题

（1）请在NCBI中查找猩猩chimpanzee（*Pan troglodytes*）的胰岛素的蛋白质序列，并用BioEdit工具比较其与人胰岛素序列的差异。

（2）请分别在NCBI的Gene和Nucleotide数据库搜索胰岛素基因（“INS[Gene Name] AND homo sapiens[Organism]”），并比较搜索结果的差异。

（3）请在UCSC genome browser中查阅在人的胰岛素基因（“INS”）全长范围内有多少种注释信息。

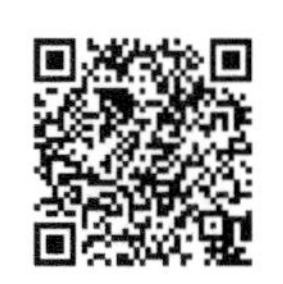

第4章 序列比对(Alignment)

凡是过往,皆为序章(What's past is prologue)——莎士比亚《暴风雨》

本章简要介绍了序列比对的基本概念、打分矩阵与动态规划算法,重点介绍双序列比对与多序列比对的基本原理及其常用软件的操作方法。

◎导学案例

流感病毒(influenza virus)是引起人类呼吸道感染的RNA病毒。它通过受感染者咳嗽或打喷嚏的飞沫进行传播,并可在人体外存活。欧洲在1918年暴发大规模流感疫情造成近5000万人死亡。大多数流感患者肺部受病毒侵害,免疫力变弱,发生细菌感染,老年人更容易受到侵害。

典型的流感病毒颗粒呈球状(图4-1),颗粒内为核衣壳,内含有核蛋白与RNA基因组。流感病毒颗粒外膜由两种表面糖蛋白覆盖:血细胞凝集素(hemagglutinin,H)与神经氨酸酶(neuraminidase,N)。它们都是病毒繁殖所必需的蛋白质,也是药物的靶点。常见的抗流感病毒药物,如达菲(奥司他韦)与瑞乐沙(扎那米韦)都是神经氨酸酶的抑制剂。

流感病毒公认含有13个血细胞凝集素(H)与9个神经氨酸酶(N),因此可将流感病毒分为H*x*N*x*共135种亚型,例如1918年欧洲爆发的流感病毒为H1N1型。其中H1、H5、H7亚型对人类感染性比较大。人类季节性流感病毒(human seasonal influenza virus)属于H1型,如1918和2009年大流行的流感病毒为H1N1变异株。而最近几年爆发的禽流感病毒(avian influenza viruses)被归类为H5型。禽流感病毒H5N1通常只能感染鸟类,有时也能跨越物种障碍,感染哺乳动物猪,进而演化成为超强病毒危害人类。

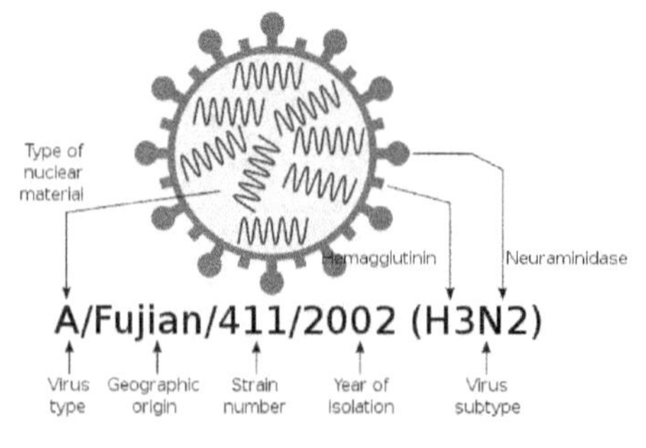

图4-1 流感病毒结构示意图与命名规则

比较是科学研究中最常用的方法之一，通过将研究对象进行相互比较，以寻找它们可能具备的一些共同特征。序列比对(sequence alignment)，又称序列联配。简单说就是寻找生物序列相似关系的过程。运用某种特定的算法，找出两个或多个序列之间的最大匹配碱基或氨基酸残基数，判断序列之间的相似程度，从而推测它们的结构、功能及进化上的联系。序列比对按同时参与比对的序列数目不同，可分为双序列比对(pairwise alignment)和多序列比对(multiple sequence alignment)。两条序列的比对称为双序列比对；三条或以上序列的比对称为多序列比对。

序列比对是生物信息学的重要方法之一，可以说是生物信息学这所大厦的"基石"，其他各种方法大多是基于序列比对才发展起来的。通过序列比对可以解决许多关键问题，如确定新发现基因的功能，预测蛋白质的三维结构，推断物种之间的进化关系等。

4.1　序列比对基础

序列比对的理论基础之一是进化学说，即所有的生物都起源于同一个祖先；不同序列不是随机产生，而是在进化上，不断演变而来的。因此，通过序列比对可以发现生物序列从它们最近的共同祖先进化到现在的进化路径。序列比对的另一个基本假设是生物学中序列决定结构，结构决定功能的普遍规律，将核酸序列和蛋白质序列都看成由基本字符组成的字符串，检测序列之间的相似性，可发现生物序列中的功能、结构和进化的信息。

比对(alignment)是指两条序列字符间简单的两两匹配，又称序列联配。如图4-2是两条很短的核苷酸序列的比对结果。

```
-GCGC-ATGGATTGAGCGA
TGCGCCATTGAT-GACC-A
```

图4-2　序列比对结果

在序列比对的一个位置可能会发生3种不同情况，一是字符相同(match/identity)，如DNA的某一位置都是某种碱基，或蛋白质都是某一个氨基酸；二是字符替代(mismatch)，在比对某位置上是不同的碱基或氨基酸，即氨基酸或碱基之间发生替换；三是插入和缺失(insertion/deletion)，在比对某位置上有一条序列是插入或删除一个或多个位点。由于无法判断是在一条序列上插入碱基或是在另一条序列发生删除碱基，所以一般把插入和删除合并，称插入删除(inDel)。通常在此位置加入空位(gap)来反映此类变化(空位一般用横杠"-"表示)。

4.1.1　序列的相似性与同源性

序列相似性(similarity)与序列同源性(homology)是两个完全不同的概念。序列之间的相似性可以用一个数值来衡量，即序列比对结果中序列之间相同核苷酸或氨基酸所占比例的大小；而同源性是指从某一个共同祖先经趋异进化而形成的不同序列。两条序列要么是同源的，要么是不同源的，不存在同源性的程度大小问题。例如家鼠与小龙虾的胰蛋白酶的蛋白质序列有41%的相似性，但不说明它们有41%的同源性。两条或多条同源序列间的比对可以反映出它们的进化关系。一般同源序列之间的核苷酸或氨基酸序列具有显著的一致性(identity)。在实际应用中，可以根据序列的相似程序来推断比对序列是否具有同源性。但两序列间具有很高的相似性并不等于它们就有同源性，也可能是趋同进化(convergent evolution)造成的。

> similarity=an observable quantity often expressed as % identity.
> homology=evolutionary related sequences, there are no degrees of homology.

4.1.2 序列比对的打分

序列比对根据序列的条数和每条序列长度不同往往有多种结果，如这样两条序列：s=GCATGACGAATCAG，t=TATGACAAACAGCA。最简单的就是把它们上下排列在一块，两条序列没有什么相似之处，只有一个相同碱基(图4-3(a))；如果将序列t右移一位，并排列后就可以发现它们有许多相同的碱基(图4-3(b))；如果把t序列第6位后的序列再往右移一位，就会出现更多的序列相似之处(图4-3(c))。由此可以看出，考虑由插入与删除事件引起的空位将导致比对的复杂性大大增加。

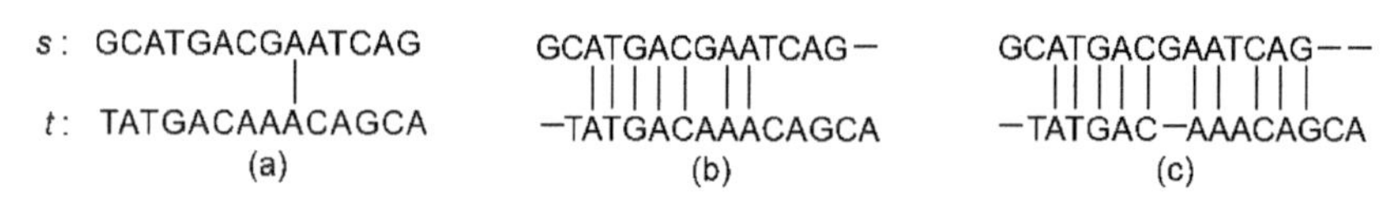

图4-3 序列s与序列t的三种比对结果

序列比对的多种结果中，有一种或几种结果能够揭示序列的最大相似度，这个比对结果被称为最优比对。为了判断多种比对中哪一种是最优的，需要决定如何为每个比对进行评估或打分，计算序列的相似分数来从众多的比对结果中找出最优的比对。

那么如何计算序列间的相似度呢？序列比对中某一位点比对有三种可能性：匹配、不匹配和空位。根据字符相似度，当比对的字母相同时就奖励(匹配得分，match score)，反之则罚分(失配得分，mismatch score)，而对含有空位的比对打分时，则要罚分(空位罚分，gap penalty)。简单的打分公式如下：

$$\begin{cases} \text{匹配得分：如果没有空位，而且 } seq1_i=seq2_i \\ \text{失配得分：如果没有空位，而且 } seq1_i \neq seq2_i \\ \text{空位罚分：如果 } seq1_i=\text{“-”或 } seq2_i=\text{“-”} \end{cases}$$

假设我们用如下一个简单的打分公式：

假设打分
- 匹配得分:1
- 失配得分:0
- 空位罚分:-1

我们先来看一个双序列比对的简单例子，序列 VDSCY 与 VESLCY 的两种可能比对如下：

序列1:	V	D	S	-	C	Y		V	D	S	C	Y	-
序列2:	V	E	S	L	C	Y		V	E	S	L	C	Y
比对分数:	1	0	1	-1	1	1		1	0	1	0	0	-1

两序列比对的总分：Score=Σ(AA pair scores)-gap penalty

那么，前面一个比对得分为1+1-1+1+1=3，后面一个比对得分为1+1-1=1。因此，前一种比对是比较好的比对结果。

4.1.3　打分矩阵

前面打分公式在计算比对的得分时，没有考虑不同氨基酸替换的差别。实际上不同类型的氨基酸替换，其代价是不一样的，某些氨基酸可以很容易地相互取代，而不会改变它们的理化性质。如一条蛋白质序列在某一位置上是丙氨酸，如果该位点被替换成另一个较小且疏水的氨基酸，如缬氨酸，那么对蛋白质功能的影响可能较小；如果被替换成较大且带电的残基，如赖氨酸，那么对蛋白质功能的影响就比较大。因此，理化性质相同似的氨基酸残基之间替换显然应该比理化性质相差甚远的氨基酸残基之间替换的得分要高。同理，对于核酸序列，嘌呤和嘧啶间替换的代价要大于嘌呤与嘌呤间或嘧啶与嘧啶间替换的代价。

基于以上原因提出了打分矩阵(scoring matrix)的概念。打分矩阵详细地列出各种氨基酸替换的得分，从而使得计算序列之间相似度更为合理。为了得到氨基酸打分矩阵，常用的方法是统计自然界中各种氨基酸残基的相互替换概率，得到氨基酸替代概率模型。打分矩阵为20种氨基酸的20×20非对称替换矩阵(图4-4)，其中的元素为每个氨基酸替换概率的对数值，因此又被称为对数几率矩阵(log odds matrix)。打分矩阵的构建方法可扫描章末二维码查看。

PAM矩阵(point accepted mutation，点接受突变)是目前蛋白质序列比对中广泛使用的打分矩阵之一，如常用的PAM250矩阵。Dayhoff等在1978年通过统计71个蛋白质家族的序列比对(相似度>85%)中总共1572个氨基酸的替换概率，得到氨基酸替代概率模型。如果两种氨基酸间替换发生的比较频繁，说明自然选择容易接受这种替换，那么对这两种氨基酸残基比对位点的打分会比较高，反之则比较低。另一种常用的打分矩阵是BLOSUM矩阵(blocks substitution matrices)，如BLOSUM65矩阵。它是通过聚类统计技术来对相关蛋白质的保守功能域的无空位比对进行分类，并计算类间的氨基酸替换概率。PAM250矩阵和BLOSUM62矩阵都是用于序列相似性的常用记分矩阵(图4-4)。如在BLOSUM62矩阵中可以看到D->E替换分值为2，分数越高两氨基酸间越容易发生突变。

	C	S	T	P	A	G	N	D	E	Q	H	R	K	M	I	L	V	F	Y	W
C	9																			
S	-1	4																		
T	-1	1	5																	
P	-3	-1	-1	7																
A	0	1	0	-1	4															
G	-3	0	-2	-2	0	6														
N	-3	1	0	-2	-2	0	6													
D	-3	0	-1	-1	-2	-1	1	6												
E	-4	0	-1	-1	-1	-2	0	2	5											
Q	-3	0	-1	-1	-1	-2	0	0	2	5										
H	-3	-1	-2	-2	-2	-2	1	-1	0	0	8									
R	-3	-1	-1	-2	-1	-2	0	-2	0	1	0	5								
K	-3	0	-1	-1	-1	-2	0	-1	1	1	-1	2	5							
M	-1	-1	-1	-2	-1	-3	-2	-3	-2	0	-2	-1	-1	5						
I	-1	-2	-1	-3	-1	-4	-3	-3	-3	-3	-3	-3	-3	1	4					
L	-1	-2	-1	-3	-1	-4	-3	-4	-3	-2	-3	-2	-2	2	2	4				
V	-1	-2	0	-2	0	-3	-3	-3	-2	-2	-3	-3	-2	1	3	1	4			
F	-2	-2	-2	-4	-2	-3	-3	-3	-3	-3	-1	-3	-3	0	0	0	-1	6		
Y	-2	-2	-2	-3	-2	-3	-2	-3	-2	-1	2	-2	-2	-1	-1	-1	-1	3	7	
W	-2	-3	-2	-4	-3	-2	-4	-4	-3	-2	-2	-3	-3	-1	-3	-2	-3	1	2	11

图4-4　BLOSUM62矩阵(注意数值为每个氨基酸替换概率的对数值)

PAM矩阵与BLOSUM矩阵都有一系列的矩阵(PAMx或BLOSUMx)。可根据序列亲缘关系的不同来选择不同PAMx(BLOSUMx)矩阵的进行序列比对。然而,BLOSUMx矩阵中x的意义与PAMx矩阵正好相反,即x值较低的PAM矩阵适合用来比较亲缘关系近的序列,而x值较低的BLOSUM矩阵适合用来比较亲缘关系远的序列。如PAM1和BLOSUM90矩阵适用于关系较近的序列,而另一些矩阵,如PAM100和BLOSUM35,可能更适合那些亲缘关系较远的序列。

BLOSUMx中数字x代表构建此矩阵所用序列的相似度,如BLOSUM62代表由相似度为62%的序列构建。较高的BLOSUM数字和较低的PAM数字代表可用于更相似的序列比对!

序列相似度高 ←— PAM1 / BLOSUM90 —— PAM100 / BLOSUM35 —→ 序列相似度低

在序列比对中,打分矩阵的选择是一个很重要的问题。使用不合适的矩阵通常会使比对结果很差,可以尝试不同的矩阵来得到最佳结果。由于PAM矩阵与BLOSUM矩阵建立的理论基础不同,PAM矩阵是从蛋白质序列的全局比对结果推导出来的,而BLOSUM矩阵是基于最相似的蛋白质序列块(BLOCKS)比对,所以在实际应用中,PAM矩阵可用于寻找蛋白质的进化起源,而BLOSUM矩阵适合用于发现蛋白质的保守区域。

4.2 动态规划算法(Dynamic Programming)

一旦选定了为序列比对打分的方法,就可以为寻找最佳比对设计算法了。最简单的方法就是对所有可能的比对进行穷举搜索,但这一般是不可行的,因为两序列比对的数量是序列长度的指数函数,计算量很大,所以必须设计高效的算法。例如,考虑两条不算长的核苷酸序列,长度分别为100和95。如果在较短的那条序列中插入5个空位,而设计的算法是为所有可能的比对进行计算和打分,那么我们的程序将要测试大约55M个可能比对。随着序列长度的增长,所有可能比对数将飞速增长,就不可能在有限的时间内完成计算。

我们可以利用动态规划(dynamic programming)解决这个问题,动态规划往往被用于一个复杂的空间中以寻找一条最优路径。这个方法把一个问题分解成计算量合理的子问题,并用这些子问题的结果来计算最终答案。S. Needleman与C. Wunsch首次运用动态规划方法来进行序列比对。他们的算法与以下即将介绍的很相似,是生物信息学最重要的算法之一。

理解如何运用动态规划算法进行序列比对的关键在于理解如何把比对问题分成若干个子问题。下面以这两条氨基酸序列VESLCY和VDSCY比对为例进行介绍(表4-1),并假定我们使用BLOSUM62蛋白质序列比对打分矩阵。那么第一个位点的比对就存在3种可能:①可以给第一条序列加一个空位;②给第二条序列加入一个空位;③两条序列都不加空位。在前两种情况中,第一个位点的空位罚分是相同的,而余下位点的得分是根据如何对两条序列剩余部分进行比对而定。在最后一种情况下,第一个位点的比对会得到匹配奖励,因为我们比对的是两个V,而余下位点的得分同样是根据如何对剩余序列进行比对而定。对这个问题的说明如表4-1所示。

表4-1 两条序列VESLCY和VDSCY比对第一位点的3种情况

第一位点	得分	待比对的剩余序列
V	+4	ESLCY
V		DSCY
-	-11	VESLCY
V		DSCY
V	-11	ESLCY
-		VDSCY

如果知道了ESLCY与DSCY最佳比对的得分,就可以立即计算出表中第一行的得分,同样地,如果知道了表中第二、第三行剩余序列的最佳比对的得分,就可以计算出起始位点不同的三种比对得分。有了这三种得分,就可以轻易从第一位点这3种可能中选出具有最佳

比对得分的起始比对。

假设我们选择表4-1第一行的方式来开始比对，并比对了各自序列起始点的V，接着便要计算序列ESLCY与DSCY比对的得分。当继续搜索所有可能的序列比对时，常会遇到同样的问题：ESLCY与DSCY比对的最佳可能得分是多少？动态规划算法使用了一个表格来储存部分比对得分，因此就不用重复计算它们。算法中用到的这个表格的横轴与纵轴分别表示这两条被比对的序列VESLCY和VDSCY。表格中某一个单元格的得分是从它的上单元格、左单元格和左上单元格变化过来所得分值中的最大值（图4-5（A）~（B））。

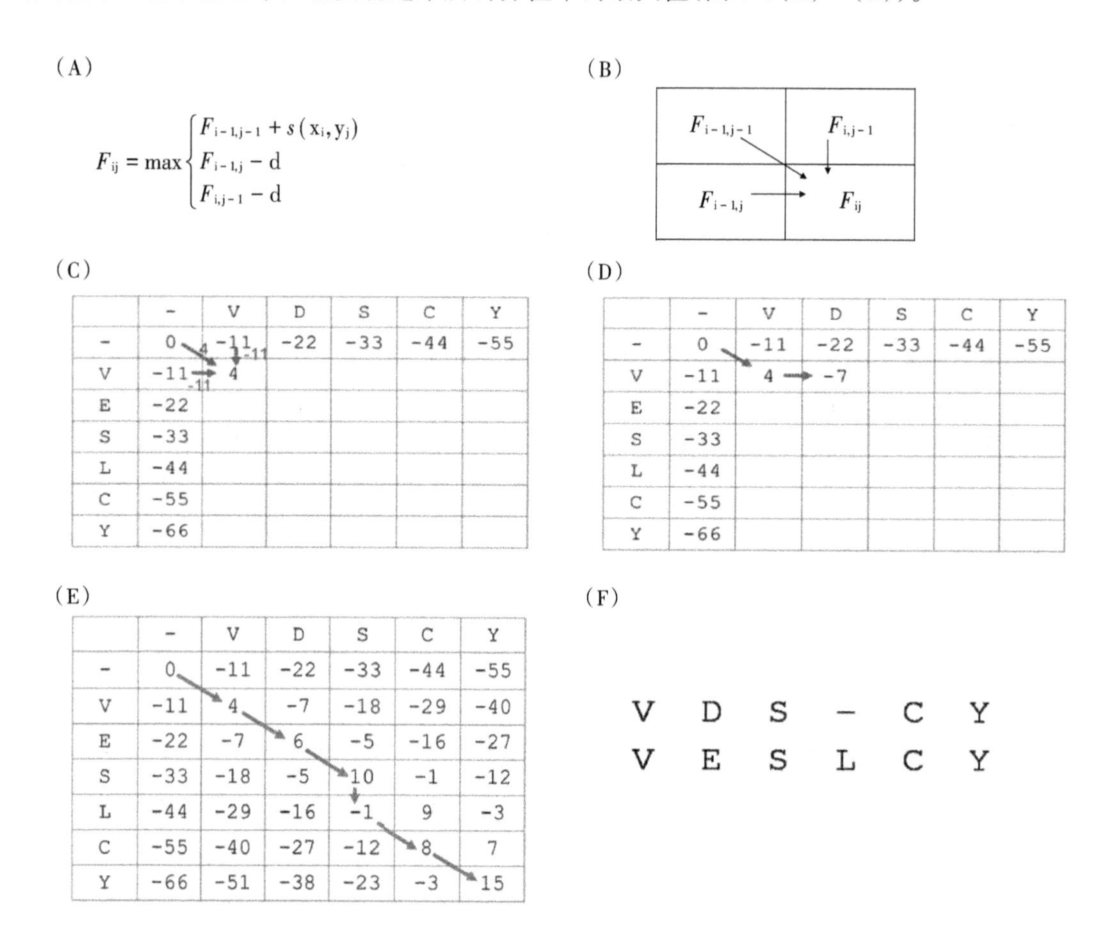

(C)

	-	V	D	S	C	Y
-	0	-11	-22	-33	-44	-55
V	-11	4				
E	-22					
S	-33					
L	-44					
C	-55					
Y	-66					

(D)

	-	V	D	S	C	Y
-	0	-11	-22	-33	-44	-55
V	-11	4	-7			
E	-22					
S	-33					
L	-44					
C	-55					
Y	-66					

(E)

	-	V	D	S	C	Y
-	0	-11	-22	-33	-44	-55
V	-11	4	-7	-18	-29	-40
E	-22	-7	6	-5	-16	-27
S	-33	-18	-5	10	-1	-12
L	-44	-29	-16	-1	9	-3
C	-55	-40	-27	-12	8	7
Y	-66	-51	-38	-23	-3	15

图4-5 动态规划算法

（A）Needleman-Wunsch算法；（B）（C）（D）（E）计算得分并回溯；（F）序列比对结果

动态规划算法计算局部序列比对得分并填入一个表格，直到整个序列比对被计算出来，由此得到最优比对。两条序列的比对等同于从表格左上角到右下角的一条路径。表格中横向的移动表示在纵轴序列中加入一个空位，纵向的移动表示在横轴序列中加入一个空位，而斜对角向的移动表示两序列各自相应的核苷酸进行了比对。

图4-5所示为序列VESLCY和VDSCY的部分比对打分表，其中空位罚分为-11。在方格（1.1）处填入第一个得分0。在算法开始时，用空位罚分的倍数对表格第一行与第一列进行

初始化,如图4-5(C)所示。现在开始填写表格的第二行的第二个空格(2.2),这个位置对应于比对的第一列。前面提过,对于第一个位置存在三种可能:第一条序列加上一个空位,第二条序列加上的空位,以及序列间核苷酸的比对(无空位)。因此,可以给表格中"-"个位置填上3种可能分值之一:

①把左边(2,1)位置的值加上空位罚分,这表示给纵轴序列加入一个空位;

②把上方(1,2)位置的值加上空位罚分,这表示给横轴序列加入一个空位;

③把左上方(1,1)位置的值加上两轴上相应氨基酸间的匹配奖励或失配罚分,这表示两个氨基酸间进行了比对。

对于这3种选择,选取其中的最大值填入表格。在本例中,得到这3种选择的值分别是-11、-11与4(图4-5(C))。所以选择最大值4。这等同于两条序列起始位点处V的比对。填完(2,2)这一格以后,便可以用同样的方法填写第二行余下的空格,现在用前例的方法来考虑表中(2,3)这一格。填写这一格有3种选择:

①将左边格中的4加上空位罚分(-11),结果为-7;

②将上方格中的-22加上空位罚分,结果为-33;

③将左上方格中的-11加上失配得分,因为该位点两个氨基酸(V和D)不匹配得分(-3),结果为-14。

所以要选择这3者中的最大值,将-7填入(2,3)这一格。

接着填第三行,直至填完整个表格。图4-5(E)显示了已经填满了的表格。表格填满以后,右下角方格的值代表了两序列间最优带有空位比对的得分。在图4-5所示的例子中,可以看到最优比对的得分为15。从计算过程可以看出,为得到这个得分,并不需要为两条序列间所有可能的比对进行打分,即没有搜索所有可能的比对。

为了利用打分表重建比对,需要找出一条由表格中最右下角到最左上角的路径(回溯)。为了建立这条回溯路径,要从表格中当前位置开始找出下一个位置,这个位置必须可以产生当前位置的得分。用图4-5(E)最右下方的位置来说明,这一方格的得分为15。在3种可能产生这一得分的选择中,仅有一种选择产生的得分为15:斜对角的元素的值为8,再加上Y与Y匹配得分(7)便是15。因为这是该位置仅有的一种能够得到15的方法,画一个箭头指向斜对角的元素,如图4-5(E)所示。在(6,5)这个新位置开始,仅有一种方法得到8这个得分:斜对角的元素-1加上C与C匹配得分9。所以箭头指向这个元素。继续这一过程直到所有可能的路径都回到了(1,1)这一格。这些路径代表着两序列间所有的最优比对。图4-5(E)中箭头指示了打分表中从右下角到左上角的一条合法路径。

要把路径转换成序列比对,仅需要根据此打分阵列的意义,一个纵向的移动表示在横轴序列中加入一个空位,一个横向的移动表示在纵轴序列中加入一个空位,而一个斜对角的移动表示两序列当前位点的氨基酸进行了一次比对。如观察图4-5(E)中回溯的那条路经。路径移动从右下到左上排列起来是↖↖↑↖↖↖。利用这条线路,可以从右至左地"回溯"重建比对。第一个箭头是斜对角指向,所以比对最后两个氨基酸:

Y

Y

接下来的一个箭头也都是斜对角指向，所以同样比对下两个位点：

CY

CY

再后面的一个箭头是纵向的，所以在横轴序列中加入一个空位，将此空位与纵轴序列下一个氨基酸进行比对：

-CY

LCY

从右至左继续这一过程，便可以得到以下这个得分为15的最优比对(图4-5(F))：

VDS-CY

VESLCY

有时会发现不止一个比对有最优得分，还可得到同样得分的其他路径。若有其他路径，还可以通过跟踪局部打分表中所有的路径，可以重建两序列间所有可能的最优比对。

4.3 全局比对与局部比对

序列比对如果从比对范围来考虑，可分为全局比对(global alignment)与局部比对(local alignment)。全局比对从全长序列出发，将两条序列从整体上进行比较；而局部比对则着眼于序列中的一部分序列(子序列)，比较这些子序列之间的相似性。例如要比较一条较长的序列“AAACACGTGTCT”与一条较短序列“ACGT”，在若干序列比对中，我们最感兴趣的可能是：

AAACACGTGTCT

----ACGT----

这种局部比对结果表明短序列完整地出现在较长的序列之中。局部序列相似性往往有重要的生物学意义，如酶的功能活性位点是由较短的序列组成的，尽管在序列的其他位置有各种突变，但这些功能位点的序列却相当保守。全局比对算法却很难发现它们，而局部比对可以发现这种保守序列。

20世纪70年代，S. Needleman与C. Wunsch提出了端到端(End-to-End)的全局比对算法，即Needleman-Wunsch算法，但是直到1981年，F. Smith与M. Waterman对全局算法进行修改，首次提出局部比对算法，即Smith-Waterman算法。Smith-Waterman算法的主要创新点是给Needleman-Wunsch算法增加了一个最低得分不低于0的选项，这个0只是赋予了局部重新开始的机会。局部比对算法与全局比对一样，当填写打分表时，给表中得分小于0的位置填上0，这样最后就很容易从表中找到最大的局部比对得分，如图4-6所示，得到匹配子序列TATA。当处理数千甚至百万个碱基的长序列时，局部比对算法可以识别子序列，而全局比

		A	A	C	C	T	A	T	A	G	C	T
	0	0	0	0	0	0	0	0	0	0	0	0
G	0	0	0	0	0	0	0	0	0	1	0	0
C	0	0	0	0	1	1	0	0	0	0	2	1
G	0	0	0	0	0	0	0	0	0	1	0	1
A	0	1	1	0	0	0	1	0	1	0	0	0
T	0	0	0	0	0	1	0	2	1	0	0	1
A	0	1	1	0	0	0	2	0	3	2	1	0
T	0	0	0	0	0	1	1	3	2	2	1	2
A	0	1	1	0	0	0	2	2	4	3	2	1

图4-6　局部比对打分表

对是不可能做到的。基因组学研究过程中经常要遇到这种情况，如要找出一条基因序列与酵母基因组具有相似部分的任何一条子序列。

4.4　多重序列比对

多重序列比对(multiple sequence alignment，MSA)是研究基因或蛋白质功能的常用方法，可以发现同源序列中的保守结构域，预测蛋白质结构及构建分子进化树等。多重序列比对可直接应用前面讨论过的动态规划算法，但MSA计算时间复杂度是O(L^N)，L代表序列长度，N代表序列数量，即时间是序列长度的序列数量幂次方。随着序列数量增多，计算复杂度迅速增大，那么在现有计算能力下的计算时间将变得非常长。因此，多序列比对算法大多是基于渐进比对(progressive alignment)的思想，在两两序列比对的基础上，逐步优化多序列比对的结果，这类方法不能保证产生最优比对，但能找出一个近似最优的比对。

D. G. Higgins和P. M. Sharp在1988年首次提出Clustal算法(图4-7)，这种算法开始时先比对亲缘关系较近的序列，再将其他亲缘关系较远的序列加入其中，从而产生一个完整的多重序列比对。具体过程如下。

(1)首先，将所有的序列利用动态规划算法进行两两比对，计算得到包含每对序列分歧程度的距离矩阵；

(2)然后，根据距离矩阵构建一棵指导树(guide tree)，以此来确定被比较序列间的亲缘关系(相似程度)；

(3)最后，按这棵指导树的分支顺序进行渐进比对，从亲缘关系最近的两条序列开始，逐步引入临近的序列，并不断重新构建比对，最终得到全部序列的全局比对结果。

Clustal系列程序是最常用的多序列比对软件,包含Clustal Omega、ClustalW和ClustalX三个程序。ClustalW(图4-7)和ClustalX使用同一种算法,ClustalW是命令行程序,而ClustalX是图形界面软件。Clustal Omega是最新开发的Clustal程序,使用了隐马尔科夫模型(Hidden Markov Model,HMM)比对算法,可以快速进行上千条序列的比对,但只能使用命令行模式运行。Custal Omega也提供了方便使用的在线网站。

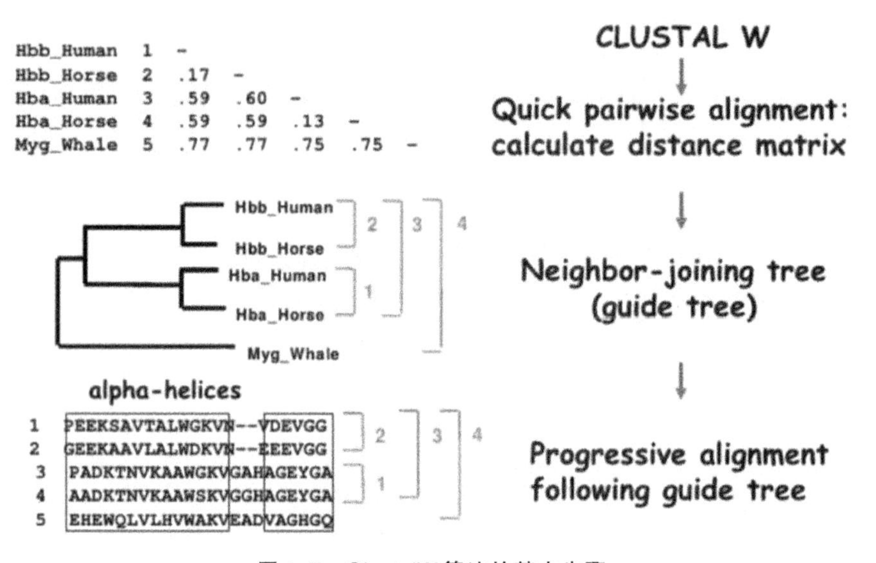

图4-7　ClustalW算法的基本步骤

在多重序列比对中,打分矩阵的选择对比对结果有重要的影响。一些矩阵适用于亲缘关系较近的序列,如PAM-1和BLOSUM-90,而另一些矩阵适合关系较远的序列,如PAM-100和BLOSUM-35。使用不合适的打分矩阵通常会得到很差的比对结果。为使比对结果更有生物学意义,多重序列比对一般要根据蛋白质的结构与功能方面的信息进行手工调整或改进,如酶活性位点、二级结构元件等具有较保守序列。

4.5　双序列比对实践

流感病毒的基因组可分成八个片段,每一段大致编码一个蛋白质,第4片段是编码凝集素的基因(HA)。凝集素是病毒与宿主细胞之间进行相互接触所必需的病毒表面蛋白。病毒首先要结合宿主细胞,才能复制及导致疾病,因此HA是特定病毒能感染宿主的关键决定因子。人类季节性流感病毒(human seasonal influenza virus)的HA都属于H1型,而最近爆发的严重禽流感病毒(avian influenza viruses)的HA被归类为H5型。这些分型是基于已知特异性抗体的结合实验,但序列比对可提供更详细的信息,如相似性、差异位点等。

我们可以利用Needleman-Wunsch算法来比较流感病毒HA片段。首先,让我们看看2009年美国的H1N1病毒参考毒株A/California/07/2009(H1N1)与另一个中国流行的人类季节性H5N1病毒A/goose/Guangdong/1/1996(H5N1)的序列比对。

4.5.1 序列查找

(1)打开NCBI网站。

(2)在网页上方搜索栏中将数据库类型从“All Datebases”改为“Nucleotide”,并在输入栏里键入所需病毒名称,如A/California/07/2009(H1N1),点击“Search”按钮。

(3)点击结果页面的左边栏“Source databases”的“RefSeq”,限定只显示RefSeq数据库中的序列,可在结果中找到含(HA)的结果:Influenza A virus(A/California/07/2009(H1N1)) segment 4 hemagglutinin(HA)gene,complete cds(Accession:NC_026433.1)。

(4)点击上面HA结果链接,在出现的页面中FEATURES部分找到CDS,点击CDS链接,页面下方出现序列显示工具栏,选择“Display:FASTA”,即可得到CDS序列。复制此CDS序列到一个文本文件,或选择右上角”Send to”,再选择”File”,保存到一个文件。注意:此时请勿关闭网页。

(5)再回退到前面结果页面,找到HA的蛋白质注释(/protein_id=“YP_009118626.1”),并点击“protein id=”后链接;在新出现的结果页面中选择右上角“Send to”,再选择“File”,并选择“FASTA”格式,即可保存氨基酸序列(图4-8)。

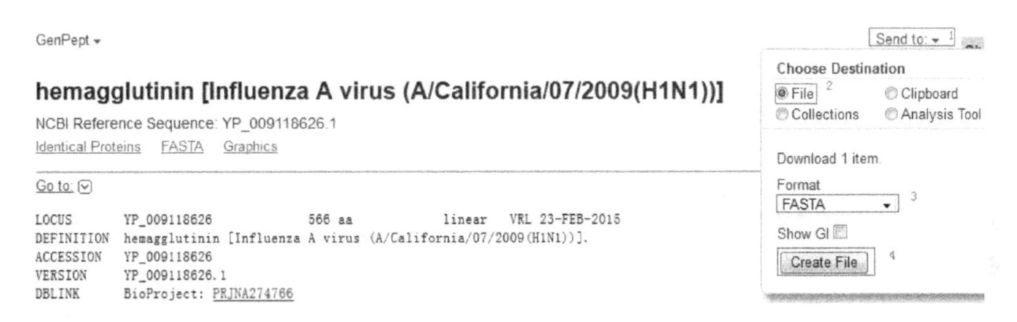

图4-8 流感病毒HA蛋白质的检索结果

(6)同上方法查找H5N1病毒A/goose/Guangdong/1/1996(H5N1)及其他流感病毒的基因与蛋白质序列。

4.5.2 在线clustal序列比对

我们使用欧洲生物信息研究所(European Bioinformatics Institute)开发的一套比对工具Clustal对齐序列。首先打开网址https://www.ebi.ac.uk/Tools/msa,并选择Clustal Omega;点击“Louch Clustal Omega”链接;数据类型默认是“Protein”(如是DNA要选择DNA),并复制前面下载的两条序列到序列输入框;其他参数都采用默认设置,点“Submit”运行比对序列;比对结果如图4-9所示,顶部显示比对所用的程序ClustalO,后面显示序列比对结果,匹配的核苷酸由“*”字符表示,点(.或:)代表不匹配,但氨基酸的理化性质相似,短划线(-)填补空位(gap)。

```
CLUSTAL O(1.2.4) multiple sequence alignment


H1N1_HA         MKAILVVLLYTFATANADTLCIGYHANNSTDTVDTVLEKNVTVTHSVNLLEDKHNGKLCK
H5N1_HA         -MEKIVLLLAIVSLVKSDQICIGYHANNSTEQVDTIMEKNVTVTHAQDILEKTHNGKLCD
                    :*:**  .: .::* :**********: ***::********: ::**..******.

H1N1_HA         LRGVAPLHLGKCNIAGWILGNPECESLSTASSWSYIVETPSSDNGTCYPGDFIDYEELRE
H5N1_HA         LNGVKPLILRDCSVAGWLLGNPMCDEFINVPEWSYIVEKASPANDLCYPGDFNDYEELKH
                *.** ** * .*.:***:**** *:.: .. .******. *  *. ****** *****:.

H1N1_HA         QLSSVSSFERFEIFPKTSSWPNHDSNKGVTAACPHAGAKSFYKNLIWLVKKGNSYPKLSK
H5N1_HA         LLSRTNHFEKIQIIPK-SSWSNHDASSGVSSACPYHGRSSFFRNVVWLIKKNSAYPTIKR
                 ** .. **:::*:** *** ***:..**::***: * .**::*::**:**..:**.:.:

H1N1_HA         SYINDKGKEVLVLWGIHHPSTSADQQSLYQNADAYVFVGSSRYSKKFKPEIAIRPKVRXX
H5N1_HA         SYNNTNQEDLLVLWGIHHPNDAAEQTKLYQNPTTYISVGTSTLNQRLVPEIATRPKVNGQ
                ** * : :::*********. :*:* .****  :*: **:*  .::: **** ****.

H1N1_HA         EGRMNYYWTLVEPGDKITFEATGNLVVPRYAFAMERNAGSGIIISDTPVHDCNTTCQTPK
H5N1_HA         SGRMEFFWTILKPNDAINFESNGNFIAPEYAYKIVKKGDSAIMKSELEYGNCNTKCQTPM
                .***:::**:::*.* *.**:.**::.*.**: : ::..*.*: *:    :***.****

H1N1_HA         GAINTSLPFQNIHPITIGKCPKYVKSTKLRLATGLRNIPSI----QSRGLFGAIAGFIEG
H5N1_HA         GAINSSMPFHNIHPLTIGECPKYVKSNRLVLATGLRNTPQRERRRKKRGLFGAIAGFIEG
                ****:*:**:****:***:*******.:* ******* *.     :.*************

H1N1_HA         GWTGMVDGWYGYHHQNEQGSGYAADLKSTQNAIDEITNKVNSVIEKMNTQFTAVGKEFNH
H5N1_HA         GWQGMVDGWYGYHHSNEQGSGYAADKESTQKAIDGVTNKVNSIIDKMNTQFEAVGREFNN
                ** ***********.********** :***:*** :******:*:****** ***:***:

H1N1_HA         LEKRIENLNKKVDDGFLDIWTYNAELLVLLENERTLDYHDSNVKNLYEKVRSQLKNNAKE
H5N1_HA         LERRIENLNKQMEDGFLDVWTYNAELLVLMENERTLDFHDSNVKNLYDKVRLQLRDNAKE
                **:*******:::*****:**********:*******:*********:*** **::****

H1N1_HA         IGNGCFEFYHKCDNTCMESVKNGTYDYPKYSEEAKLNREEIDGVKLESTRIYQILAIYST
H5N1_HA         LGNGCFEFYHKCDNECMESVKNGTYDYPQYSEEARLNREEISGVKLESMGTYQILSIYST
                :************* *************:*****:******.******   ****:****

H1N1_HA         VASSLVLVVSLGAISFWMCSNGSLQCRICI
H5N1_HA         VASSLALAIMVAGLSLWMCSNGSLQCRICI
                *****.*.: :..:*:**************
```

图 4-9　Clustal格式

序列比对结果的下方有3种符号：

“*”:代表该列氨基酸完全相同；

“:”:代表该列氨基酸发生改变,但有较高度保守的氨基酸;

“.”:代表该列氨基酸发生改变,但含有一般保守的氨基酸。

而没有上述符号标志的氨基酸位点差异较大。

4.6　BioEdit进行多序列比对、编辑与美化

(1)启动BioEdit,并导入序列文件:选菜单File→Open…→选择flu-HA_aa.fasta文件。

(2)序列比对:鼠标选中两条序列的标题,点击Accessory application→ClustalW multiple alignment,在跳出窗口中点“run ClustalW”,运行后就可以在新的窗口看见比对结果。

(3)导出文件:点菜单File→Save as …→选择FASTA格式→保存为flu-HA_aa_aligned.fasta。后续工作可直接导入序列比对后保存的文件。

(4)查看比对结果,可选中工具栏中的“View conservation by plotting identities to a standard as a dot”,以点显示与第一行相同的字母(图4-10)。如果观察到有些位置的序列比对不合理,可进行序列编辑,或调整空位(gap)位置等。(注意:修改前需要把工具栏中Mode的状态改成“Edit/Insert”,再进行删除或修改操作。)

图4-10　BioEdit序列比对显示

(5)显示序列比对:File→Graphic view,可以对比对显示进行美化(图4-11)。有许多显示参数可修改,但有些参数修改后需要按右上角的Redraw按钮察看结果。

1)修改每行的碱基数(Residues per row):修改为60或80。

2)如果每行有碱基不能显示,则调整画布页面的高(page height)与宽(page width)。

3)设置显示阴影的域值(Threshold for shading)为50或80,并勾上“Id./Sim. Shading”方框。并可以改变Similar及Identical的背景(back)及字体(font)颜色。

4)再试试改变其他一些选择参数察看各个设置的作用。

(6)编辑完后,可以保存结果为图片:Edit→Copy as Bitmap 或 Edit→Copy as Enhanced Windows Metafile。保存的图片可以直接插入到MS WORD中,或用画图及Photoshop程序进行进一步的修饰。

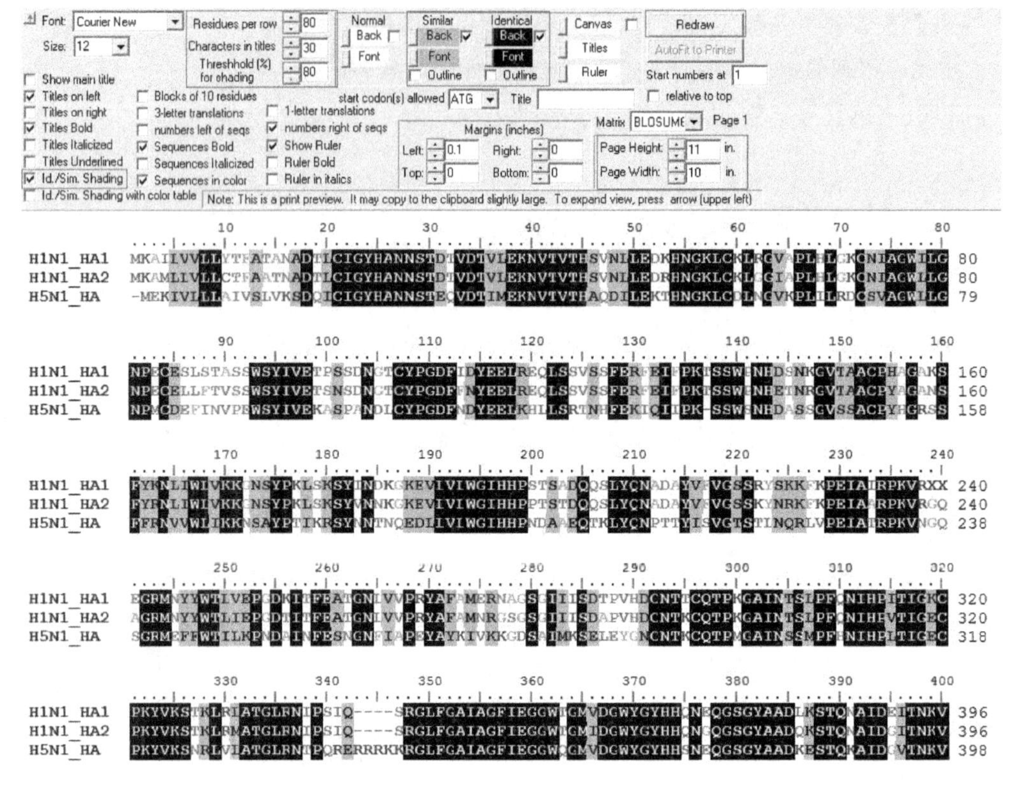

图4-11　BioEdit序列比对显示窗口

(7)观察并记录此序列在各物种中较保守及变异较大的区域，其中保守区域可能对应凝集素蛋白质中相对稳定的区域，如酶的活性中心区域；而序列差异较大的区域可能与流感病毒产生耐药性有关。

习题

1. 以流感病毒HA蛋白质的DNA序列文件重复上述过程，注意DNA与蛋白质在序列比对及编辑时的一些差异。

2. 试以BioEdit核苷酸比对的打分方法(Match：2；Mismatch：-1；Gap Initiation：-3；Extending Gap by 1:-1)，手工计算下面两条序列的最优比对结果：

GTCAC

GTACC

3. 下表是依据两条核苷酸链 S=ACACACTA；T=AGCACACA，做出的 dynamic programming method 得分矩阵表，按单位矩阵打分值已经给出了初始行、列的得分(匹配得分=+1，失配得分=0，空位罚分=－1)，请：

(1)计算其他矩阵位点的得分。

(2)画出最优路径。

(3)据此给出两条序列的比对结果。

表4-2　两条序列的比对结果

	Gap	A	C	A	C	A	C	T	A
Gap	0	−1	−2	−3	−4	−5	−6	−7	−8
A	−1	1	0	−1					
G	−2	0	−1						
C	−3								
A	−4								
C	−5								
A	−6								
C	−7								
A	−8								

第5章　序列数据库搜索(BLAST)

如果教育不是让人学会如何学习的过程,那又会是什么呢?——Peter Alexander Ustinov(英国演员和艺人)

本章介绍了BLAST工具的类型及算法,包括PSI-BLAST的算法,并以实例介绍NCBI在线BLAST工具与本地BLAST的使用方法及结果解读。

◎导学案例

雾霾给人类的健康带来了隐忧,其颗粒中的微生物被认为有可能造成部分呼吸道疾病和过敏症状,以及诱发癌症。据报道,2014年欧洲每年有43万人因空气污染早亡,平均每人"折寿"约38天。一篇名为"The structure and diversity of human, animal and environmental resistomes",其中提到取自北京的14份雾霾天空气样本中检测出了抗生素抗性基因。该文章一经发表便引起了民众的高度关注,被误会成空气中含有耐药性病菌,一度引起恐慌。

细菌中的抗生素抗性基因使细菌对氨苄青霉素、氯霉素等抗生素产生抗性。在一个细菌群体中,不是所有的个体都有抗性基因。而且绝大多数细菌对于人体都是无害甚至是有益的,只有少数细菌是致病菌。只有当空气中存在了相当密度的、携带抗性基因的、并具有活性的致病菌时才会对人体造成伤害。所以对于雾霾中检测出抗性基因,大家并不需要觉得恐慌。但是这个现象背后的趋势还是要重视,要严防抗生素滥用。

抗生素是人类目前对抗细菌的主要武器。在抗生素发明后的十几年里,它在人和动物上都得到了广泛的应用。当人们沾沾自喜以为终于消灭了病菌的时候,环境中已经充满了抗生素的抗性基因。越来越多曾经绝迹的细菌感染疾病最近有卷土重来之势。

因为抗性基因往往是通过基因突变产生,但基因频率较低,所以自然界中耐药细菌比较少。如果一个菌群受到抗生素作用,其中没有抗性基因的细菌会被杀死,导致耐药细菌的比例增加。抗生素不会制造耐药细菌,但会使那些已经有抗性基因的细菌在种群中的数量增加。因此,使用抗生素越多,在人体、动物以及在环境中的抗性细菌就会越普遍。

细菌还可以通过基因水平转移(horizontal gene transfer,HGT)快速传播抗性基因。HGT是指遗传物质从一个细胞转移到另一个细胞。例如,携带抗性基因质粒的细菌通常可以将该质粒转移到其周围的非抗性细菌中。这种转移可以通过细胞与细胞的接触(conjugation),通过病毒转导(transduction),或通过直接摄取环境中DNA的转化(transformation)来进行。抗生素抗性基因也经常位于转座子中,转座子可在基因组内移动,进一步促进其转移。由于饲养动物大量使用抗生素,动物体内产生的耐药菌通过食品或其他方式进入人体,在人体内耐药菌与致病菌通过HGT交换遗传物质,从而产生超级耐药致病菌。

BLAST(basic local alignment search tools)可能是生物信息学中最常用的序列分析工具。BLAST可以把查询序列(query sequence)与数据库中的序列进行快速序列比对(图5-1),找出与查询序列相似的目标序列(subject sequence)。在生物研究过程中经常要用到BLAST工具,例如你克隆到一条新基因序列,想知道它的功能,就可以将这条序列与GenBank数据库进行BLAST比对,搜索到那些与此新基因相似的序列。这些相似序列可能在其他物种中已经有基因功能的注释,据此可以推测这个新基因的可能功能。随着生物信息学数据大量积累,通过BLAST比对可以有效地获得你感兴趣的基因或蛋白质的功能和进化等信息。

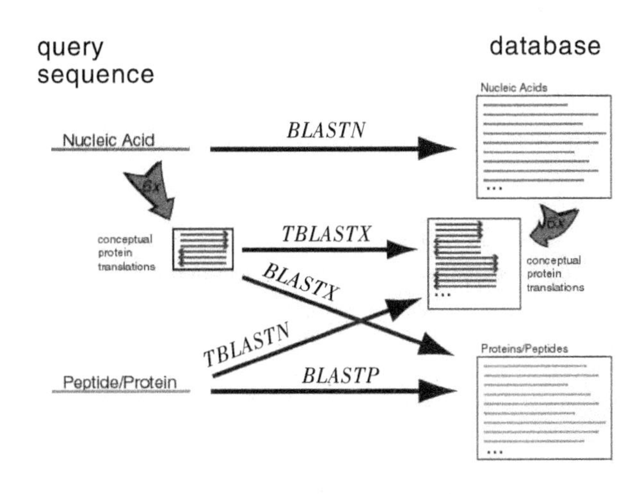

图5-1　不同BLAST程序

BLAST工具有多种程序,用于不同的序列比对目的(图5-1),如BLASTN是用核酸序列搜索核酸数据库,而BLASTP是用蛋白质序列搜索蛋白质库。常用的BLAST工具有五种可能的序列比对方式:

(1)BLASTN(nucleotide BLAST):核酸序列与核酸库做比对,直接比较核酸序列的相似性。数据库中存在的每条序列都将同查询序列进行一对一的核酸序列比对。

(2)BLASTP(protein BLAST):蛋白质序列与蛋白质库做比对,直接比对蛋白序列的相似性。数据库中存在的每条序列都将同查询序列进行一对一的蛋白质序列比对。

(3)BLASTX:核酸序列与蛋白质库做比对,先将核酸序列翻译成蛋白质序列(一条核酸序列会被翻译成可能的6条蛋白质序列),再对翻译成的每一条序列做一对一的蛋白质序列比对。

(4)TBLASTN:蛋白质序列与核酸库做比对,先将核酸库中的核酸翻译成蛋白质序列,然后进行比对。

(5)TBLASTX:核酸序列与核酸库做比对,查询核酸序列与核酸库中的核酸序列都先按六种阅读框翻译成蛋白质序列,然后对蛋白质序列进行比对。每次比对会产生36种比对阵列,是最耗时的一种比对方法。

通常根据查询序列的类型(核酸或蛋白质)来决定选用何种BLAST工具。例如进行核酸与核酸库检索,可选择BLASTN或TBLASTX。

5.1 BLAST算法

BLAST算法是由S. Altschul等人在1990年提出的一种双序列局部比对算法,采用一种短片段匹配算法和一种有效的统计模型来找出查询序列和数据库序列之间的最佳局部比对结果。它在保持较高精确度的情况下,可以大大减少程序运行的时间,是大规模序列对比在速度和精确度上都可以接受的一个解决方法。

下面我们以BLASTP算法为例介绍BLAST搜索的基本原理(图5-2)。BLASTP算法利用PAM或BLOSUM矩阵对无空位比对进行打分,并以此来搜索数据库中匹配的蛋白质序列。

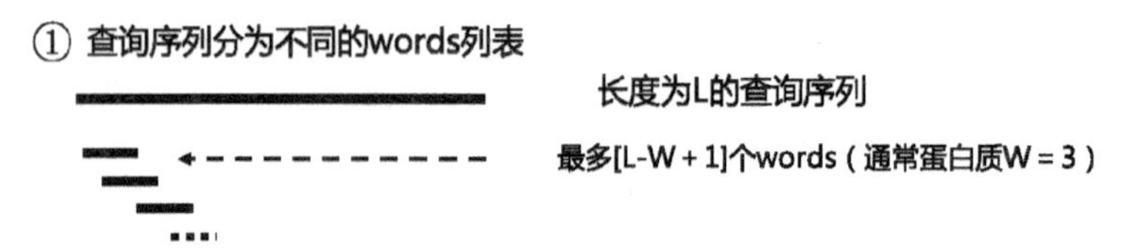
① 查询序列分为不同的words列表
长度为L的查询序列
最多[L-W+1]个words(通常蛋白质W=3)

② Words列表与数据库进行比较,确保精确匹配
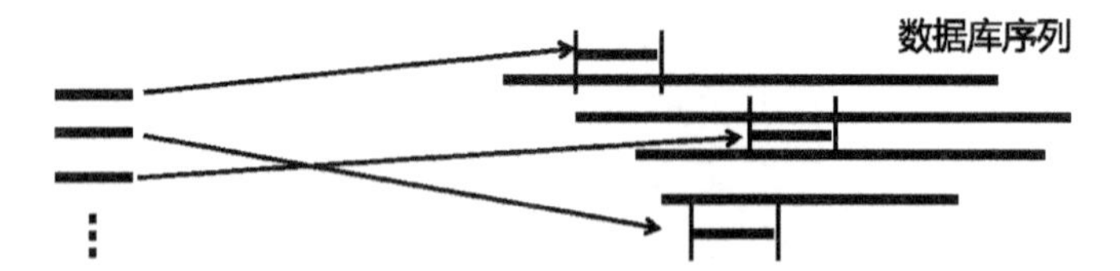
数据库序列

③ 从每个匹配的word的两端进行延伸,直到局部比对得分低于给定的阈值S
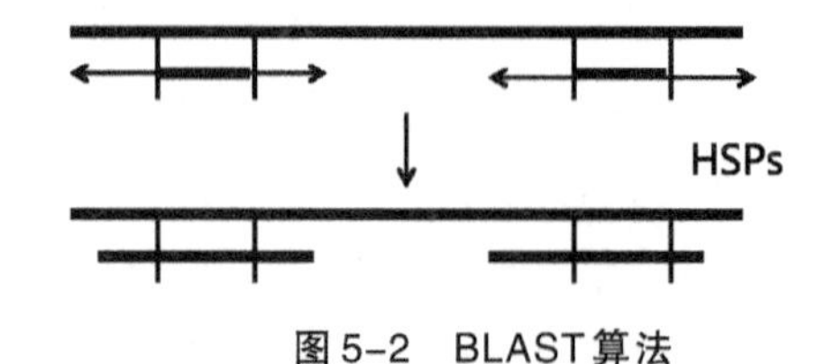
HSPs

图5-2 BLAST算法

BLAST算法过程可简单描述为：

(1)首先将查询序列(query)打断成一个个单词(word)，或说是定长的子序列(BLASTP默认长度为3aa)。

查询序列的所有words可通过在查询序列上移动与words等长的窗口来得到，如一个蛋白质查询序列AILVPTV可得到5个不同的words(长度为3aa)：AIL，ILV，LVP，VPT，PTV。

对于那些序列复杂度低(如重复序列)的words，或由常见氨基酸组成的words，由于信息含量少，可将它从words列表中直接去除，以提高搜索速度和降低假阳性。

(2)然后在数据库序列中搜索余下words的匹配(matches)。

BLAST为提高灵敏度(sensitivity)也考虑序列相似性高的邻里词(neighborhood words)。如图5-3所示，根据打分矩阵为word所有字母对打分，并指定一个阈值T，留下高于T的word匹配对，作为后面延伸(extend)的种子(seed)。

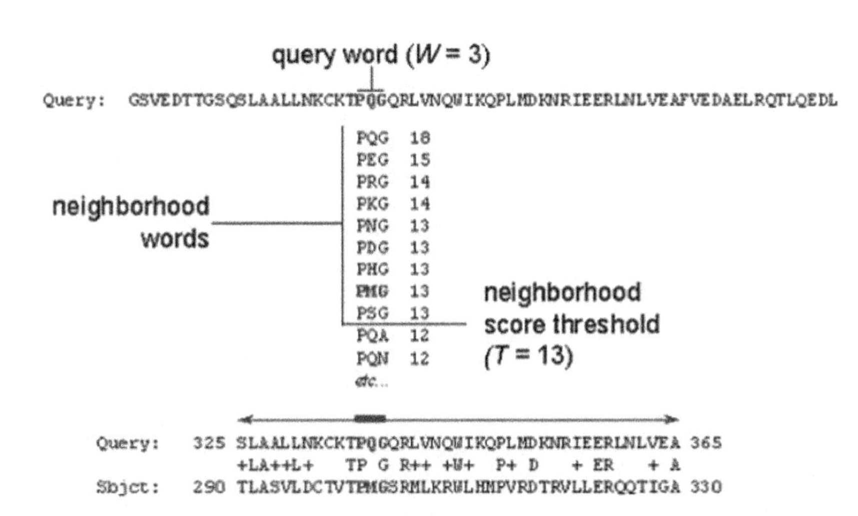

图5-3　Increasing the sensitivity in BLAST by considering word neighbours(引自https://www.ncbi.nlm.nih.gov/books/NBK62051/bin/blast_glossary-Image001.jpg)

(3)每当从数据库中找出一个word的匹配，就从该单词两端进行延伸匹配，并根据打分矩阵重新计算得分，直到比对得分低于给定的阈值(S)为止。延伸阈值是一个很重要的搜索参数，因为它决定了结果序列与查询序列在生物学意义上的同源性有多大。

(4)最后，此延伸匹配被回切到序列比对的最高分(＞阈值S)部分，这部分匹配简称高分分段对(high-scoring segment pair，HSP)。最后BLAST返回结果是HSP的序列比对及其比对分值。

为了提高分析速度，标准BLAST牺牲了一定的准确度，牺牲掉的准确度对高度相似的序列，也就是亲缘关系近的序列不会构成威胁，不会把它们落掉，但是对于那些只有一点点相似，也就是远源的序列，就很可能被落掉，从而不能被BLAST发现。

5.1.1 PSI-BLAST算法

为解决BLAST不能发现序列差异比较大的远源序列这个问题，后来又开发了PSI-BLAST算法。PSI是position specific iterated（位点特异性迭代）的简写。PSI-BLAST把序列搜索的结果归纳入一个位置特异性打分矩阵（position specific matrix，PSSM）中，有助于蛋白质的结构建模及功能的预测。

PSI-BLAST的算法是搜完一遍再继续搜索一遍，且从第二次搜索开始，每次搜索前都利用上一次搜索到的结果创建一个位置特异权重矩阵以扩大本次搜索的范围，如此反复直至没有新的结果产生为止（图5-4）。即前面的搜索结果出来后会作为查询序列进行再次搜索，除了考虑序列信息还考虑到序列的保守性信息，适合查找关系较远的同源序列。如现在著名的基因编辑技术CRISPR/CAS9中的CAS9家族蛋白就是通过这个方式发现的。

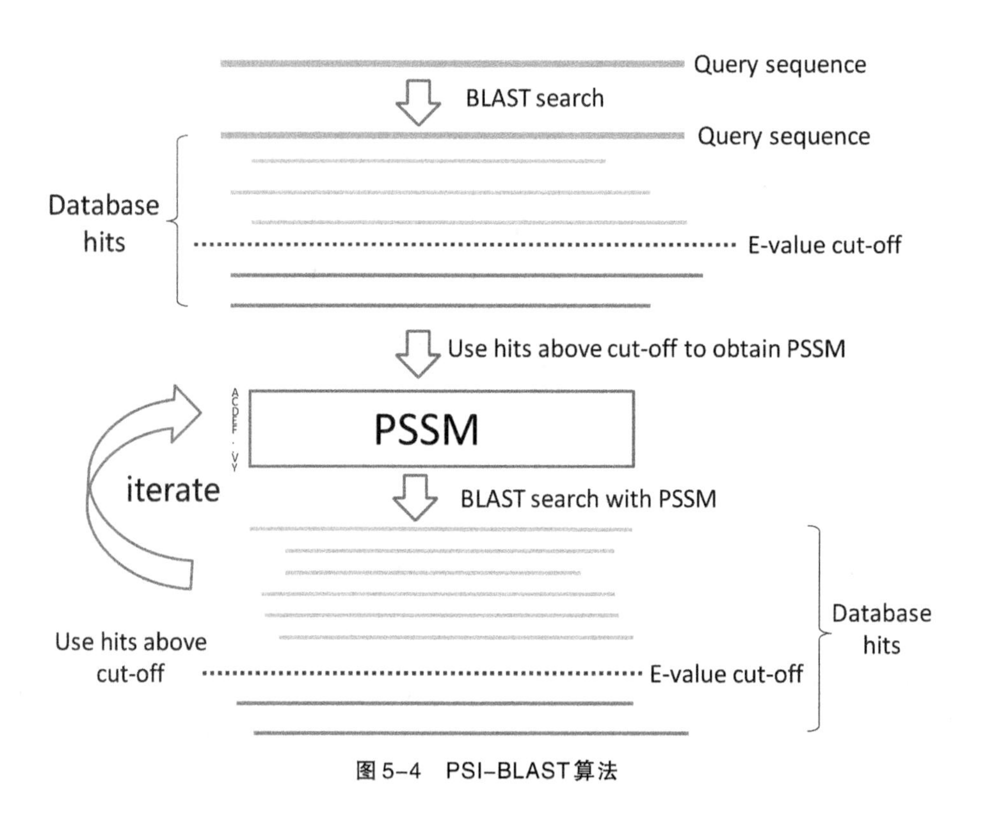

图5-4 PSI-BLAST算法

5.2 NCBI网站BLAST搜索

假设医生从被细菌感染的病人中分离培养出细菌，并提取了样品DNA。经测序后得到细菌的DNA序列，细菌来源DNA序列保存在文件whatami.fasta。若希望能确定这个DNA来源于什么病原体，可以使用NCBI的在线BLAST搜索核酸数据库中的细菌同源序列，确定细菌的物种分类。

5.2.1　网络BLAST操作过程

(1)用浏览器打开NCBI BLAST主页(图5-5)。

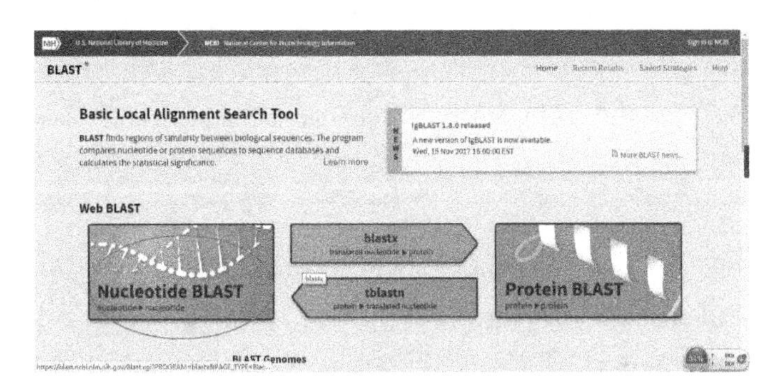

图5-5　BLAST主页

(2)选择BLAST类型:你可以看到BLAST有许多程序,主要程序是核苷酸(nucleotide)与蛋白质(protein)比较。由于这里所用的序列是DNA,所以选择“nucleotide BLAST”,进入BLASTN页面,如图5-6所示。

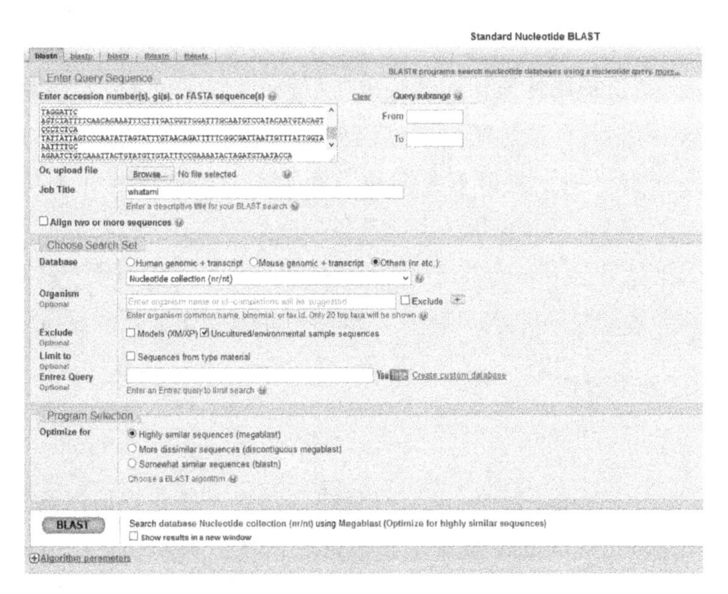

图5-6　BLASTN比对页面

(3)输入序列:将FASTA格式的序列复制粘贴到序列输入框(enter query sequence),也可以通过点击浏览按钮(Browse…)上传序列文件。给这次BLAST任务写个标注(job title),如“whatami”。如果只需要比较两个序列的相似性,可以在上图的BLASTN初始页面勾选“Align two or more sequences”,就可分别输入序列进行比较。

(4)数据库选择:在“Choose Search Set”部分可以指定搜索的序列。默认的数据库是Nucleotide collection(nr/nt),这是GenBank的非冗余序列(“nonredundant”,nr)数据库,还有

蛋白质数据库(nr/protein)。点击旁边的图标( )可以查看数据库的更详细介绍。

> 如果我已经知道查询序列可能来自什么物种,可以在“Organism”输入框中设置特定的物种名或分类,如输入bacteria可以只查数据库中细菌的序列。
>
> 另外,GenBank的序列许多来自未培养环境样品的DNA,这些序列对我们查找序列的来源物种没有帮助,因此勾选“Exclude”中的“Uncultured/environmental sample sequences”,将它们排除。

(5)程序选择:在“Program Selection”选择BLAST搜索程序,如“Highly similar sequences(megablast)”或“Somewhat similar sequences(blastn)”。Megablast适合相似度较高的序列(大于95%一致性)之间的比对,速度非常快;“Discontiguous megablast”会忽略一些比对不一致的情况;BLASTN算法运算最慢,但可以对相似度低的序列进行比对。

(6)程序参数:如果把底部的“Algorithm parameters”点开,你可以看到选不同的BLAST程序,它们的算法参数也会不一样,如megablast的WORD SIZE默认值是28,而BLASTN是11。其他如打分参数(scoring parameters)等也会不一样,一般我们用它们的默认值就可以。

- “Max target sequences”:指定显示的最大结果数。
- “Expect threshold”:设置过滤的E值阈值,不显示大于该E值的结果。
- “Word size”:指定最小相似片段的长度,一般BLASTN可设为7个碱基。
- “Filter and masking”:指对低复杂度区域(low complexity regions)的序列进行过滤,使其不参与显著性检验。或设置屏蔽查询种子序列(mask for lookup table only)只用于扫描数据库。

(7)这里我们选“Highly similar sequences(megablast)”,点击页面下方的“BLAST”按钮,就可进行搜索。如果选择“Show results in a new window”,则会打开新窗口显示比对结果。

5.2.2 BLAST结果解读

BLAST结果可分三大块:

(1)顶部是总览图(graphic summary),每条线条代表一条找到的匹配序列,线条的长度代表匹配片段的长度,它的颜色代表每个片段的相似性分值。红色相似性最高,排在最前面,其他几种颜色相似性逐渐降低,黑色最低。鼠标单击哪条线条就会显示其代表的序列信息,比对分值等。单击其中的“Alignment”链接就可以显示序列比对的详细信息(图5-7)。

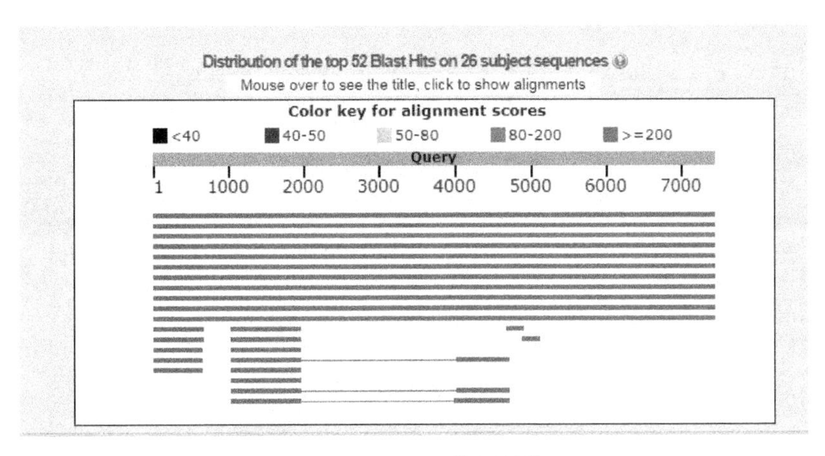

图5-7　BLAST结果总览

(2)中间的序列比对结果描述(descriptions)部分,每一条比对结果都有序列的描述与其GenBank登录号(accession)。点击登录号可以显示序列比对的详细信息。另外有五个与序列匹配质量有关的参数:

• “Max score”:最佳匹配片段的分数,匹配片段越长、相似性越高,则Score值越大(注意BLAST是局部比对,不是全局比对,会有多个匹配片段)

• “Total score”:所有匹配片段的总分。如果只有一个匹配,总分等于最大分数。

• “Query coverage”:查询序列匹配部分占其自身总长度的百分比。

• “E value”:它是一个统计度量,估计此匹配是由随机配对引起的概率。E值越低说明两条序列匹配越可能是同源性引起,而不是随机发生的配对。两条完全相同的序列配对,E值就是0。

> E value指在随机情况下,获得比当前比对分数(s)相等或更高分数的可能比对序列条数(the expected number of chance alignments with a score of S or better)。如果一个比对的E value=10,就意味着可能有10个随机匹配获得与当前比对相等或更高的分数。
>
> 注意:E value大小还与所查询数据库大小有关,由于现在核酸数据库序列都比较多,一般要求E value<0.00001($1e^{-5}$),即查询到的匹配有十万分之一的概率可能是错误的。

• “Identity”:查询序列与目标序列匹配部分的一致度,即匹配上的碱基数占序列总长的百分数。

通过查看前面几个匹配最好的序列描述,确定该查询序列可能来自什么物种(图5-8)。

注:为一种病毒Mimivirus。

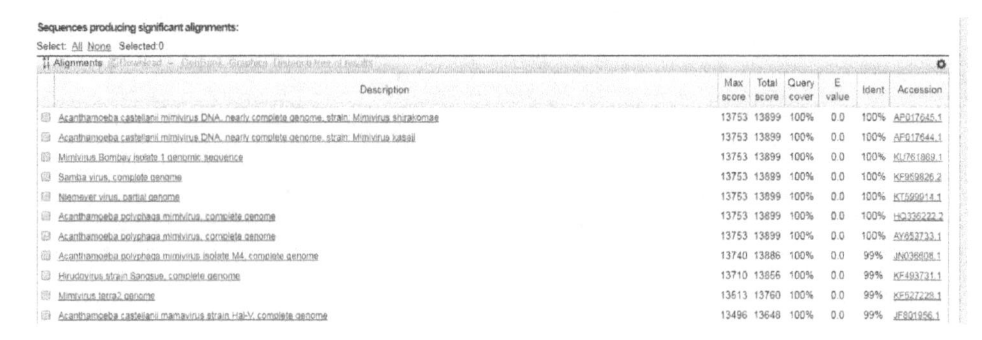

Sequences producing significant alignments:

Select: All None Selected:0

Alignments Download GenBank Graphics Distance tree of results

Description	Max score	Total score	Query cover	E value	Ident	Accession
Acanthamoeba castellanii mimivirus DNA, nearly complete genome, strain: Mimivirus shirakomae	13753	13899	100%	0.0	100%	AP017645.1
Acanthamoeba castellanii mimivirus DNA, nearly complete genome, strain: Mimivirus kasaii	13753	13899	100%	0.0	100%	AP017644.1
Mimivirus Bombay isolate 1 genomic sequence	13753	13899	100%	0.0	100%	KU761889.1
Samba virus, complete genome	13753	13899	100%	0.0	100%	KF959826.2
Niemeyer virus, partial genome	13753	13899	100%	0.0	100%	KT599914.1
Acanthamoeba polyphaga mimivirus, complete genome	13753	13899	100%	0.0	100%	HQ336222.2
Acanthamoeba polyphaga mimivirus, complete genome	13753	13899	100%	0.0	100%	AY653733.1
Acanthamoeba polyphaga mimivirus isolate M4, complete genome	13740	13886	100%	0.0	99%	JN036606.1
Hirudovirus strain Sangsue, complete genome	13710	13856	100%	0.0	99%	KF493731.1
Mimivirus terra2 genome	13613	13760	100%	0.0	99%	KF527229.1
Acanthamoeba castellanii mamavirus strain Hal-V, complete genome	13496	13648	100%	0.0	99%	JF801956.1

图 5-8　BLAST结果描述

(3)第三部分是序列比对的详细信息(图5-9)。查询序列与数据库中匹配序列垂直对应,相同碱基用竖线("|"),空位用横线("-")表示。由于序列比对较长,鼠标移动不方便,可以通过右上角的"Descriptions"链接快速回到中间的描述部分。

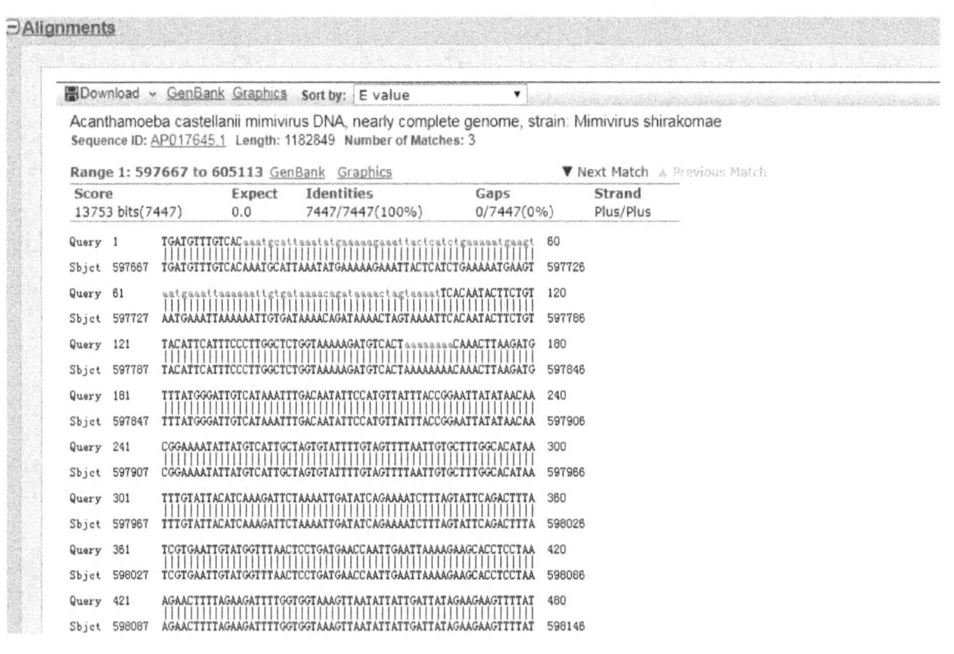

图 5-9　序列比对的详细信息

通过查看目标序列与查询序列匹配部分的起始与结束位置,记录前后位置区间为597667—605113,再打开目标序列的AP017645.1的GenBank格式网页,在右上角的"Change region shown"输入此前后位置,点击"Update view"按钮,就可以查看有几个hypothetical protein在这个区间。

"Expect"(E值)、"Identities"(一致性百分数)、"Gaps"(空位数)三项是评价blast结果的指标。E值接近零或者为零时,说明接近完全匹配。

在每个BLAST结果页面的顶部，都有一个RID(request ID)，可以在24小时再次查看结果，而不用再次做相同的BLAST搜索。把RID复制粘贴到记事本，下次查看结果时，打开BLAST网页主页，打开右上角"Recent Results"，把RID的编号输入"Request ID"查询即可。如果要本地保存BLAST结果，可以通过结果页面顶部的"Download"链接，选择一种格式(如text)，下载到本地文件夹。

5.3　本地BLAST

NCBI还提供BLAST本地运行程序，方便用户进行本地大型序列数据库的比对搜索。当一个新物种的基因组刚测序，NCBI网络数据库还没有收录这个物种的基因组数据，如果要在这个基因组中搜寻一个基因，就只能在本地进行BLAST了。

2009年，NCBI推出了新版本的独立BLAST程序BLAST+代替原来的BLAST程序。新版本有许多改进，可以加快搜索速度。这里以一个实例来介绍本地BLAST+的安装与使用方法。

关于本地BLAST的更多内容，可扫描章末二维码查看。

假如实验室刚对一个未知细菌进行基因组测序，得到一个不完全组装的序列(LX-4_contigs.fa)，现在想知道此基因组中是否存在一个gyrB基因，需要把基因序列(文件gyrB.fa)与基因组序列文件LX-4_contigs.fa进行比对。

本例练习前，先把两个文件放在同一个目录下，如在电脑C盘下新建一个test目录，对应WSL下目录为"/mnt/c/test/"，打开WSL终端，并切换此目录为当前目录:$cd /mnt/c/test/。

5.3.1　在WSL下安装BLAST

```
$sudo apt-get install ncbi-blast+
$blastn -version
```

如果正确显示BLAST版本，安装成功。

5.3.2　格式化数据库

BLAST程序需要有特定格式的数据库才能进行搜索，所以执行BLAST程序前要先用makeblastdb命令格式化目标(subject)序列文件。

```
$makeblastdb -in db.fasta -dbtype nucl -out dbname -parse_seqids
```

参数说明：

-in:待格式化序列的输入文件(FASTA格式)。

-dbtype:数据库序列类型，prot(蛋白质)或nucl(核酸)。

-out:数据库名。

-parse_seqids:参数可选，表示从输入FASTA格式中解析序列标识符(SeqIds)。

本例中执行以下命令：

$makeblastdb -in LX-4_contigs.fa -dbtype nucl -out LXcontigs -parse_seqids

Makeblastdb运行后将会产生如下几个文件：

LXcontigs.nhr LXcontigs.nin LXcontigs.nog LXcontigs.nsd LXcontigs.nsi LXcontigs.nsq

注意，格式化后产生的文件必须与输入的查询序列文件放在同一目录下。

5.3.3 运行BLAST比对程序

这里以核酸序列比对核酸数据库(BLASTN)为例：

$blastn -task blastn -query seq.fasta -out seq.blast -db dbname -outfmt 6 -evalue 1e-5 -num_threads 4

参数说明：

-task：共五个程序选择'blastn' 'blastn-short' 'dcmegablast' 'megablast' 'rmblastn'，默认megablast。

-query：输入文件的路径及文件名。

-out：输出文件的路径及文件名。

-db：格式化后得到的数据库路径及数据库名。

-outfmt：输出文件格式，总共有18种格式，0是默认比对格式，6是TABULAR格式，17是SAM格式。

-evalue：设置输出结果的e-value值。

-num_threads：使用的线程数。

其他BLAST程序用法与BLASTN类似，如蛋白序列比对蛋白数据库(BLASTP)以及核酸序列比对蛋白数据库(BLASTX)等。

本例中执行以下命令：

$blastn -query gyrB.fa -out gyrB_blast.txt -db LXcontigs -outfmt 6 -evalue 1e-5 -num_threads 4

最后查看BLAST比对结果：

$more gyrB_blast.txt

gb|CP000422.1|:4284-6230 LX-4_contig1 99.28 1947 14 0 1 1947 148455 150401 0.0 3518

结果中从左到右每一列的意义分别是：

- Query id：查询序列标识符，如“gb|CP000422.1|:4284-6230”。
- Subject id：数据库中比对的目标序列标识符，如“LX-4_contig1”。
- % identity：查询序列与目标序列比对的一致性(%)，如“99.28”。
- alignment length：查询序列与目标序列比对上的片段长度，如“1947”。
- mismatches：查询序列与目标序列比对错误的计数，如“14”。

- gap openings:空位数,如“0”。
- q. start:查询序列比对起始位点,如“1”。
- q. end:查询序列比对终止位点,如“1947”。
- s. start:目标序列比对起始位点,如“148455”。
- s. end:目标序列比对终止位点,如“150401”。
- e-value:E value值,如“0.0”。
- bit score:序列匹配得分,如“3518”。

或在Windows资源管理器中,用文本编辑器Notepad2打开查看。你可以再尝试用不同的参数,如outfmt用0(或不加此参数,即默认值为0),8,17等不同输出格式再查看运行结果的差异。

习题

1. 简述gap空位、E value、bit score这些序列比对参数的含义。

2. 通过blast搜索人胰岛素的同源基因,下载它们的编码序列(CDS),并保存为FASTA格式文件。

3. 在NCBI下载微生物的16S rRNA全部序列,建立一个本地数据库,再任选一条16S rRNA基因序列进行本地BLASTN比对,并使用不同的E value值(如$1e^{-2}$,$1e^{-5}$,$1e^{-8}$)和outfmt值(如0,5,6)看看所得结果的差别。

第6章　系统发育树(Phylogenetic Tree)

自然界生存下来的，既不是四肢最强壮的，也不是头脑最聪明的，而是有能力适应变化的物种。——Charles Robert Darwin

本章介绍了系统进化树的基本概念、进化树的构建原理，以及替换模型的知识，并以常用软件MEGA为例，介绍系统发育树的构建方法与应用。

◎导学案例

所有的生物都可以追溯到共同的祖先，生物的产生和分化就像树一样地生长、分叉，以树的形式来表示生物之间的进化关系是非常自然的事。达尔文在科研笔记中就以树表示物种的亲缘关系(图6-1)。达尔文画的树中最下面标注①的分支点代表已经灭绝(extinct)的祖先物种，其他标注A，B、C、D等末端分支点代表现存(extant)的物种。树的各个分支点代表一群生物起源的相对时间，两个分支点靠得越近，则对应的两个种群的生物进化关系越密切。

《物种起源》第四章中有一幅比较正式的进化树，它是全书的唯一配图，可见达尔文对进化树的重视程度。此后，绘制地球上所有生物的生命之树成为生物学家追求的一个梦想。

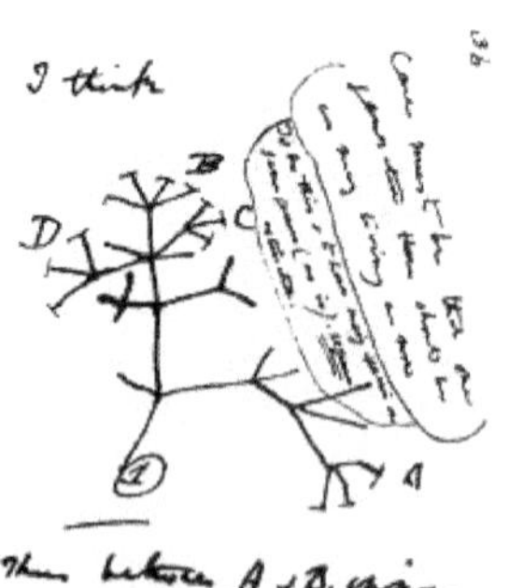

图6-1　达尔文手稿中的进化树

系统发育(phylogeny)是指某一个类群的形成和发展过程,是与个体发育相对而言的概念,也称系统发生。自从达尔文时代起,许多生物学家都有一个梦想,就是重建地球上所有生命的进化历史,并以进化树的形式描述这部历史。德国昆虫学家Willi Hennig在20世纪50年代提出生物分类学须寻找系统发育的分支结构,根据这种分支结构揭示的谱系关系进行分类。

早期系统发育研究中,分类学者基于形态、解剖及生理生化特征等生物表型数据,对生物体进行系统分类与命名,取得了许多有价值的生物学观念,并提出地球上所有生物有着共同祖先的观点。直到20世纪50年代,生物大分子数据才开始被应用于系统发生研究,尤其是随着蛋白质与DNA测序技术的发展,蛋白质与DNA序列具有比其他特征更丰富的进化历史信息,被广泛应用于物种进化关系研究。以生物大分子序列研究物种的亲缘关系被称为分子系统发育学(molecular phylogenetics)。根据各种生物在分子水平上的进化关系,可以建立分子进化的系统发育树(phylogenetic tree),直观显示物种间的亲缘关系。

最初分类学家Linnaeus把生物分成动物与植物两大类。随着越来越多生物体的发现,后来根据细胞结构特征(核膜),可把生物体分成原核生物(prokaryotes)与真核生物(eukaryotes)。再后来分类学家Whittaker又提出把生物体分为五界(kingdoms):细菌界(Bacteria)、原生动物界(Protists)、植物界(plants)、真菌界(fungi)和动物界(animals)。从20世纪70年代起,DNA序列开始被用于研究物种之间的进化关系。1977年,Carl Woese等通过16S核糖体RNA(16S rRNA)的基因序列建立了生命进化树(图6-2),包括三个主要分支:细菌(Bacteria)、真核生物(Eukaryotes)与古菌(Archaea)。细菌分支包括传统的原核生物、线粒体和叶绿体。真核生物分支包括植物、动物和真菌等。古菌是基于16S rDNA序列分析发现的一个新分类。根据传统分类的表型差异,古菌(如嗜热菌、嗜盐菌等极端微生物)与细菌都没有核膜,被认为是原核生物,但把它们的核苷酸序列进行比较可看出明显差异,而且它们之间的遗传差异程度就跟细菌与真核生物一样大。古菌像原核生物一样具有细胞壁,但缺乏肽聚糖(一种普遍存在于所有已知细菌中的碳水化合物)。它们的DNA像真核细胞的DNA一样被包裹在组蛋白上。古菌也具有一些特征,如细胞壁中含有独特的假肽聚糖、细胞

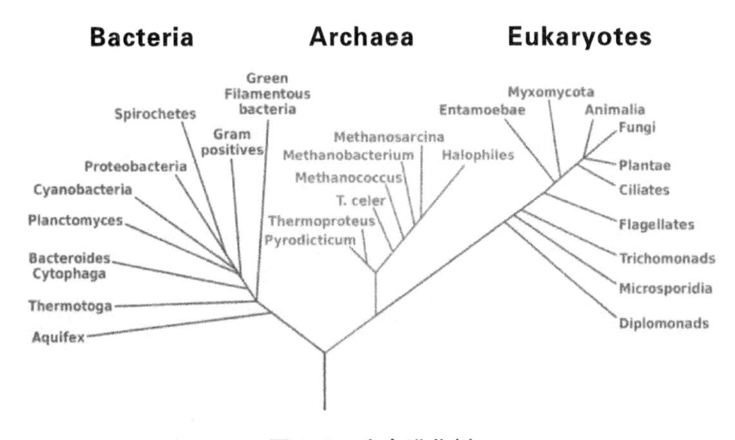

图6-2　生命进化树

膜中含有独特的醚键及分枝脂链等,这些特殊的细胞结构可以帮助它们抵抗来自极端环境的压力。因此他们提出将生物界分为独立的“三域系统”(three domains of living things)。后来其他基因序列的研究,包括大核糖体RNA和保守蛋白质的基因序列,证明这是最好的进化分类方法。

6.1 分子系统发育树的基本概念

系统发育树是由一系列节点(node)和分支(branch)组成(图6-3)的,其中每个节点代表一个分类单元(物种或序列)。分支末端的节点为外部节点,对应一个实际观察到的基因、蛋白质或物种等,又称为可操作分类单元(operational taxonomic unit,OTU)。与外部节点对应,内部节点代表一个推断出的共同祖先(common ancestor),它在过去的某个时间分出两个独立的分支,现在已经不存在了。由单一祖先及其所有后裔组成的群体称为世系或支系(clade)。图6-3所示是五个物种(ABCDE)之间进化关系的系统进化树,其中实心圆圈表示外部节点,空心圆圈表示内部节点。

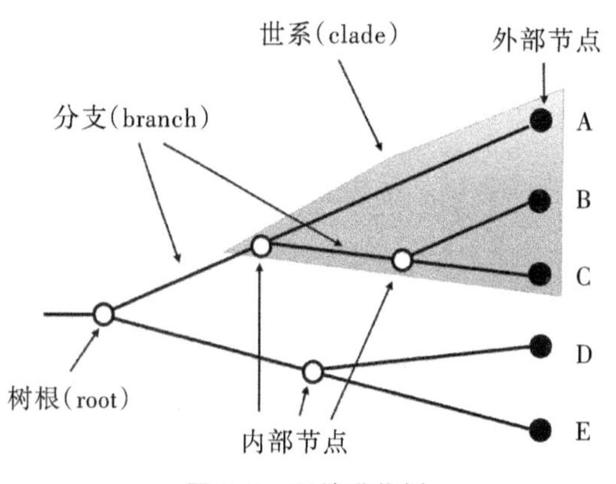

图6-3 系统进化树

分支为节点之间的连线,代表物种之间的进化关系(relationship),分支长度可表示不同数据之间的分歧程度,它是关于生物进化时间或遗传距离的一种度量形式。系统发生树分支的拓扑结构(topology)不仅可表示进化事件发生的先后关系,还可表示有关序列分歧程序的信息。进化树按分支信息可为标度树(scaled tree)与非标度树(unscaled tree)。标度树又称进化分支图(phylogram)。在标度树中,分支的长度一般与分类单元之间的变化成正比,连接两个节点的分支的长度准确地表示它们之间的差异。而非标度树又称进化分支图(cladogram),只表示它们之间的亲缘关系,而没有表示它们差异的任何信息。

一般内部节点只有两个分支,因此也称为二叉节点(bifurcating),但有时也有三个或多个派生分支,即是多叉(multifurcating)。多叉节点可以有以下两个原因:①一个祖先种群同时产生了三个或更多的独立分支;②过去某时发生了两个或多个二叉分歧,但是目前可获得的数据无法确定它们发生的先后顺序。

系统发育树结构的基本信息在计算机程序中常用一组嵌套的圆括号表示,称为Newick格式。用Newick格式表示图6-3中的树,可写成(((A,(B,C)),(D,E))。

来源同一个祖先的两个外部节点之间用逗号分隔,并用一个圆括号配对表示形成一个内部节点,Newick格式进化树最后必须以顿号结尾。

6.1.1 有根树与无根树

系统发育树按能否推断出共同祖先和进化方向,可分为有根树与无根树。有根树(rooted tree)的树根为一个共同祖先节点,从树根只有唯一的路径进化到其他任何节点。如图6-4中的箭头表示在有根树中从根到物种Ⅱ的唯一路径。无根树(unrooted tree)只表明了节点之间的关系,而没有关于进化发生路径的信息。但是可通过引入外部参考物种作为外类群(outgroup),来确定无根树的根节点。外部参考物种可用那些明确地已从被研究物种中分歧出来的物种,如研究人类(human)、黑猩猩(chimpanzee)与大猩猩(gorilla)时,可用狒狒(baboon)作为外类群,树的根可放在连接狒狒与人、黑猩猩和大猩猩共同祖先的分支上。

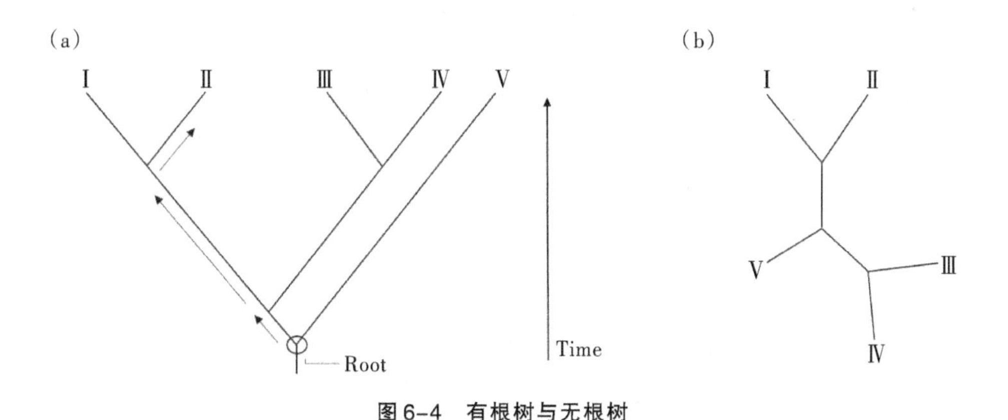

图6-4 有根树与无根树

6.1.2 基因树与物种树

需要指出的是,基于单个同源基因差异构建的系统发育树为基因树(gene tree)。物种树(species tree)代表一个物种或种群进化历史的系统发育树。基因树经常被误当成物种树,然而基因树代表的仅仅是单个基因的进化历史,而不是其所在物种的进化历史。因为进化是发生在生物种群水平,而不是发生在个体水平上,物种形成事件(speciation event)可能在基因分化前或后发生,即不在同一个时间发生。通常基因分化先于新物种的种群分离,因为两个物种分歧的时间一般为两个物种发生生殖隔离的时间。如图6-5所示,基因的进化导致产生6个同源基因,在实线下,以字母a到f表示,而物种形成用虚线表示。相比物种内的其他基因,物种1中的一些基因可能与物种2中的一些基因更相似,如基因d是物种2中的成员,但是它与物种1中的成员更加接近。

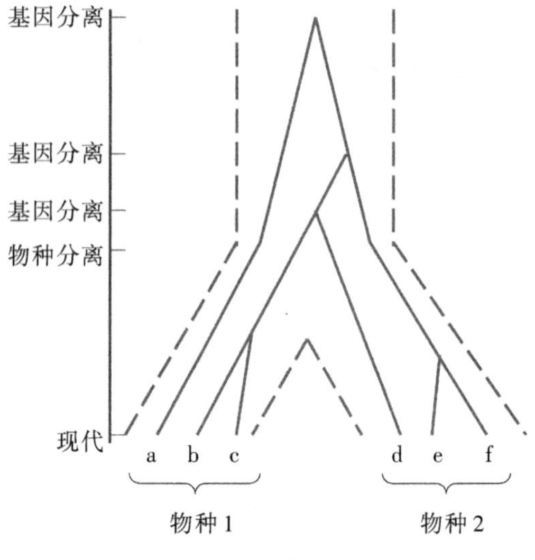

图 6-5 基因分化

当只考虑一个基因的时候，个体可能表现出与其他物种的成员关系更近。例如人类白细胞抗原(human leukocyte antigen，HLA)基因的多态性起源先于物种分歧，如只用 HLA 基因构建物种树，有些人类个体可能会与大猩猩分类在一起，而不是和其他人类个体分类在一起。所以最好综合使用多个基因的数据分析来得到物种树。

> 同源基因(Homologous gene)指从同一个共同祖先演化而产生的不同基因，可能具有相同或不同的功能。同源基因又可分为直系同源基因与旁系同源基因。
>
> • 直系同源基因(Orthologs gene)：指在不同物种间，通过物种分离(speciation)事件而产生的同源基因，如上图中 d 与 b 或 c 为直系同源基因。
>
> • 旁系同源基因(Paralogs gene)：指在同一个物种内，通过基因复制(gene duplication)产生的同源基因，如上图中 b 与 c 或 e 与 f 为旁系同源基因。
>
> 一般用于分子系统发育分析中的序列必须是直系同源基因，才能真实反映物种间的进化关系。

6.2 分子系统发育树的构建方法

对于给定数量的分类单元，有很多棵可能的系统发育树，但是只有一棵树是正确的，进化分析的目标就是要寻找这棵正确的树。用于进化分析的分子数据有两类：一是距离(distances)数据，即两个数据集之间所有序列两两差异，常用距离矩阵描述；二是特征(characters)数据，即分子所具有的不同状态特征，如 DNA 序列是由 A、C、T、G 四个碱基组成的离散数据。常用的基于距离构建系统发育树的方法有 UPGMA(非加权分组平均法)、Neighbor-Joining(邻接法)、Minimum Evolution(最小进化法)等。而基于特征构建系统发育树的方法以一定的进化概率模型来解释分子改变,常用的方法有Maximum Parsimony(最大简约法)、Maximum Likelihood(最大似然法)和Bayesian Inference(贝叶斯推断法)等。

如果确定了所有状态之间的相似性的标准,特征数据就可以转换成距离数据。例如,两个基因或蛋白质序列之间的距离值(D)可以简单通过序列比对来确定,将匹配的位点数(m)除以总的位点数(n):$D=m/n$。但这样的转换可能会使一些序列信息丢失,因为有些核苷酸或氨基酸的替换更容易发生,如哺乳动物的基因组中C被T替换的频率将近C被G或A替换的3倍。所以计算DNA序列的两两距离时,比对中C/T的错配的权重应该与C/G或C/A的权重不一样。因此,要考虑不同的替换模型(model)。

各种方法都各有优缺点。对于近缘物种序列,通常情况下使用最大简约法;而对于远缘物种序列,一般使用邻接法或最大似然法。邻接法的速度一般比较快,但对于序列相似度很低的序列,邻接法往往出现long-branch attraction(LBA)现象,会严重干扰进化树的构建。对于不同方法构建分子进化树的准确性,Hall(2005)认为贝叶斯法的准确性最好,其次是最大似然法。一般推荐用两种以上不同的方法构建进化树,如果所得到的进化树结构类似,且可信度(bootstrap值>70)总体较高,则得到的进化树较为可靠。

下面简要介绍一下基于距离的邻接法构建系统发育树的原理。其他方法可扫描章末二维码查看。

6.2.1 邻接法

邻接法(Neighbor Joining Method,NJ)是由N. Saitou和M. Nei于1987年提出的一种基于距离最小的建树算法,是最小进化(Minimum Evolution)法的简化。该方法首先由一棵星状树开始,即所有分类单元都从一个中心节点出发。然后,通过确定距离最近的相邻分类单元,通过循环将相邻节点合并成新的节点,使进化树分支的总长也尽可能地小,从而建立一个相应的拓扑树。在重建时将距离最小的两个终节点连接起来,在树中增加一个共同祖先节点,同时去除原来的两个终节点及其分支,并将新增加的节点作为终节点。随后,重复上一次循环。在每一次循环中,都有2个终节点被一个共同祖先节点取代。如此循环直到只有2个终节点时为止。

下面以五种灵长类动物为例,说明邻接法进行进化树构建的过程。我们感兴趣的是哪个灵长类动物与人类有最密切的亲缘关系。

A *Gorilla gorilla*(gorilla)大猩猩

B *Pan troglodytes*(chimpanzee)黑猩猩

C *Homo sapiens*(human)人类

D *Pongo pygmaeus*(orangutang)猩猩

E *Macaca fascicularis*(macaque)猕猴

基于距离法的第一步是构建一个距离矩阵，反映物种间的差异。这里我们使用以下距离矩阵（$m \times m$）：

	B	C	D	E
A	11	12	17	24
B		9	16	24
C			16	24
D				24

邻接法的初始系统树为星状树（只有一个内部节点连接所有外部节点），然后循环通过连接两个邻近节点（Neighbor-joining）成一个新节点。

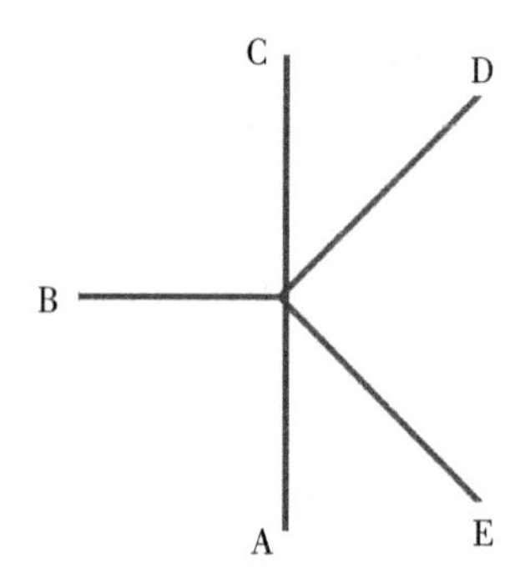

第一步（n=5）

首先，通过公式 $S_x = \sum_{i=1}^{n} d_{xi}$ 来计算得到 S_x 的值，其中 n 是 OTUs（可操作分类单元）的数量，在这里是 n=5。

例如，$S_A = d_{AB} + d_{AC} + d_{AD} + d_{AE}$

$S_A = 11 + 12 + 17 + 24 = 64$

$S_B = 11 + 9 + 16 + 24 = 60$

$S_C = 12 + 9 + 16 + 24 = 61$

$S_D = 17 + 16 + 16 + 24 = 73$

$S_E = 24 + 24 + 24 + 24 = 96$

然后，我们计算 δ 矩阵，其中 $\delta_{ij} = d_{ij} - (S_i + S_j) / n - 2$：

$$\delta_{AB} = 11 - \frac{64 + 60}{3} = -30.3$$

$$\delta_{AC} = 12 - \frac{64 + 61}{3} = -29.7$$

$$\delta_{AD} = 17 - \frac{64 + 73}{3} = -28.7$$

这里要除以 3 是因为合并两节点 ij 后的距离是它们分别到其他 3（即 $n - 2$）个节点距离之和。建立新的矩阵就为：

	B	C	D	E
A	−30.3	−29.7	−28.7	−29.3
B		−29.4	−28.3	−28
C			−28.7	−28.3
D				−32.3

这个矩阵中的数字反映了进化树中相邻节点i和j所连接分支的相对总长度,一般认为此数值越小,最终树的总长度也最小,在这里最小的数值是δ_{DE}。因此,节点D和E是第一个被连接的相邻节点,它们被连接到新的节点X,d_{DX}和d_{EX}通过下面公式计算:

$$d_{DX}=\frac{d_{DE}+\frac{S_D-S_E}{n-2}}{2}=\frac{24+\frac{73-96}{3}}{2}=8.2$$

$$d_{EX}=d_{DE}-d_{DX}=24-8.2=15.8$$

从而得到下面的树:

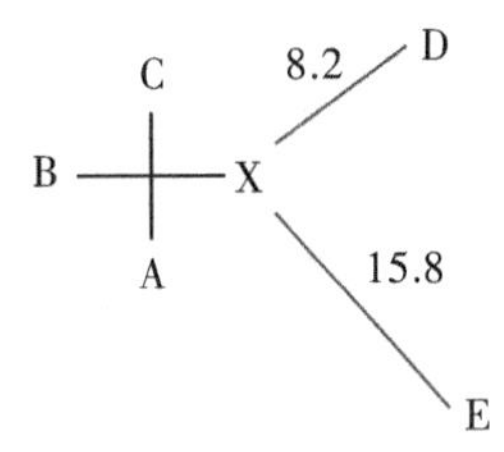

第二步(n=4)

下一步我们要确定下一对要连接的节点,建立一个用X替代了D和E的矩阵,因此这个矩阵有4个OTUs:A、B、C、X。我们需要计算d_{XA},d_{XB},d_{XC}:

$$d_{XA}=\frac{d_{DA}+d_{EA}-d_{DE}}{2}=\frac{17+24-24}{2}=8.5$$

$$d_{XB}=\frac{d_{DB}+d_{EB}-d_{DE}}{2}=\frac{16+24-24}{2}=8$$

$$d_{XC}=\frac{d_{DC}+d_{EC}-d_{DE}}{2}=\frac{16+24-24}{2}=8$$

得到下面的矩阵:

	B	C	X
A	11	12	8.5
B		9	8
C			8

与第一步计算方法一样,建立δ矩阵:

$S_A=11+12+8.5=31.5$

$S_B=11+9+8=28$

$S_C = 12 + 9 + 8 = 29 \quad S_X = 8.5 + 8 + 8 = 24.5$

	B	C	X
A	−18.75	−18.25	−19.5
B		−19.5	−18.25
C			−18.75

这个矩阵有两个最小值，这里我们选择连接节点B和C（如果选择A和X，最后的树将会相同），B和C连接到新的节点Y：

$$d_{BY} = \frac{d_{BC} + \frac{S_B - S_C}{n-2}}{2} = \frac{9 + \frac{60-61}{3}}{2} = 4.25$$

$$d_{CY} = d_{BC} - d_{BY} = 9 - 4.25 = 4.75$$

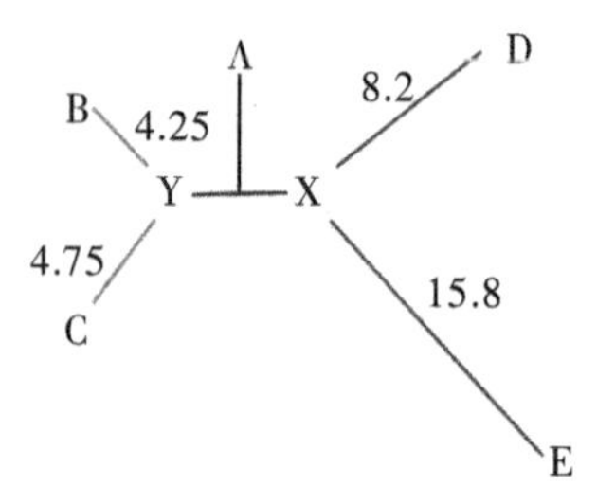

第三步（n=3）

同样，再建立一个用Y替代了B和C的矩阵，此矩阵只有三个OTUs：A、Y、X。计算长度d_{YA}，d_{YX}：

$$d_{YA} = \frac{d_{BA} + d_{CA} - d_{BC}}{2} = \frac{11 + 12 - 9}{2} = 7$$

$$d_{YX} = \frac{d_{BX} + d_{CX} - d_{BC}}{2} = \frac{8 + 8 - 9}{2} = 3.5$$

	Y	X
A	7	8.5
Y		3.5

同样，δ矩阵就变为：

	Y	X
A	−19	−19
Y		−19

在这个矩阵中所有值都相等,我们选择将A和Y连接,并建立新的节点Z。

$d_{YZ} = 1$

$d_{AZ} = 6$

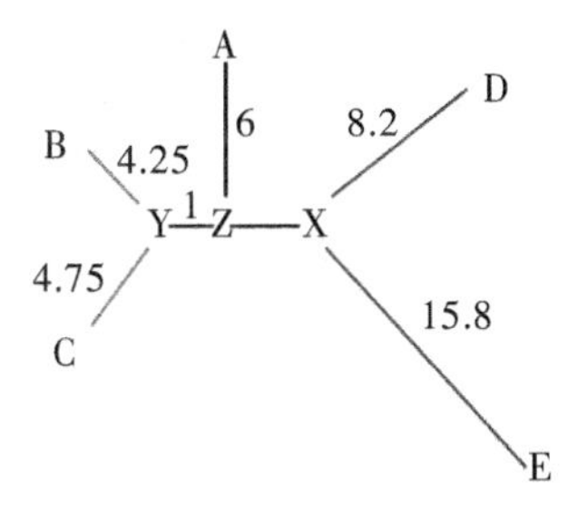

第四步(n=2)

最后的矩阵非常简单,只有:

	X
Z	2.5

我们用长度d_{ZX}来获得最终的无根进化树,这棵树说明黑猩猩是与人类亲缘性最高的灵长类动物。

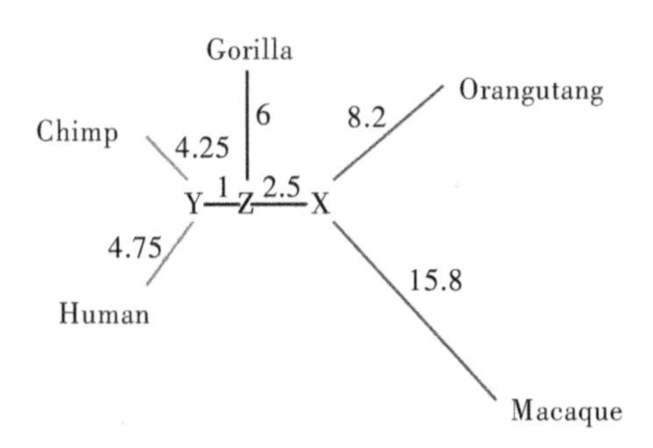

6.3 MEGA构建进化树实训

本实验将学习构建系统演化树(phylogenetic tree)的主要方法——邻接法(Neighbor-Joining,NJ),并学习生物软件MEGA的主要使用方法。

6.3.1 基因序列的获得

(1)打开NCBI网站的主页,选择"Protein"数据库,搜索"insulin AND human[orgn]",选择第一个人(*Homo sapiens*)的蛋白质序列,并以FASTA格式保存此人胰岛素序列到新文件ins_seq.fasta。

>gi|386828|gb|AAA59172.1| insulin [Homo sapiens]

MALWMRLLPLLALLALWGPDPAAAFVNQHLCGSHLVEALYLVCGERGFFYTPKTRREA

EDLQVGQVELGGGPGAGSLQPLALEGSLQKRGIVEQCCTSICSLYQLENYCN

如要下载胰岛素基因序列,只要在胰岛素蛋白GenPept格式信息页面,找到"CDS"注释部分,通过点击CDS链接获得胰岛素蛋白的编码基因序列。

>(gi|186429:2424-2610,3397-3542)Human insulin gene

ATGGCCCTGTGGATGCGCCTCCTGCCCCTGCTGGCGCTGCTGGCCCTCTGGGGACCTGA

CCCAGCCGCAGCCTTTGTGAACCAACACCTGTGCGGCTCACACCTGGTGGAAGCTCTCT

ACCTAGTGTGCGGG

GAACGAGGCTTCTTCTACACACCCAAGACCCGCCGGGAGGCAGAGGACCTGCAGGTGG

GGCAGGTGGAGCTGGGCGGGGGCCCTGGTGCAGGCAGCCTGCAGCCCTTGGCCCTGGA

GGGGTCCCTGCAGAA

GCGTGGCATTGTGGAACAATGCTGTACCAGCATCTGCTCCCTCTACCAGCTGGAGAACT

ACTGCAACTAG

(2)通过NCBI的BLAST中的BLASTP程序检索人胰岛素的相似蛋白序列(图6-6)。其中参数database选择"refseq-protein"

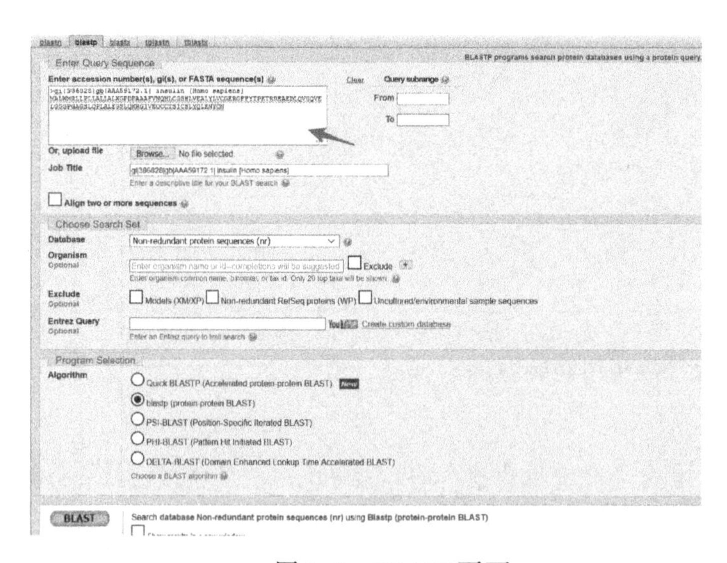

图6-6 BLAST页面

(3)BLAST搜索结果中,根据序列相似性的大小,挑选至少5个不同物种的胰岛素蛋白序列,点击每个序列前方的链接,选择FASTA格式,并将序列复制到ins_seq.fasta文件中。

注:本章末二维码中提供此文件下载地址。

6.3.2 MEGA构建进化树—NJ法

(1)打开软件MEGAX。

(2)首先导入序列,点“Data”按钮,选择“open a file/session…”,再选择已获得的ins_seq.fasta文件,在跳出的窗口中选择“Align”,即进行序列比对。

也可选择Alignment→Alignment Explorer/CLUSTAL,将刚才保存的FASTA格式序列,直接复制粘贴进去(Ctrl+C→Ctrl+V),或选择“Retrieve sequences from a file”直接打开ins_seq.fas文件。

(3)由于MEGA软件已经集成了ClustalW,所以可直接用MEGA进行序列的比对。序列导入后,选择菜单Alignment→Align by ClustalW,在弹出的对话框中点击“OK”,选择所有序列,比对参数使用默认设置,比对结束后结果如图6-7所示。

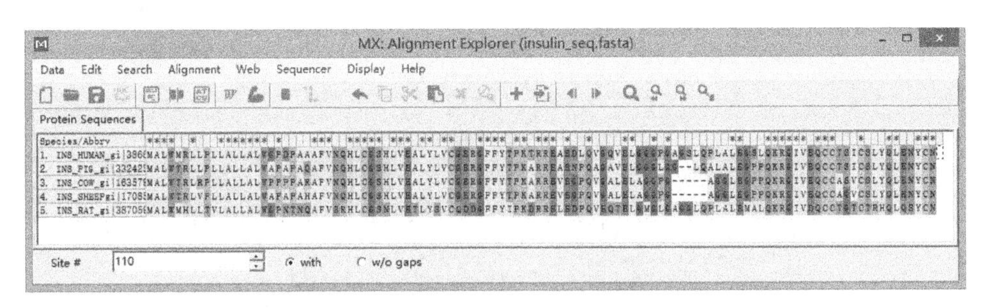

图6-7 MEGA序列比对结果

也可以选择“Align by Muscle”,Muscle比ClustalW的比对速度更快,当要比对的序列越多,速度差别越大。

(4)比对完成后,需要人工检查序列比对情况。如果序列两端不齐,可将序列两端切齐:通过选择两端不齐部分(点击序列上方的空格,及与Shift键配合使用),按Delete键即可去掉两端不齐序列。通过这种方式也可去除仅包括gap的列,还可以再手动调整空位(gap)的位置使比对更合理。最后为了以后方便使用,可以把比对后的序列先保存成*.mas文件(ins_seq.mas)。

(5)把比对后的序列保存为MEGA自身的MEG格式,选择菜单Data→Export Alignment→MEGA format,保存为insulin_seq.meg文件,在跳出的“Input title of the data”框中输入“insulin”再点“OK”按钮。

(6)在MEGA主程序窗口的工具栏中,选择“Phylogeny”按钮(图6-8),选择NJ建树方法(Construct /Test Neighbor-Joining Tree);在跳出窗口中选择文件“insulin_seq.meg”。并在随后跳出的“Analysis Preferences”窗口(图6-9)中设置参数:

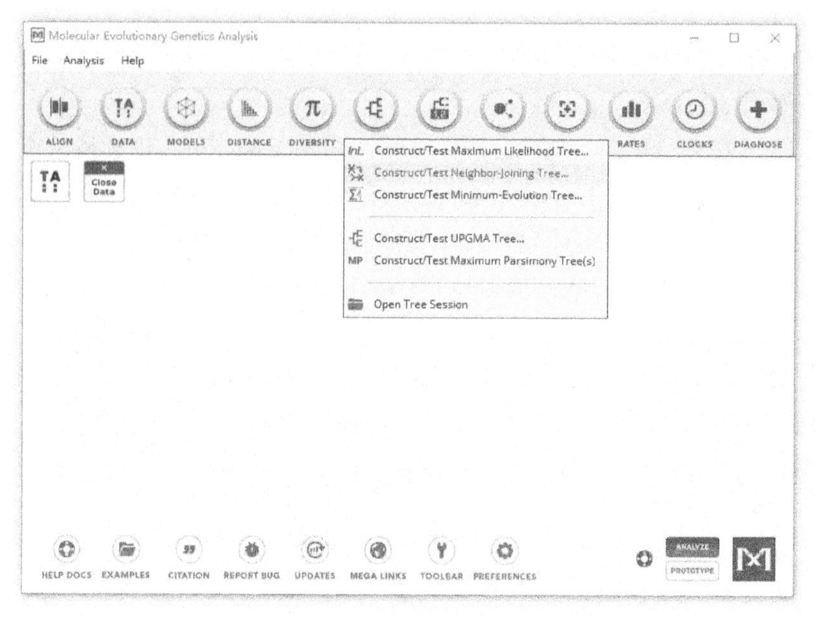

图6-8 MEGA建树方法菜单

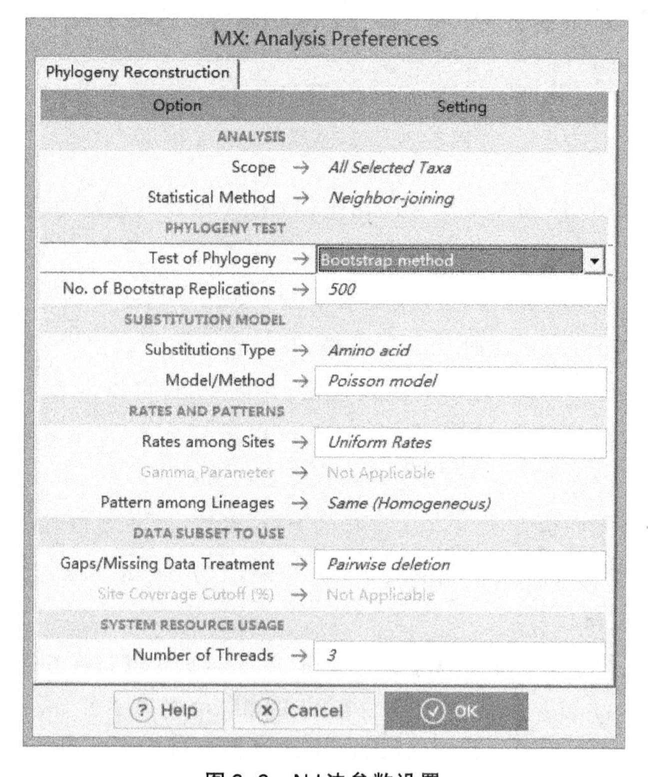

图6-9 NJ法参数设置

(7)可以根据序列的需要更改这里的参数，我们这里只将参数“Test of phylogeny”的Bootstrap重复次数改为1000次，其他采用默认值。基于核苷酸或蛋白质序列的NJ建树，需要选择特定的替换模型,一般核苷酸选择"Kimura 2-parameter"模型;而蛋白质选择"Poisson Correction"(泊松修正)这一简单模型。其他复杂模型的选择需要专门软件如JmodelTest来检测分析。关于这些参数设置的更多信息,请参考MEGA的说明书。

(8)点击"OK"按钮,很快进化树就构建完成,而且还显示分支的支持率(图6-10)。一般认为Bootstrap值大于70,才认为构建的进化树较为可靠,而小于50则认为此树不可信。如图6-10所示,可设置只显示置信度大于70的树枝。

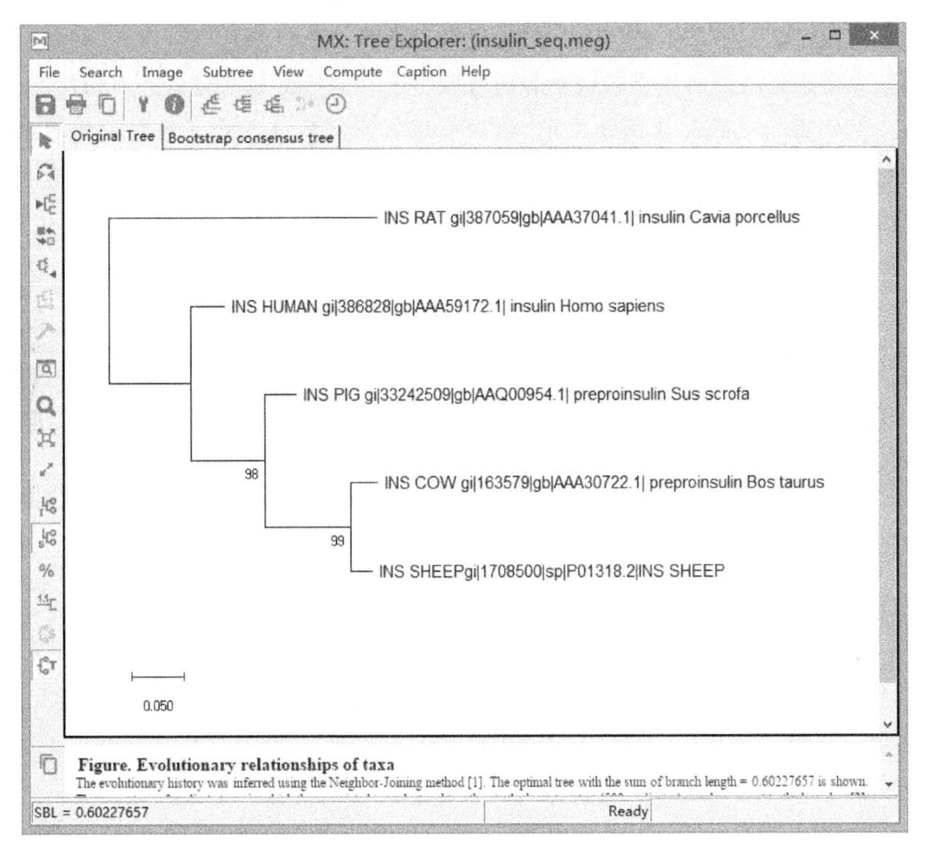

图6-10 进化树显示

(9)Tree Explorer提供一些调整或美化进化树的功能。要改变进化树的显示方式,点击View→Tree/Branch Style,可以选择进化树的不同树形。常见的树形有传统型(tranditonal):包括长方形(rectangular)、直线形(straight)、曲线形(curved)、辐射形(radiation)和环形(circle)。

(10)进化树的保存。MEGA的结果保存方式比较灵活。点击菜单Image→Save as Image file将进化树保存为TIFF或PDF格式的图片。而点击菜单File→Export Current Tree (Newick)可以输出Newick格式的进化树(insulin_seq.nwk)。保存的Newick格式树文件可以在iTOL,Figtree等工具中进行更复杂的调整,比如添加分类颜色、标记和条形图组合等。

习题

1. 以胰岛素的基因序列重新用NJ法构建基因序列的进化树，比较蛋白序列与基因序列构建进化树时的参数及结果差异。

2. 利用在线进化树工具phylogeny.fr构建胰岛素的进化树，并注意其与MEGA分析过程与参数设置的差异。

3. 请查询人胰岛素基因(GenBank Accession no. J00265)的相关信息并回答下列问题：

(1)该序列定位于哪条染色体上？其编码区包含多少个碱基？

(2)该序列编码的蛋白质是否包含有信号肽？若有请指出其信号肽的剪切位点。

(3)在基因重组人胰岛素面市之前，糖尿病患者所需胰岛素主要来自屠宰场的动物胰脏。请分析来源自猪、牛和羊的胰岛素哪一种最适于人使用，说明理由并画出进化树。(这三种胰岛素蛋白的注册号分别是AAQ00954 、AAA30722和P01318)

第7章　蛋白质结构预测

Want of care does more harm than want of knowledge.(缺乏谨慎比缺乏知识更有害)——Benjamin Franklin

众所周知,蛋白质结构决定其功能,因此研究蛋白质结构具有重要意义。本章主要介绍蛋白质结构的组织层次、蛋白质三级结构数据库,以及三维结构的预测方法。最后以实例介绍三维结构的可视化与同源建模方法。

◎导学案例

绿色荧光蛋白(green fluorescent protein,GFP)是一类存在于水母、水螅和珊瑚等腔肠动物体内的生物发光蛋白。它受395nm近紫外光或470nm蓝光激发后,能发出波长为510nm的绿色荧光。GFP的相对分子量为27kDa,由238个氨基酸残基组成,其中65—67位残基(Ser65-Tyr66-Gly67)可自发形成荧光发色基团(chromophore)——对羟基苯咪唑啉酮。GFP蛋白质三级结构为一个柱状体(β-can),由11个围绕中心α螺旋的β 折叠链组成,柱状体的顶部由3个短的转折片段覆盖,底部由1个短的转折片段覆盖(图7-1)。荧光发色基团位于"β-can"柱状结构的中央,这种结构可避免荧光团受到水分子的碰撞而失活。

GFP基因来源于*Aequoria victoria*(多管水母),可在生物活体内表达绿色荧光蛋白,检测时不需要外源底物或辅助因子,具有可以活体观察、灵敏度高、无毒害、结构稳定、作用持久等优点。由于GFP在生命科学研究中的广泛应用,三位发现并发展了绿色荧光蛋白的科学家——日本科学家Osamu Shimomura(下村修)、美国哥伦比亚大学的Matin Chalfie(查尔菲)以及加州大学圣地亚哥分校的Roger Y.Tsien(钱永健,钱学森堂侄),获得了2008年诺贝尔化学奖。

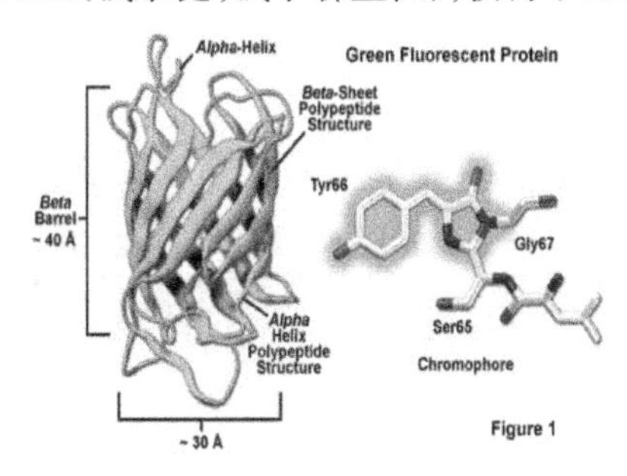

图7-1　绿色荧光蛋白质三级结构

蛋白质是由氨基酸分子呈线性排列组成的，经过折叠形成具有一定空间结构的物质。相邻氨基酸残基的羧基和氨基通过“脱水缩合”方式形成肽键连接在一起。蛋白质必须折叠成特定的空间结构才能发挥其生物学功能，换言之，蛋白质的三维空间结构决定其功能。蛋白质折叠主要通过氢键、离子键、范德华力、二硫键和疏水作用实现。20世纪60年代后期，Anfinsen首先发现去折叠蛋白（变性）的蛋白质，在一定的实验条件下可以重新折叠成它的天然结构（native structure）。大多数蛋白质只有在折叠成其天然结构时才能具有完全的生物活性。

蛋白质的分子结构可划分为四个等级（图7-2），蛋白质的一级结构（primary structure）是蛋白质多肽链中氨基酸残基的排列顺序。一级结构决定了其他高级结构，由于氨基酸具有不同的侧链，当它们按照不同的序列组合时，就可形成多种空间结构的蛋白质分子。蛋白质的二级结构（secondary structure）是指多肽链中主链原子的局部空间构象，主要由分子内氢键形成的结构（图7-2中虚线表示）。

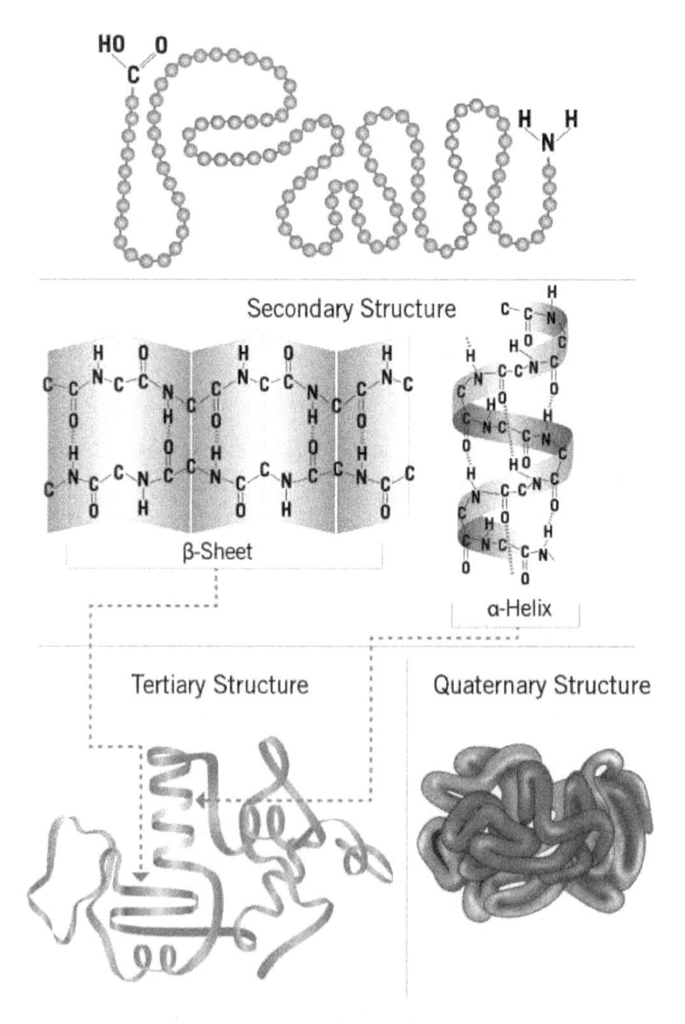

图7-2　蛋白质结构

两种最常见的二级结构是α螺旋和β折叠。二级结构是蛋白质翻译后立马就形成的折叠结构。蛋白质二级结构区域聚集在一起并与蛋白质别的非规则结构区域结合形成整体的三维结构，叫作蛋白质的三级结构（tertiary structure）。多肽链经过折叠后，可形成生物学功能的特定区域，如酶活中心等。有些蛋白质是由两条或更多条具有独立三级结构的多肽链组成的复合物，其多肽链间通过次级键相互组合而形成的空间结构称为四级结构（quaternary structure）。其中，每个具有独立三级结构的多肽链单位称为亚基。例如血红蛋白由四个亚基构成，这些亚基之间的配对位置发生变化，会引起氧结合能力的变化。

现代生物学中，了解蛋白质的三维结构对理解蛋白质的功能和生物活性机理有非常重要的意义。例如，在药物设计中，大多数药物的作用靶点都是蛋白质（酶），获取精确的蛋白质三维空间结构是通过研究药物和靶标之间的相互作用来进行药物设计的基础。从Anfinsen提出蛋白质折叠的信息隐含在蛋白质的一级结构中开始，科学家们就对蛋白质结构的预测进行了大量的研究，开发了许多能直接从氨基酸序列预测蛋白质结构的预测算法。

7.1　蛋白质三维结构的确定方法

不同的蛋白质拥有不同的氨基酸序列，所有蛋白质都必须在其氨基酸序列的基础上折叠形成特定的三维结构，才能够进一步发挥其生物学功能。随着蛋白质结构测定技术的发展，许多蛋白质的结构已经被解析。蛋白质结构生物学研究蛋白质的三维结构及其生物学功能的关系。目前蛋白质三维结构确定方法可以分成实验测定方法与理论预测方法两大类（图7-3）。

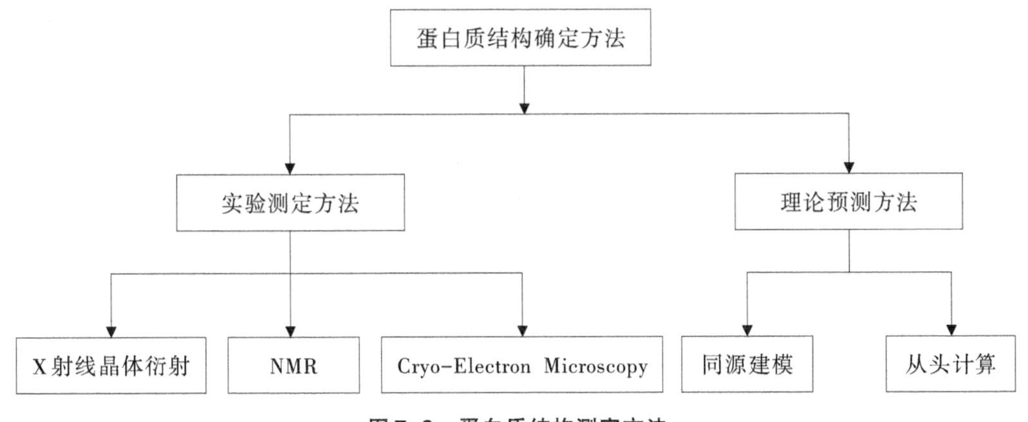

图7-3　蛋白质结构测定方法

7.1.1　实验测定方法

迄今为止，蛋白质结构的实验测定方法主要有X射线衍射（X-ray diffraction）、核磁共振（nuclear magnetic resonance，NMR）和冷冻电子显微镜技术（Cryo-EM）。X射线衍射法是最早用于蛋白质晶体的结构数据解析的方法之一，也是最主要的蛋白质结构测定方法。X射线衍射法利用X射线的衍射特性，对蛋白质结晶进行衍射分析，分析衍射图谱，得到蛋白质的结构信息。但有些蛋白质不易形成晶体，而且X-ray方法不能解析结构非常大的分子。

核磁共振法利用原子核的自旋(spin)特性和外加磁场来获得蛋白质中原子所发出的特殊电磁辐射，再将这些结果进行分析得到蛋白质的结构信息。NMR可用于测定溶液状态的蛋白质三维结构，是对X射线衍射技术的有力补充，但只能测定小的蛋白质(分子量小于5×10^4Da)。

冷冻电子显微镜技术(Cro-EM)通过高压快速用液氮冷冻样品，使大分子在接近生理环境的玻璃态冰中固定，从而保持其天然结构。快速冷冻技术可以捕捉到某个反应过程的中间状态，可以用于大分子复合结构及生物学功能的动态研究。冷冻电子显微镜技术可用于解析很多结构非常大的蛋白质(或蛋白质复合体)，但该方法目前的分辨率不高。

7.1.2 结构预测方法

目前，通过实验方法获得蛋白质氨基酸序列要比获得其结构数据简单得多。一般认为蛋白质的三级结构是由它的一级结构决定的，因此从氨基酸序列出发预测蛋白质的三维结构是目前生物信息学领域最具有挑战性的研究方向之一。目前国际上每年都会举办一项专门对各种预测方法效果进行评估的国际竞赛活动——蛋白质结构预测评估CASP(Critical Assessment of Protein Structure Prediction)活动，并已成为评估预测方法的金标准。

由于相似的蛋白质序列往往拥有相似的三维结构，实际上，在进化过程中，蛋白质的三级结构要比一级结构保守得多，也就是说如果两个蛋白质的氨基酸序列是相似的，那么它们的三级结构也应该是相似的。甚至两个蛋白质的氨基酸序列不太相似，它们的三级结构也可能是类似的。基于这个原理，可以通过与相似蛋白的结构进行比较来预测目标蛋白的结构，这种方法称为同源建模(homologous modeling)，是迄今为止精度较高的一类结构预测方法。但同源建模依赖目标序列和已知结构蛋白的序列相似度强弱，一般认为两个蛋白质的序列至少要具有25%~30%的相似度，它们才可折叠成相似的空间结构。

对目标蛋白质进行同源建模的一般过程如下：首先要从蛋白质结构数据库中搜索一个或一组与待测蛋白质同源的并由实验测定的蛋白质结构；再将未知结构蛋白质与已知结构蛋白质进行序列比对，找出结构保守的主链结构片段，并对结构变化的区域进行建模；然后利用能量计算的方法进化优化。常用的蛋白质同源建模软件有Swiss-Model，Modeller等。

蛋白质结构预测的另外一种方法称为从头预测(ab initio)方法，这种方法不依赖任何已知结构，通过构建蛋白质折叠力场和构象搜索算法搜寻目标蛋白质的天然结构。从头预测蛋白质结构的理论依据是Anfinsen提出的蛋白质天然构象对应其自由能最低的结构这一热力学假说。然而该类方法目前还面临着诸多困难与挑战，在实际实用中，从头预测方法几乎都会在不同程度上使用已知的蛋白质结构信息。常用的蛋白质结构从头预测软件有Rosetta，QUARK等。

7.2　蛋白质三维结构数据库

一般在实验室测定蛋白质的结构后，会将数据存储于公共数据库，方便其他人查询使用。蛋白质结构数据库(Protein Data Bank，PDB)是目前最主要的收集生物大分子(包括蛋白质、核酸和糖)结构的数据库。它最初是在1971年由美国Brookhaven实验室创建，后又改由美国结构生物合作研究协会(RCSB)管理。PDB数据库中每个蛋白质或核酸都有一个PDB ID编号，是其在数据库中的唯一标识。一般在论文中需要引用某一个蛋白质结构时，就要用它的PDB ID编号。

7.2.1　PDB数据库检索

在RCSB PDB网站(www.rcsb.org)首页的顶部有个检索框，只要在输入框中输入查询关键词，点击GO按钮就会显示检索结果。PDB数据库可检索的字段包括PDB ID、作者、生物大分子名称与配体(ligand)等，并可使用布尔逻辑(AND，OR和NOT)组合进行检索。例如，用关键词“HIV-1 protease”对HIV-1蛋白酶的PDB进行搜索将返回大量结果(注意HIV-1是HIV的专有名，将返回最佳搜索结果)，大部分结果是蛋白质与各种抑制剂结合的不同形式。如果只希望看到蛋白酶与天然底物相互作用，可搜索一个特定PDB ID(“1KJF”)，只查看使用肽作为底物的结构(图7-4)。

图7-4　PDB搜索结果

在结果页面中可以看到蛋白质结构的分类(classification)，发布时间(released)，测定方法(method),分辨率(resolution)等。分辨率可说明蛋白质结构的质量,通常数值越低越好(<2Å)。在结果页面的左侧3D View,你可以看到蛋白质结构的三维图(可以旋转和绽放)。在结果页面的右侧的"Download Files"按钮可以下载文件,使用"Display Files"下拉菜单查看实际存储在PDB数据库中的多种格式文件内容。

7.2.2 PDB数据格式

蛋白质3D结构数据通常以两种特定格式的文本文件存储在PDB数据库。PDB格式文件是其标准的文件格式(文件后缀为.pdb),可以通过各种软件读取,以便结构可视化和其他处理。用文本编辑器(Notepad2)打开前面已经下载的PDB文件,或在检索结果页中使用"Display Files"下拉菜单查看实际存储在PDB数据库中的PDB格式文件内容。另一种晶体结构储存格式为mmCIF(大分子晶体结构信息文件)格式。与PDB格式相比,该格式提供了更为灵活和丰富的表现形式,但目前PDB格式文件仍是最常用的蛋白质3D结构数据存储格式。

PDB文件就是一个文本文件,由许多行组成,每行80列,每行的前6列都是一个固定的标识符,左对齐,用空格补全6列。除了原子坐标信息(ATOM开头的行),PDB文件在文件前面部分还包括蛋白质结构相应的注释信息,如每条多肽链的氨基酸序列(SEQRES)、二级结构(HELIX,SHEET等)的位置、注释(REMARK)和参考文献(JRNL)等。

PDB文件的核心是一个原子列表和它们所属的氨基酸,以及描述它们空间位置的坐标(图7-5)。蛋白质分子由很多原子组成,可以把每一个原子看成一个点,可以通过空间坐标系中的*XYZ*三个坐标数字(单位为埃,0.1nm)确定一个点在空间的位置。如果把每个原子的空间位置都描述清楚了,蛋白质的结构也就确定了。

HIV蛋白酶PDB文件部分内容如图7-5所示:第一列ATOM意思是原子;第二列代表原子序号(atom number);第三列表示氨基酸中的原子;第四列表示氨基酸的名称(amino

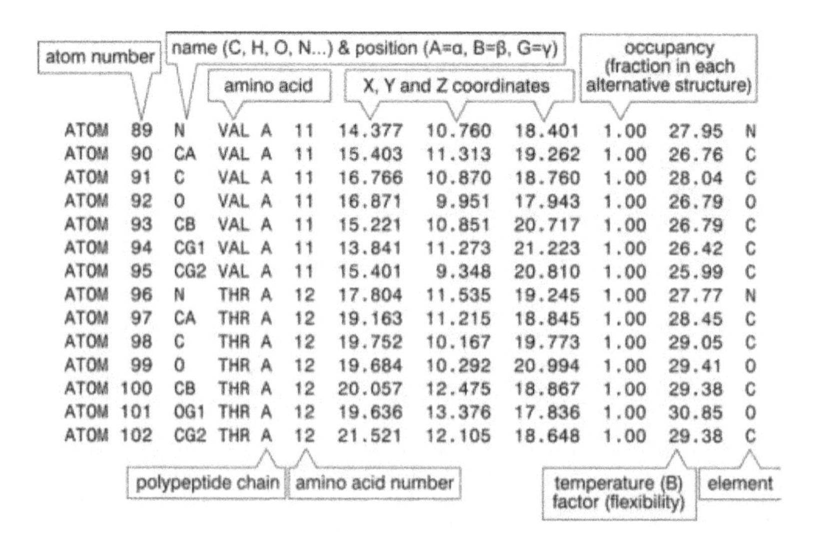

图7-5 PDB文件中描述蛋白质(HIV蛋白酶)的原子坐标

acid)；第五列表示氨基酸所在的肽链(A链)；第六列表示氨基酸所在肽链的序号；第七、八、九列表示氨基酸在肽链空间结构的三维坐标(*X*,*Y* and *Z* coordinates)；第十列为占有率(occupancy)表示原子在位置上的"牢固"程度，一般在0与1之间，1表示完全稳固，占有率小于1表示该原子可能到其他位置；第十一列为温度因子(temperature factor)或B因子表示原子静态或动态灵活性；第十二列也是表示氨基酸中的原子类型。

7.3 蛋白质三维结构可视化

虽然PDB格式文件适用于分子模拟和计算机辅助药物设计等的计算，但不适合科研人员整体观察蛋白质的三维结构。蛋白质结构可视化能够清晰地显示结构信息，有利于从原子间相互作用的层次理解生命活动过程。目前有许多程序可以基于PDB文件产生交互式的三维可视化，常用的软件有RasMol、Chimer、PyMol、Swiss PDBViewer等。蛋白质结构可视化软件主要任务是处理结构数据文件中分子坐标数据，显示其三维结构的立体图像。尽管图像的显示是二维的，但通过一些光影效果(如不同方向的光线照射、物体的阴影或材质等)可以在平面上产生立体效果。

7.3.1 利用RasMol查看蛋白质三维结构

RasMol是在Windows系统下直观可视化生物大分子3D结构的软件，提供多个模式效果图、旋转缩放功能及命令行操作功能，并可以存成普通图形文件。

(1)获得RasMol程序

RasMol是开源软件，可以在其官方因此免费下载。下载最新的Windows版本RasWin2.7.5。并以默认参数安装RasMol程序后(图7-6)，运行RasMol程序。

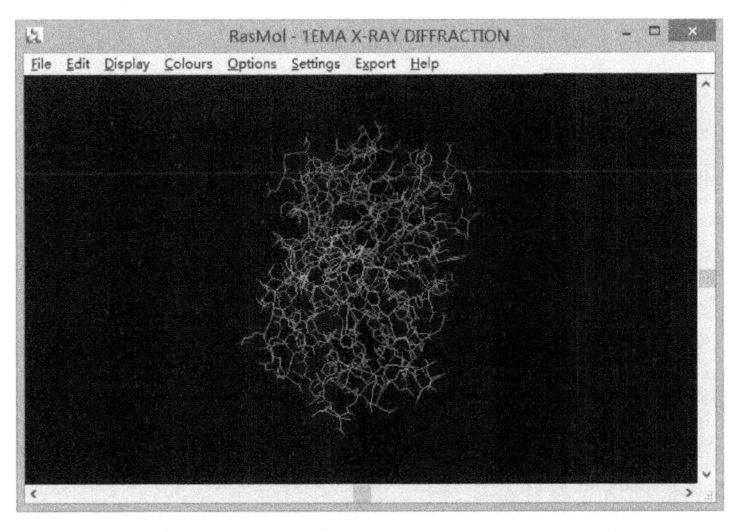

图7-6 RasMol运行窗口

(2)获得蛋白质结构数据文件

①打开网页,进入RCSB PDB数据库。

②在搜索框中输入GFP的PDB ID(1EMA),查寻所需蛋白GFP的PDB文件。

③在搜索结果网页中,单击列表中的下载(download files)图标,选择“PDB format”下载文件(1ema.pdb)到电脑本地文件夹。

(3)RasMol使用

①打开PDB文件:菜单File→Open→选择“1ema.pdb”文件。打开后,可以看到蛋白GFP的分子结构以“线框模型(wireframe)”显示图像。

在RasMol中已经打开一个PDB文档的情况下,要想打开另一个文件,必须先关闭前一个(点击File→Close)。否则,新打开的分子结构会与前一个分子结构叠加显示,不便于观察与分析。

②点击菜单file→Information,可以看到此蛋白质的一些基本信息。

③图形窗口中鼠标操作

• 先点击蛋白质,按住鼠标左键拖动,分子绕中心旋转;

• 按住鼠标右键拖动,分子在*X*-*Y*平面内平移。向左向右拖动光标,或向上向下拖动光标。

• 按住“Shift”键,鼠标左键拖动向上、向下移动,从而放大或缩小图像。

• 按住“Shift”键,鼠标右键拖动向左、向右移动,使图像以分子中心为中心在平面内顺时针、逆时针旋转。

• 按住“Ctrl”键,鼠标左键拖动向上使Z平面向远离视线方向移动,并显示*Z*平面以内的结构,下移向靠近视线方向移动。

④Display菜单可以直接完成生物大分子相关模型的显示与分析,点击菜单“Display”,并分别选择每个子菜单,察看显示效果。

点击Display→Spacefill,然后点击“Colours”菜单选择不同颜色模式:

• CPK:蛋白质的每个原子有单独的颜色,如碳原子为灰色,氮为蓝色,氧为红色,硫为黄色。

• Shapely:每个氨基酸都有一种颜色。

• Chain:不同颜色显示多肽链,可清晰反映蛋白质亚基或DNA双链结构。

• Temperature:表示不同原子在分子中的热运动性(即位置的准确性),该数值包含在PDB文件的一列中。红色代表原子易于振动,而绿色与蓝色代表原子位置更加稳定不易于振动。

⑤“Options”菜单的功能是调整显示选项,点击“Options”的各个子菜单选中或取消。如Hydrogens(H原子)与Hetero atoms(异原子,非蛋白质链上的原子或分子配体)显示与否,选中状态表示命令操作时有效。最后点击“Labels”,Labels(标记)可在显示立体分子的同时,将各原子或片段相应的信息标注在上面。

X射线衍射法一般测不到H原子,所以PDB文件中没有H原子信息,H原子一般是显示软件根据结构化学原理加入的。

⑥点击“Export”菜单，可以把图像存为BMP，GIF等格式文件，用于WORD、PPT文档等。

⑦RasMol命令行窗口的使用，在Windows任务栏中选择命令行窗口（图7-7）。

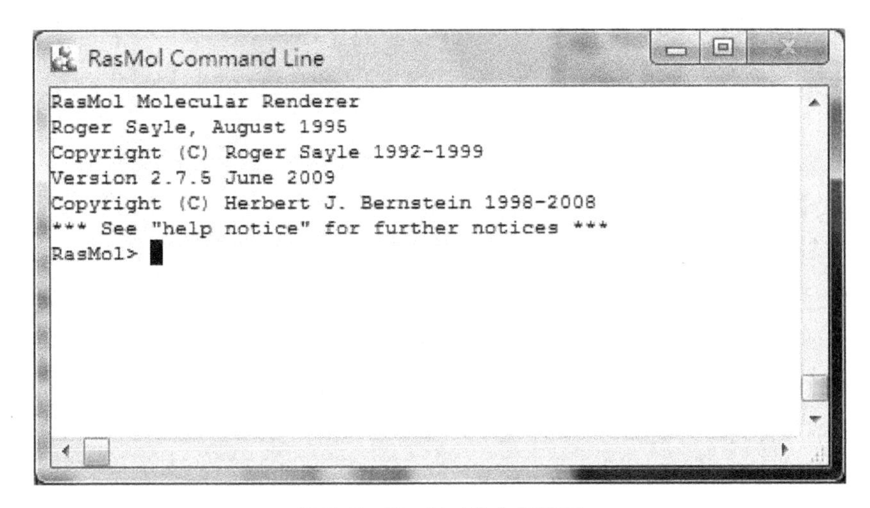

图7-7 RasMol命令行窗口

一些常用命令：

- select Lys：选定分子中所有赖氨酸。
- select all：选择所有的原子。
- select protein：选择蛋白质原子。
- select hetero：选择非蛋白质，非DNA原子。
- restrict protein：在图形窗口中去除所有的非蛋白质原子。
- restrict lys：在图形窗口中去除所有的非Lys残基。

> 在多亚基的分子聚合物中，需要指明所选分子的链。分子链一般用大写字母或数字表示，并用一个冒号与残基符号分隔，如“Lys70:A”或“Lys70:1”。

⑧输入命令“select ligand”，回车后可以看到54个原子被选择。你可以通过输入“spacefill”显示这些原子，也可以通过Display→Spacefill显示。（注：Ligands可能是任何可以与蛋白质特异性结合的分子或离子。）

⑨放大显示选择的原子，将光标放到任意一个灰色的原子上。鼠标单击此原子，可以在命令窗口看到如下信息：

Atom:CE 582 Hetero:MSE 78 Chain:A（说明你点击的原子为第5个碳原子，在MSE分子上）

⑩输入“color red”回车，可以看到选择的原子颜色变成红色了，后输入“color cpk”回车恢复。

⑪再输入“select protein”回车。点击Display→Ball and Stick。点击Colour→Shapely。

此时你看到Ball and Stick的蛋白质包含一个spacefill的MSE与CRO分子。

⑫点击Export→PICT,文件存为“Ligand.pict”。

⑬放大图像,直到MSE/CRO分子为窗口的1/4大小。鼠标点击任何一个接近MSE分子的氨基酸,可以在命令窗口看到氨基酸的信息。

⑭请查看接近MSE的所有氨基酸,点击Display→Cartoon,此时可以看到组成蛋白质的氨基酸链。

⑮输入“select all”回车,及“select solvent”回车,可以看到溶剂分子,溶剂分子是蛋白质做晶体时的一部分。

⑯再试试下面的命令:

- select polar:选择极性的氨基酸;
- select hydrophobic:选择疏水氨基酸;
- select charged:选择带电的氨基酸;
- select buried:选择包埋的氨基酸;
- select neutral:选择中性的氨基酸。

通过以上操作可以看出,利用“命令窗口”与“窗口菜单”都可以完成相关操作,但对“原子、残基或基团的选择”操作通过命令行窗口更方便,操作时注意切换使用。

7.4 蛋白质三维结构的同源建模

同源建模(homology modeling)是目前基于氨基酸序列预测蛋白质三维(3D)结构的最有效方法。建立一个成功的模型需要至少有一个已经通过实验测定3D结构的蛋白质(称为“模板”,即template),而且该蛋白的氨基酸序列应与目标序列(target sequence)要有显著的相似性。一般认为当两个蛋白质的序列相似度高于35%时,它们的三维结构基本相同;序列相似度低于30%的蛋白质难以得到理想的结构模型。以模板作为骨架(scaffold)基础,对目标序列进行建模,其步骤是:选择模板,目标与模板的联配,建立模型,模型评估,对模型进行重复优化,直到得到一个满意的模型为止。

7.4.1 利用SWISS-MODEL进行同源建模

以下以同源建模网络服务器SWISS-MODEL为例,介绍同源建模的基本方法:

(1)SWISS-MODEL以通过ExPASy服务器的web界面访问。

(2)点击“Starting Modelling”按钮,进入该服务器的工作界面(图7-8),服务器会完全自动地为目标序列建立模型。

(3)在页面的“Target Sequence”框中输入斑马鱼*Danio rerio*(zebrafish)的胰岛素UniProt Accession number:O73727,或直接粘贴其蛋白质序列(可从UniProt数据库获得):

>sp|O73727|INS_DANRE Insulin OS=Danio rerio GN=ins PE=2 SV=1

MAVWLQAGALLVLLVVSSVSTNPGTPQHLCGSHLVDALYLVCGPTGFFYNPKRDVEPLLG
FLPPKSAQETEVADFAFKDHAELIRKRGIVEQCCHKPCSIFELQNYCN

输入序列后，页面将目标序列（target）的氨基酸序列从N端到C端以渐变颜色条显示。

（4）提交前可以输入其他信息，如邮箱地址与项目名称（project title），用鼠标点击“Build Model”按钮，提交服务器进行自动建模。

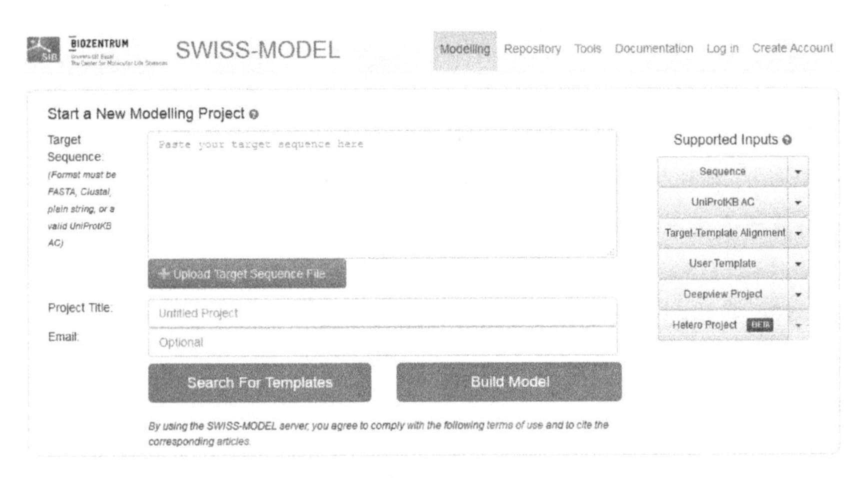

图7-8 SWISS-MODEL输入页面

（5）如果想自己选择模板，可以点击工作界面的“Search for Template”，在返回的结果中选择合适的蛋白质作为模板，后点击右上角的“Build Models”。

（6）同源建模完成后，SWISS-MODE返回结果页面（图7-9），或通过电子邮件返回一份日志文件。

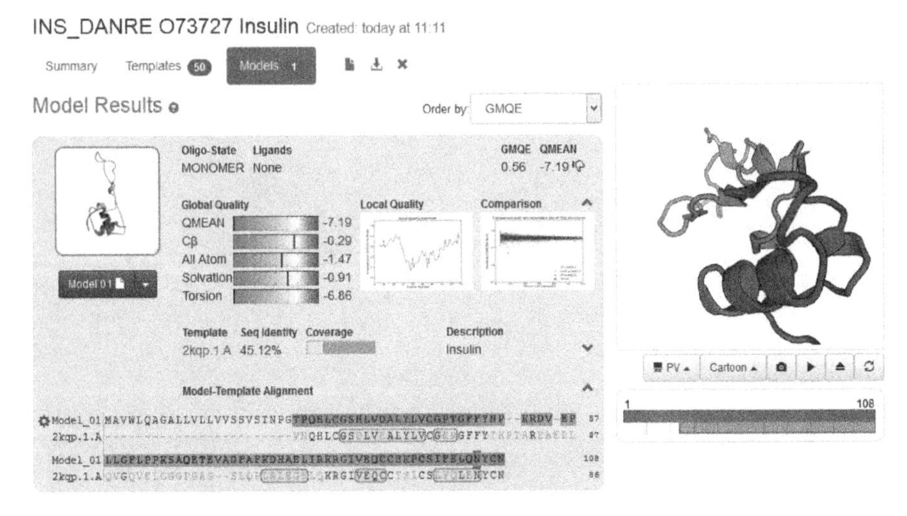

图7-9 SWISS-MODEL建模结果页面

默认显示的是Models界面，建模结果包括预测的蛋白质模型的坐标、模板比对，以及模型的评价等。本例INS_DANRE蛋白是基于模板2kqp.1的A链建模的，两个序列相似度达到45.12%。右边显示的肽段三维结构，可以旋转，放大任意位置，而且与左边的氨基酸序列是一一对应。鼠标点左下“Model-Template Alignment”的任意氨基酸，可以看到其对应的三维结构情况。点击旁边的模板(Templates)界面，可以查看数据库中已经保存的3D结构信息，及本次建模所用是哪一个模板。

Summary界面可以看本次建模项目的简要信息，包括模板结果与建模结果。简单评价建模好坏可以看GMQE(global model quality estimation)值，其估值在0～1，越接近1，建模质量越好。另一个QMEAN(qualitative model energy analysis)值评估待测蛋白与模板蛋白的匹配度，其置信范围在-4～0，评估值越接近0，待测蛋白质与模板蛋白质的匹配度越高。QMEAN值后面的手指点赞或踩图标直观显示较好的结果或不好的结果。本次QMEAN值为-7.5，说明模型质量不合格。

(7)建模结构可以通过结果页面中Model 01的下拉菜单PDB format链接下载PDB文件到本地电脑上查看。以PDB文件格式返回模型的坐标可用前面学过的RasMol工具查看其三维结构。

(8)用于建模的模板结构的PDB文件也可以下载pdb到本地计算机中：点击2kqp.1.A链接，在出现的页面"SMTL id"边上有个下载图标(download coordinate file)，在上面按鼠标右键，再选"Save link as…"，即可下载保存。

最后要说明的是，以相同的序列采用不同的模板、建模算法或动力学优化方法都会得出不同的结果。因此，预测的结构是否真实，还需要用实验的方法进一步验证。

习题

1. 在最新版的PDB中如何检索蛋白质三维结构和其他相关信息？

2. 请用RasMol软件观察HIV蛋白酶的分子三维结构，并与所学知识印证，从而说明其功能与结构的关系。

3. 用SWISS-MODEL预测新冠病毒刺突(spike)蛋白的三级结构(Spike蛋白的NCBI索引号为YP_009724390.1)。

第8章 PCR引物设计(PCR Primer Design)

Imagination is more important than knowledge. For knowledge is limited to all we now know and understand, while imagination embraces the entire world, and all there ever will be to know and understand...——Albert Einstein

本章简介了PCR引物设计与实时荧光定量PCR(qPCR)原理,并以实例介绍Primer Premier5软件设计引物的方法。

◎导学案例

MIT生化系的Har Gobind Khorana教授根据DNA复制的原理,最早提出核酸体外扩增的设想:经DNA变性,与合适的引物杂交,用DNA聚合酶延伸引物,并不断重复该过程便可合成tRNA基因。但由于当时基因序列分析方法尚未成熟,热稳定DNA聚合酶尚未报道及引物合成的困难,这种想法似乎没有实际意义,Khorana的设想也被人们遗忘了。

中国台湾学者钱嘉韵从美国黄石公园温泉分离出的一株嗜热菌(*Thermus aquaticus* YT-1)中获得耐高温的DNA聚合酶(Taq酶),解决了体外扩增DNA时,高温对酶活性的影响问题。

美国Cetus生物科技公司的研究人员Kary Mullis在开车去度假的途中,看着公路两侧驶过的公路边缘及树干,脑海中猛然闪现了PCR的想法。他用放射性核素标记法看到了10个循环后的49bp长度的第一个PCR片段。Mullis在*Science*杂志上发表了第一篇PCR学术论文。此后,PCR技术得到了进一步完善与广泛应用,Mullis也因此于1993年获得诺贝尔化学奖。

聚合酶链式反应(polymerase chain reaction,PCR)是20世纪80年代发展起来的体外核酸扩增技术,是分子生物学最重要的实验方法之一。PCR是在体外模仿体内的DNA复制条件进行DNA大量快速复制的过程,具有特异、敏感、产率高、快速简便等优点;可以从一根毛发、一滴血甚至一个细胞中于数小时内将所要研究的目的基因或某一个DNA片段扩增至十万乃至百万倍,获得足量的DNA供分析研究。PCR基本是以特定的靶DNA片段为模板,以基因片段特异性的引物为延伸起点,在耐热DNA聚合酶催化下,通过反复的高温变性、低温退火、中温引物延伸等步骤,快速特异地复制出特异目的DNA片段的过程(图8-1)。每次新

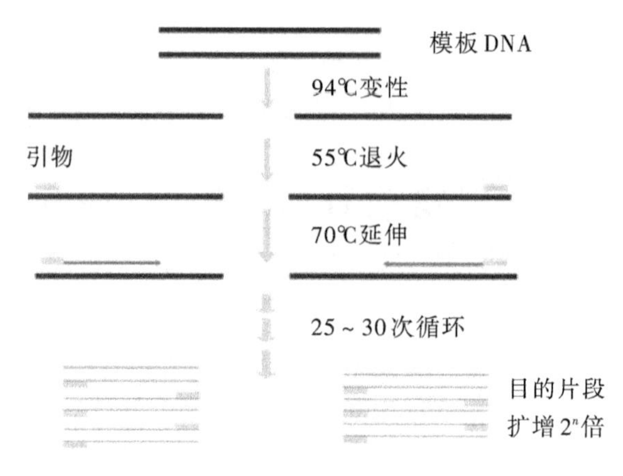

图8-1　PCR原理

合成的DNA片段都和母链一样可以作为下一次热循环过程中DNA复制的模板，因此可以实现对特定核苷酸片段的指数级扩增。

PCR引物设计是PCR实验成功的前提，引物不仅起到引导DNA的复制起始的作用，限定了PCR的扩增区域和产物片段的大小，而且决定了PCR扩增的特异性。即PCR中DNA的合成过程均以两个引物特异结合处为起点，产物(product)为一对引物之间的DNA片段(包括引物序列)。PCR引物设计是利用计算机软件，根据输入的引物设计参数(如扩增区域、PCR产物长度、退火温度、引物GC含量等)，测算出全部的候选引物，然后对每一对引物可能出现的自身发夹结构、引物间的错配、引物和模板间的错配等进行量化评分，在综合全部因素后，软件给出最佳的一对引物组合，从而有效地从模板DNA序列中扩增出目的片段。

8.1　引物设计原则

PCR引物设计一般遵循3条基本原则：①引物与模板的序列要严格互补；②引物自身、引物与引物之间避免形成稳定的二聚体或发夹结构；③引物不能错配在模板的非目标位点引发“非特异性”扩增。

要实现这3条原则，需要考虑如下诸多因素：

(1)引物的长度

寡核苷酸(oligonucleotide)引物长度通常为15～25bp。因为过长会导致其延伸温度大于74℃，不适于DNA聚合酶(Taq酶)反应，而且较短的引物在靶点序列结合的效率较高。

(2)引物的T_m值(解链温度)

引物的T_m值一般控制在55～70℃，通常退火温度要设为比引物对中T_m值比较低的引物T_m值低5℃左右，但至少为45～50℃。上下游引物T_m值尽量相似(差距最好不超过2℃)。引物的T_m值受引物长度与GC含量影响。若引物中的G+C含量偏低，则可以使引物长度稍长，而保证一定的退火温度。

熔解温度(melting temperat, T_m)是引物不再与模板DNA形成稳定碱基配对的温度。确切地说，如果温度正好在T_m，50%的引物分子应该是不配对的。在理想状态下，退火要足够低，以保证引物和目标序列有效退火(annealing)；同时还要足够高，以减少非特异性碱基对结合(non-specific base-pairing interactions)。

T_m值的估算有多种方法，精确估算需要考虑溶液的盐浓度及相邻碱基的配对等情况。粗略估算T_m值可用公式：T_m=4(G+C)+2(A+T)，即每个AT配对视为2℃，而GC配对视为4℃。

(3)引物的GC含量

有效引物中GC含量通常为40%～60%，一对引物的GC含量尽量接近。如GC含量太高，可在5'端加上一些A或T，反之则加G或C。

(4)引物的碱基分布

引物中四种碱基的分布最好是随机的，不存在聚嘌呤和聚嘧啶(如ACCCC或ATATAT)，尤其在引物的3'端不应超过3个连续的G或C，此情况会使错误引发概率增加。引物3'端尽量不是A碱基结尾，因为错配概率A>G，C>T。

(5)引物的互补情况

引物自身不存在连续4个碱基以上的互补序列，如回文结构，发夹结构等(图8-2(A))，否则会影响到引物与模板之间的复性结合，尤其避免在3'端存在二级结构或发夹结构(图8-2(B))；两条引物之间尤其是3'端应避免连续4个碱基互补，以防出现二聚体(图8-2(C))，减少PCR产物产量。

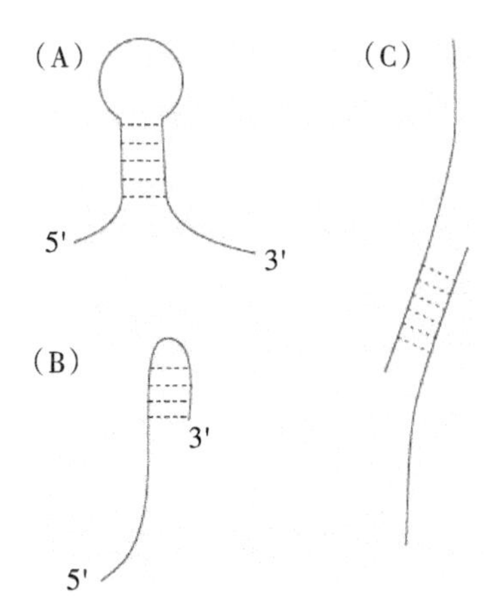

图8-2 PCR引物内碱基互补

(A)引物自身碱基配对形成发夹结构；(B)引物3'端存在二级结构；

(C)引物之间碱基配对形成二聚体

另外，设计引物之前，必须分析靶序列的性质，选择高度保守、碱基分布均匀的区域进行引物设计。如果是RT-PCR,为避免基因组的扩增,引物设计最好能跨两个外显子,片段长度以100~250bp为宜。

8.2 实时荧光定量PCR技术的原理与方法

实时荧光定量PCR(real time fluorescence quantitative PCR,RT-FQ-PCR)是一种将PCR扩增和扩增产物的检测有机结合在一起的分子生物学技术。它是在PCR反应体系中加入能够指示DNA片段扩增过程的荧光染料或荧光标记的特异性探针,通过对PCR过程中产生的荧光信号进行检测记录,实时监测整个PCR进程(图8-3),再结合相应的计算方法对所获得的荧光信号数据进行分析,计算待测样品中特定DNA片段的初始浓度。

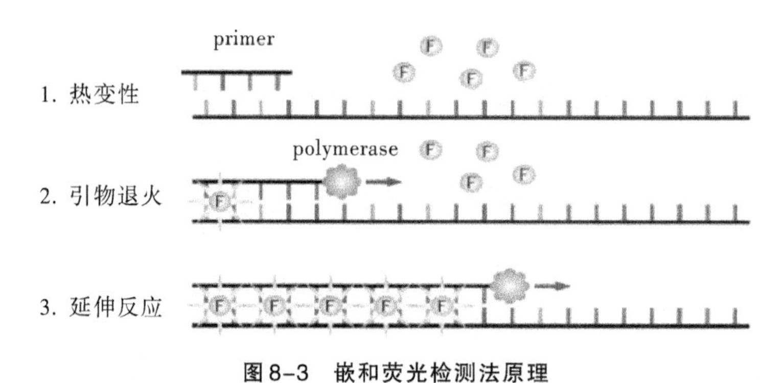

图8-3 嵌和荧光检测法原理

实时荧光定量PCR与普通PCR的不同之处在于它可以对基因拷贝数做到实时定量。一般实时荧光定量PCR技术指的是定量PCR(qPCR)与反转录PCR(RT-PCR)的组合,需先将mRNA反转录为cDNA,后再以CDNA作为模板进行实时荧光PCR分析实现定量。反转录PCR(RT-PCR)只是定性检测,不能进行定量检测。定量PCR(qPCR)也可用基因组DNA作为模板进行实时荧光定量PCR分析。荧光定量PCR具有特异性强、灵敏度高、重复性好、定量准确、全封闭反应、无污染等优点,现已在基础科学研究、转基因食品安全检测、医学诊断、药物研发、海关检验检疫等科研和实践领域得到广泛应用。

8.2.1 qPCR方法

近十几年来,研究人员提出并详细阐述了许多实时荧光定量PCR方法,主要是两类,一类是DNA染料法,只简单反映PCR体系中总的核酸量,是一种非特异性的检测方法;另一类是DNA探针法,将荧光素与寡聚核苷酸相连,对特异性的PCR产物进行检测。我们主要介绍第一类DNA染料法,其中最常用的是SYBR Green I,这种DNA染料吸收蓝光(λ_{max}=497nm),发射绿光(λ_{max}=520nm),对DNA双链具有高亲和力。荧光染料法简单易行,但由于荧光染料可以与任何双链DNA结合,对双链DNA没有选择性,不能区分特异性扩增和非特异性扩增,适用于定量精度要求不高的研究。

8.2.2 qPCR扩增曲线

实时荧光定量PCR技术系在PCR反应体系中加入荧光报告基团,随着PCR反应的进行,扩增产物不断积累,导致荧光信号不断积累;同时,每经过一个热循环,定量PCR仪收集一次荧光信号,从而利用荧光信号的变化实时监测整个PCR进程,最终得到荧光强度随PCR循环数的变化曲线(图8-4)。理论上,PCR的扩增呈指数增长,在反应体系和条件完全一致的情况下,样本DNA含量与扩增产物的对数成正比,其荧光量与扩增产物量亦成正比,因此通过荧光量的检测就可以测定样本核酸量。最后根据标准曲线对未知浓度的起始DNA模板进行精确定量。

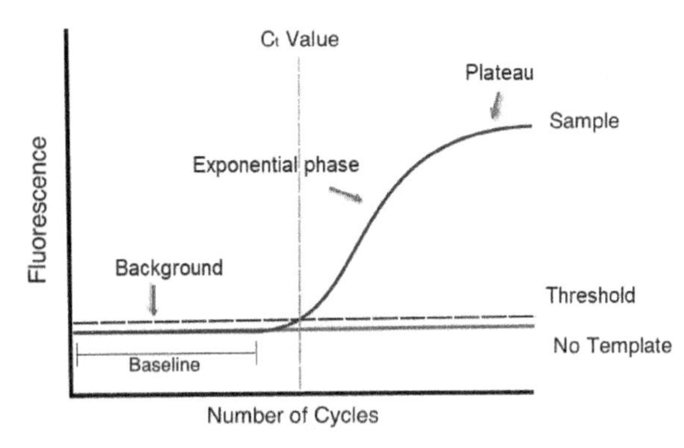

图8-4 PCR扩增曲线

实时荧光定量PCR的扩增曲线可分为荧光背景信号、荧光信号指数扩增和荧光信号平台期3个部分。在荧光背景信号部分,PCR扩增产生的荧光信号较弱,被背景荧光信号所掩盖,无法判断产物量的变化;到达平台期后,扩增信号达到稳定,不再增加,PCR产物量与起始模板之间没有线性关系;在荧光信号指数扩增阶段,PCR扩增的产物量与起始DNA模板数呈线性关系,可以用PCR终产物的量就计算出起始模板的量。为了便于比较分析,此处引入3个基本概念(图8-4):荧光基线(baseline)、荧光阈值(threshold)和阈值循环数(threshold cycle,Ct)。基线是指PCR循环开始时,虽然荧光信号累积,但仍在仪器可检测的灵敏度下。基线通常是3~15个循环的荧光信号,即扩增曲线前面的水平部分。荧光阈值是在荧光扩增曲线上人为设定的一个值,缺省设置为3~15个循环的荧光信号标准偏差的10倍。Ct值是指在PCR循环过程中,每个反应管内的荧光信号达到设定阈值时所经历的循环次数。显然,Ct值取决于阈值,而阈值取决于基线,基线取决于实验的质量,因此Ct值是一个客观的参数。Ct值的意义在于,同一模板在不同扩增过程中终点处荧光值不恒定,可重复性差,但Ct值却极具重现性。用定量PCR原理公式可推导出,模板起始拷贝数的对数与阈值循环数(Ct值)呈线性关系,模板起始拷贝数越多,荧光信号达到阈值的循环数越少,即Ct值越小。

8.3 Primer Premier5的使用

这里我们以绿色荧光蛋白(GFP)定点突变位点的验证引物设计为例,介绍使用Primer Premier 5设计引物的方法。Primer Premier 5.0是一款功能强大的PCR引物设计与评估软件,其下载与安装扫描本章末的二维码查看。

具体操作流程如下。

8.3.1 GFP序列查找

首先根据质粒pGFPuv的名称,在NCBI网站查询GFP基因序列。

(1)打开NCBI网页,在Nucleotide数据库搜索pGFPuv质粒。

(2)选择第1个条目“Cloning vector pGFPuv,complete sequence”(GeneBank:U62636.1),找到完整质粒的基因(图8-5)。

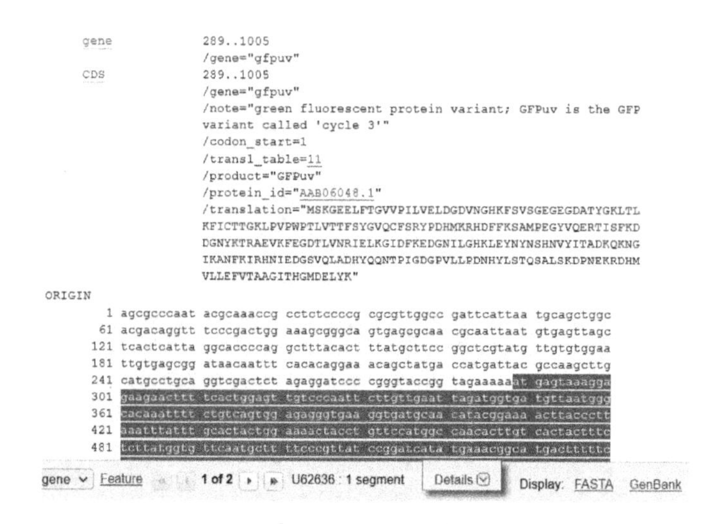

图8-5 GFP序列搜索结果

(3)在FEATURES中找到GFP基因(/gene="gfpuv"),点击前面链接“gene”会出现底部信息栏,并高亮289—1005的GFP基因序列,CDS(coding sequence)是编码蛋白序列。

(4)点击底部信息栏的FASTA链接,再点击新出现页面中的“send to”选择“Gene Features”,FASTA格式下载到指定文件(gfp_gene.fasta)。

8.3.2 引物设计与筛选

(1)序列导入:打开Primer Premier 5.0软件,点击File>Open>DNA Sequence,打开输入序列对话框(GeneTank)。先选择路径(图8-6),后鼠标选中序列文件名(gfp_gene.fasta),加入右框,选择后点“OK”按钮调入序列。

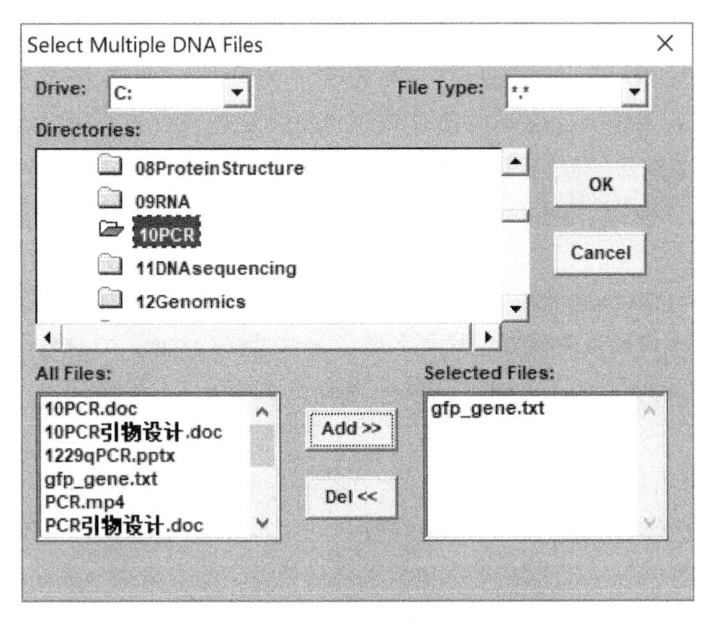

图8-6 选择文件窗口

(2)在序列文件显示窗口,点击“primer”按钮,进入引物设计窗口(Primer Premier)。注:另一个按钮“Enzyme”可用于酶切位点分析;“Motif”按钮用于序列模序分析。

(3)参数设置:在窗口点击“Search”按钮,进入引物参数设置窗口(search criteria),如图8-7所示。这里的主要参数有引物设计的目的(search for)包括PCR引物、测序引物和杂交探针;引物类型(search type)包括正向引物(sense primer)、反向引物(anti-sense primer)、正反向引物(both)、正反向成对引物(pairs)等。需要注意both与pairs的区别,both设计正反向引物,但不成对出现。如果序列有特别的要求,可以再手动设置搜索的参数(search parameters)。

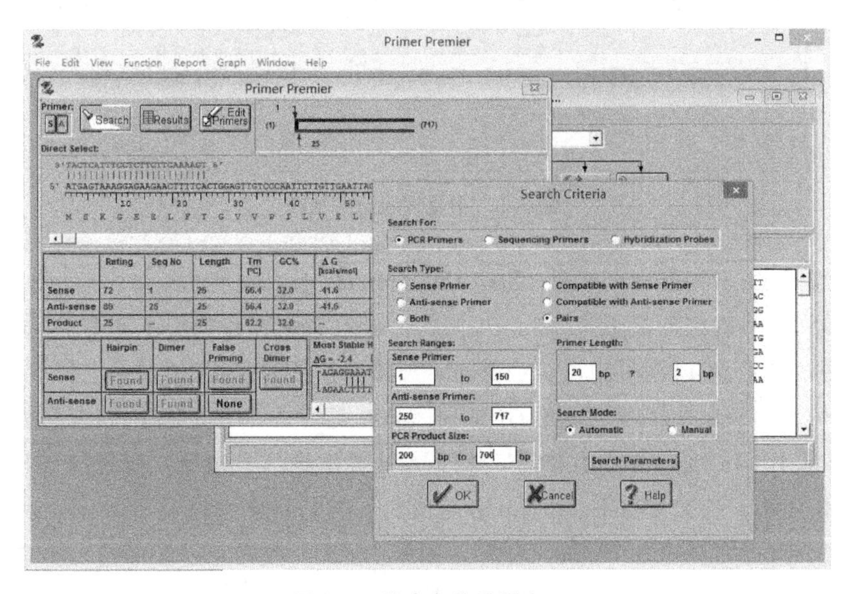

图8-7 搜索参数设置窗口

（4）这里分别选择“Search for”为“PCR Primers”和“Search Type”为“Pairs”，再分别设定PCR引物的搜索区域（search ranges）、产物长度（product size）及引物长度（primer length）。由于本例GFP定点突变位点在66位酪氨酸（在约198位碱基位置），所以设计验证突变位点引物要在突变位置前后，具体位置如图8-7所示。其他参数一般若没有特殊需要，可选择默认参数。

> 如果设计qPCR检测引物，设置参数如下：一般选PCR primers为both，qPCR的搜索范围是mRNA序列的全长，定量PCR产物长度为100～250bp；引物长度范围为20±2；Search parameters中的其他参数可以不选，使用默认设置。

（5）完成引物的各种参数设定后，点击“OK”进行引物搜寻，引物搜寻结束后，显示结果如图8-8所示，包括软件报告筛选出的候选引物总数（total possible）、由于各种参数不满足要求而去除的引物（rejected，用红色标记），以及最后留下的引物数（optional primers）。如果对这次结果不满意，可点击“Cancel”按钮取消，重新打开参数设置窗口进行调整（图8-8）。

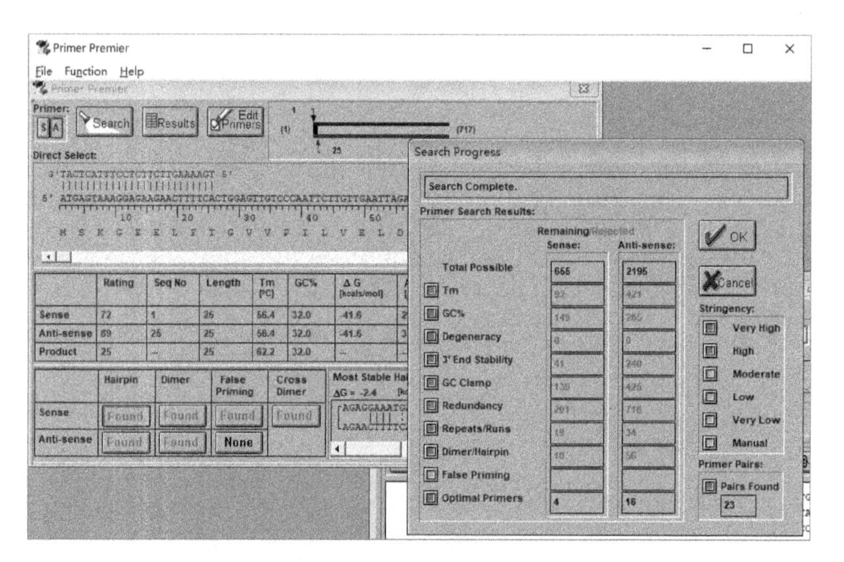

图8-8 引物搜索结果窗口

（6）引物筛选：引物搜索完毕后，点击“OK”按钮，进入引物搜索结果窗口（图8-9）。搜索结果是按照评分从高到低向下排序（rating），如满分为100，即各指标基本都能达标。点击其中任一个搜索结果，可以在引物窗口中部显示出该引物的综合情况，包括上游引物和下游引物的序列和位置（Seq No），GC含量（GC%）、解链温度（T_m）、PCR产物的长度（length）及PCR适宜的退火温度（Ta Opt）等。引物窗口左下方的表格显示引物是否有发夹结构（hairpin），引物二聚体（dimer）和错配（false priming）等情况。如果对应按钮显示“None”表示没有，而“Found”表示有，点击对应的“Found”按钮会在右边显示相关信息。按照搜寻结果，逐条分析检查该引物对的情况，依次筛选合适的PCR引物。一般只要考虑前面评分较高的几个结果。

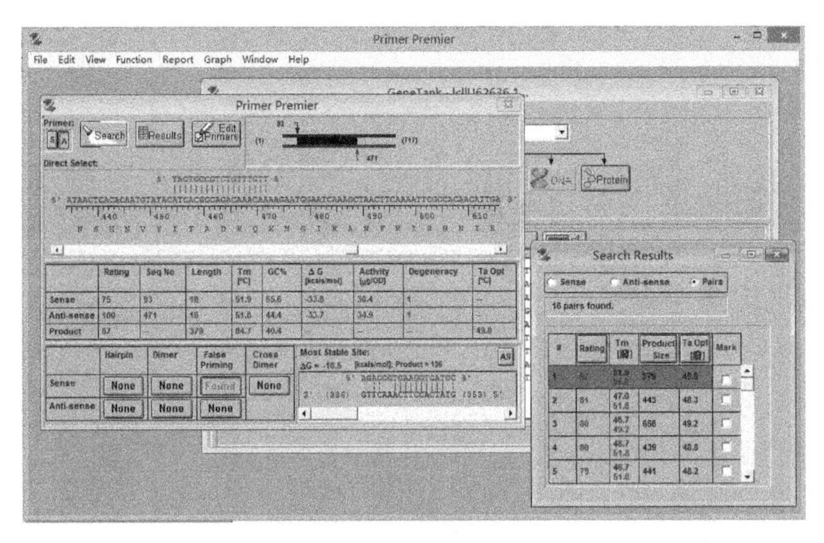

图8-9 引物设计窗口

(7)引物保存:在“Search Results”窗口中选择一对合适引物,并在“Primer Premier”窗口,点击左上角S(sense)按钮选择正向引物,然后选择菜单Edit→Copy→Sense primer复制正向引物序列,后粘贴到指定文件:

gfp-f1:5' AGAGGGTGAAGGTGATGC 3'

再点击Edit→Copy→Anti sense primer,同上复制反向引物序列到指定文件:

gfp-r1:5' TTGTTTGTCTGCCGTGAT 3'

PCR引物的命名一般以F(forward)代表正向引物,R(reverse)代表反向引物,这样可以清楚看出引物序列间的配对关系。

在引物设计时,建议针对一个基因同时设计多对(1~3对)引物,从而保证可以从中挑选到PCR效果较好的一对引物,提高实验效率。

习题

1. 实时定量PCR引物设计与普通PCR相比有哪些特点?

2. 请查找新冠病毒SARS-CoV-2的Spiker蛋白序列的相关资料,并从GenBank中获取它的DNA序列,设计出该序列的合适PCR引物。

3. 尝试用Primer Premier 5设计人类HSP90基因的定量荧光PCR(qPCR)引物。

第9章 DNA测序(DNA Sequencing)

子曰:“吾,十有五,而志于学,三十而立,四十而不惑,五十而知天命,六十而耳顺,七十而从心所欲,不逾矩。”——《论语·为证》

本章主要介绍DNA测序的第一代Sanger法与下一代测序技术的基本原理,并重点介绍Sanger法测序的结果分析与处理方法。有关下一代测序的原理与分析流程,请参阅本书后续章节内容。

◎导学案例

弗雷德里克·桑格是一位英国生物化学家,被称为“基因测序之父”,曾因发明蛋白质与DNA测序方法,两次(1958和1980)获得诺贝尔化学奖(图9-1)。

桑格的父亲是一名医生,对他影响很大。桑格在有次谈话说过,在他小的时候,父亲总是教诲他,世界上最值得追求的事情只有两个,那就是对真理和美的追求。他相信阿尔弗德·诺贝尔在决定将奖项授予文学和科学的时候,也会有同样的想法。

从布莱恩斯滕高中(Bryanston School)毕业后,桑格追随父亲的脚步进入了剑桥大学圣约翰学院(父亲毕业于那里的医科而他却选择主修化学)。他先后获得学士学位和博士学位,随后留校任教,成为生物化学系的一名教员,同时开展生化研究。

桑格在剑桥读本科时属于中等水准的学生,他本来对剑桥的毕业考试没有抱太大的希望,在考试成绩出来后得知自己还能在剑桥继续读博士,他多少有些意外。桑格也不是一位“高产”科学家,他一生只发表过为数极少但重要的论文。他在生化年鉴上发表过一篇综述文章“Sequences, Sequences, and Sequences”,该题目概括了他一生从事的蛋白质,RNA和DNA的测序研究。由此可见,对科学贡献的大小,不在量多,贵在质优。

图9-1 Sanger像

DNA测序技术的发展极大地推动了生命科学的发展,DNA测序已经成为现代生命科学研究不可或缺的手段。自从Fredrick Sanger建立了双脱氧链终止法(dideoxy chain-termination method)的第一代DNA测序技术以来,DNA测序技术快速发展。特别是2005年以来,DNA测序技术经历了一次技术上的突破:以Illumina HiSeq PacBio RS等为代表的下一代测序(next-generation sequencing,NGS)技术的出现,使得基因组测序的通量快速增加,测序成本极大降低。NGS技术已经在生命科学、农学、医学、食品科学和环境保护等领域中得到广泛应用。DNA测序技术的发展已经远远超过了半导体信息技术进步的速度——摩尔定律(Moore's Law)。随着DNA测序技术的快速发展,生命科学研究已经进入了组学时代,成为一门大科学(big science)。

9.1 DNA测序方法

9.1.1 第一代测序技术

第一代DNA测序方法是由Frederick Sanger等发明的双脱氧核苷酸末端终止测序法,又简称双脱氧链终止法或Sanger法。Sanger法是一种基于DNA聚合酶合成反应的测序技术,其主要原理是利用脱氧核苷三磷酸(dNTP)的类似物——双脱氧核苷三磷酸(ddNTP),取代正常的底物dNTP(图9-2)。因为DNA聚合酶不能够区分dNTP和ddNTP,使ddNTP掺入到新合成的寡核苷酸链的3'末端。而ddNTP 3'末端没有羟基(—OH),而是脱氧后的氢(—H),不能与下一个核苷酸聚合延伸,从而终止DNA链的增长。

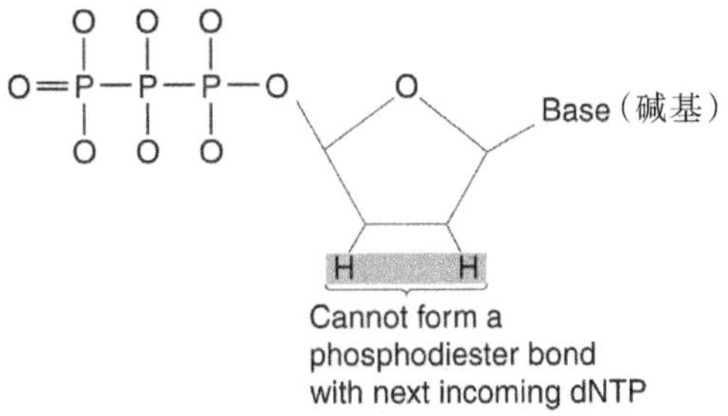

图9-2 ddNTP结构

双脱氧链终止法测序过程如图9-3所示。在4个测序反应系统中加入待测的DNA模板、DNA聚合酶及DNA合成反应所需的其他成分,如4种脱氧核苷三磷酸(dNTP)、引物与缓冲液等,并且将少量的一种带有放射性同位素标记的双脱氧核苷三磷酸(ddNTP)按一定比例分别加入一个反应系统,然后进行DNA合成反应,合成与单链DNA互补的核苷酸链。合成的互补链可能在不同位置随机终止反应,产生只差一个核苷酸的DNA分子,从而能读取待测DNA分子的顺序。测序反应终止后,将四组产物全部平行地进行变性聚丙烯酰胺凝胶电泳,每组制品中的各个组分将按其链长的不同分离,从而制得相应的放射性自显影图谱。聚丙烯酰胺凝胶电泳(SDS-PAGE)可以区分长度只差一个核苷酸的DNA分子。因此,从所得电泳图谱即可直接读得DNA的碱基序列。

此后,Sanger法又进行了一次重要改进,用荧光标记代替同位素标记,并用成像系统自动检测,开发出荧光自动检测技术,从而大大提高了DNA测序的速度和准确性。与链终止

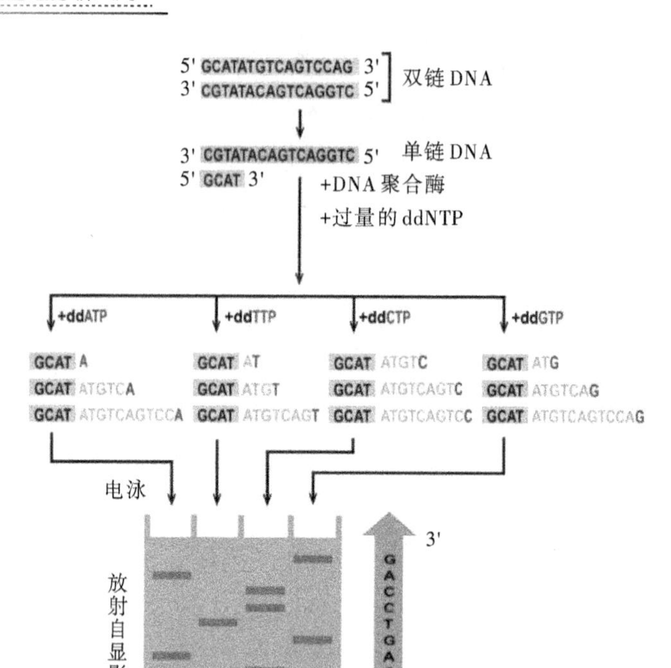

图9-3 双脱氧链终止法测序原理

法测序原理相同，只是用不同的荧光基团标记ddNTP，如ddATP标记绿色荧光，ddCTP标记蓝色荧光，ddGTP标记黄色荧光，ddTTP标记红色荧光。由于每种ddNTP带有各自特定的荧光颜色，从而简化为由1个泳道同时判读4种碱基。DNA自动测序仪的应用综合使用了双脱氧链终止技术、毛细管电泳技术、四色荧光标记技术和激光聚焦荧光全自动扫描分析技术，实现了凝胶电泳、初始数据获取、碱基阅读等步骤自动化。代表性的荧光全自动测序仪为美国应用生物系统公司(Applied Biosystems Inc.，ABI)的ABI3730XL(图9-4)。目前这种DNA测序仪仍被广泛使用，它拥有96条电泳毛细管，荧光信号被CCD(charge coupled device)照相检测系统拍照记录下来，并通过计算机软件判读测序图谱，直接将测序信号转换成DNA序列。

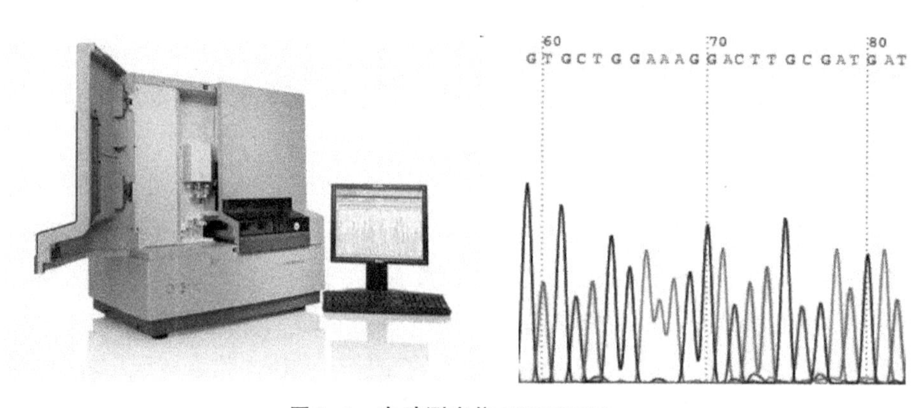

图9-4 自动测序仪ABI3730XL

Sanger法测序所得的DNA序列长度比较长(800～1000bp),准确性高(达99.999%),至今仍然被公认为是DNA测序的“金标准”。该方法最大的成就是被用于人类基因组计划(Human Genome Project,HGP)的测序,这项计划开始于1990年,历时13年,于2003年由美、日、德、法、英、中六国科学家共同宣布人类基因组序列图谱绘制成功。但Sanger法也存在很大的局限性,其测序成本高、通量低等缺点严重影响了其大规模使用。据估算,用Sanger法测序完成一个人类基因组(约$3×10^9$bp)的重测序大约需要1000万美元,而新一代测序技术只需要1000美元。

9.1.2　第二代测序技术

第二代测序技术又称为高通量测序技术或下一代测序(next-generation sequencing, NGS)技术,它一次运行可以对几十万至数亿条DNA模板进行测定。与第一代测序技术相比,极大地增加了数据产出,大大降低了测序成本,使得人们可以对各生物物种进行全基因组测序、转录组测序等研究(图9-5)。二代测序技术平台的代表性产品有Illumina公司的HiSeq2000、MiSeq平台,Life Technologies公司推出的Ion-PGM(Personal Genome Machine)等。第二代测序得到的短序列长度(读长)相比第一代测序数据(0.8～1kb)来说都比较短,因此也被称为短序列测序法(short reads sequencing)。例如,Illumina的HiSeq与MiSeq测序平台,测序读长分别为150bp与300bp左右。

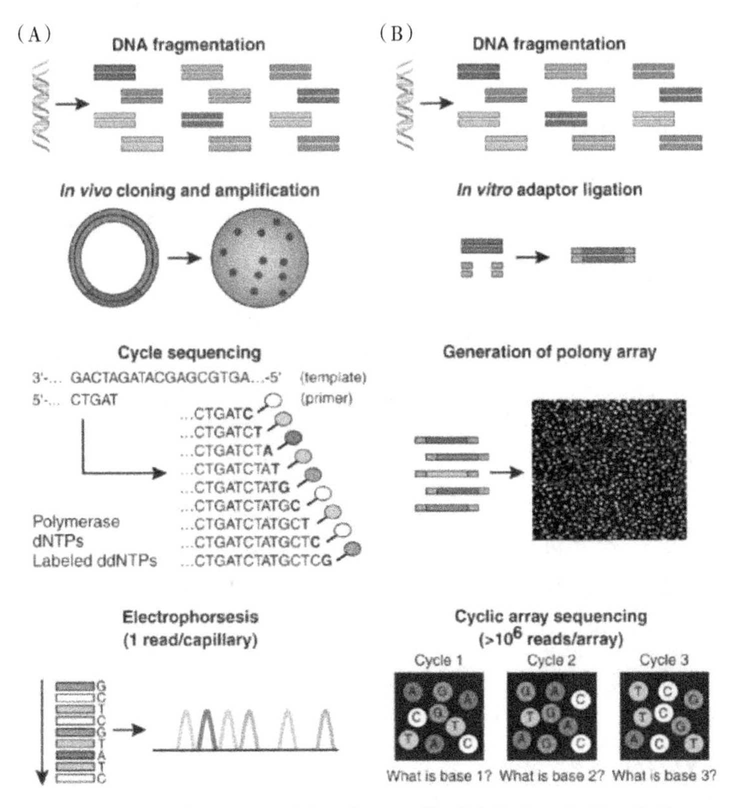

图9-5　传统Sanger测序法与下一代测序技术工作原理比较

所有二代测序都采取了有别于Sanger测序法中细菌克隆培养扩增待测样本的策略，在随机片段化基因组DNA后，直接在体外连接上共同的接头序列(adapter)，然后通过不同的PCR扩增法产生一簇富集的扩增子，并最终被定位在固态反应介质(如芯片、磁珠)的不同位置上。测序过程包括了一系列酶促生化反应和图像收集的自动循环。相对于Sanger测序法，下一代测序法所采用的体外构建测序文库、体外扩增测序模板及更高密度的阵列化测序更大地提高了测序的自动化和平行化，极大地降低了测序单位碱基所消耗的各种生化试剂，大大降低了测序成本。当然，第二代测序有读长较短，数据准确度不高的缺点。

以人类基因组为例，人类基因组大小为3Gb，Sanger测序法耗时13年，全世界科学家合作，花费约27亿美元，而Illumina HiSeq X-Ten高通量测序仪只需约三天时间，测序费用约为1000美元。

9.1.3 第三代测序技术

第三代测序技术是以单分子测序为目标的边合成边测序技术，其测序文库不需要PCR扩增，真正实现了对每一条DNA的单独测序。它的关键技术是荧光标记核苷酸、纳米微孔和激光共聚焦显微镜实时记录微孔荧光，常见的有Pacific Bioscience(PacBio)公司的单分子实时测序技术(如HiFi测序仪)与Oxford Nanopore Technologies(ONT)公司的纳米孔测序技术(如MinION测序仪)。

PacBio公司推出的单分子实时(Single Molecular Real Time，SMRT)测序技术的主要特点是读长长，平均序列读长在10kb以上，因此也称为长读段测序法(Long Read Sequencing)。SMRT技术也是基于合成测序的原理，以SMRT cell为测序载体进行测序反应。SMRT cell测序芯片是一张厚度为100nm的金属片，一面带有15万个直径为几十纳米的小孔，称为零模波导(zero-mode waveguide，ZMW)，简称为纳米孔(图9-6A)。由于孔径短于光的波长，导致光无法通过小孔传播，但是由于在小孔处发生光的衍射，形成局部发光的区域，即为荧光信号检测区。当进行测序时，系统将测序文库、DNA聚合酶和带有不同荧光标记的4种dNTP放置到纳米孔的底部进行DNA合成反应。DNA聚合酶分子通过共价结合的方式固定在纳米孔的底部，通常一个纳米孔固定一个DNA聚合酶分子和一条DNA模板。当按照模板链核苷酸顺序进行DNA聚合反应时，相应的dNTP进入DNA模板链，和引物在聚合酶复合物中发生链延伸反应；被不同荧光标记的4种dNTP会在小孔的检测区域中被聚合酶滞留数十毫秒，荧光标记会在激发光的激励下发出荧光，同时通过检测dNTP荧光信号，获得荧光信号图像，经过计算分析获得DNA的碱基序列(图9-6B)。一个反应结束后，荧光标记会被切除，而弥散出波导小孔，其它未参与合成的dNTP由于没进入信号检测区，而不产生荧光信号。

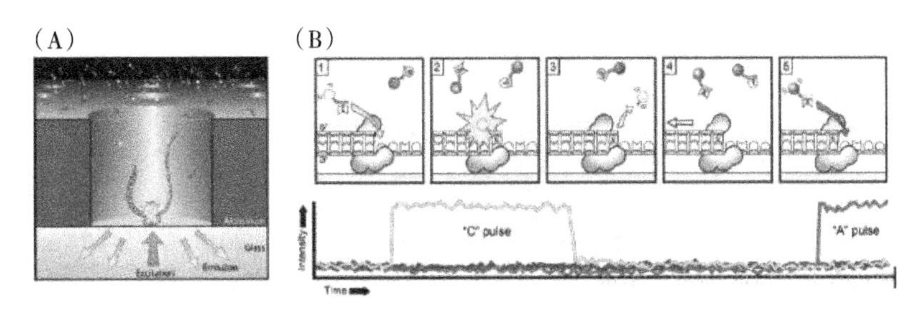

图9-6 PacBio测序原理图(Eid et al.,2009)

相比二代测序,三代单分子测序技术不需要经过PCR扩增过程,对核酸直接测序避免了扩增带来的偏好性;而且能够产生远长于二代测序技术的序列读长,可以进行直接RNA测序 ,对整个转录本进行单读长的端到端测序,从而能对高度相似的异构体进行区分。另外,还可以测甲基化的DNA序列,在表观遗传学研究中有着巨大潜力。尽管如此,三代测序技术最大的缺点是读段错误率偏高,需要重复测序纠错,以PacBio SMRT技术为例,单碱基错误率高达15%。由于错误是随机产生的,可进行多重测序纠错,如测10倍覆盖度数据,准确率可提高到99.9%,但增加了测序成本。三代测序对DNA聚合酶活性依赖度也较高。目前由于它的应用率没有二代测序普遍,其生信分析软件也不够丰富,积累较少。

9.2 碱基读取(Base Calling)

从不同测序仪上直接得到的并不是真正的碱基序列,而是测序原始信号,如胶图、峰图(荧光颜色与强度信号)、电信号等,需要先由软件转换成碱基序列,并评估碱基的质量(可信度)。将测序仪产生的原始信号转变成碱基序列的过程就称为碱基读取(base calling)。这些读取的碱基序列称为原始序列(raw data),可以存储为FASTA、FASTQ等格式。

最初Sanger法测序的一个模板DNA序列需要四个不同的测序反应,并在同一块胶上的四条泳道同时进行电泳,再经过放射自显影得到黑色的DNA条带胶图,后实验人员直接目视判读DNA序列。Sanger法测序一次反应得到的短片段序列称为read(读段),一般read长度为800 ~ 1000bp。

荧光标记用于测序后,测序由原来的"四个反应,四条泳道"简化为"一个反应,一个泳道"。自动化双脱氧测序的是通过计算机将原始电泳胶上的条带转化成荧光波长与强度(intensity)。这些输出数据是一个chromatogram(峰图),或常称为DNA trace。峰图里的颜色代表不同的ddNTP发射的荧光信号,而峰高度代表强度。碱基读取就是把峰图数据转换成碱基序列,如图9-7所示。

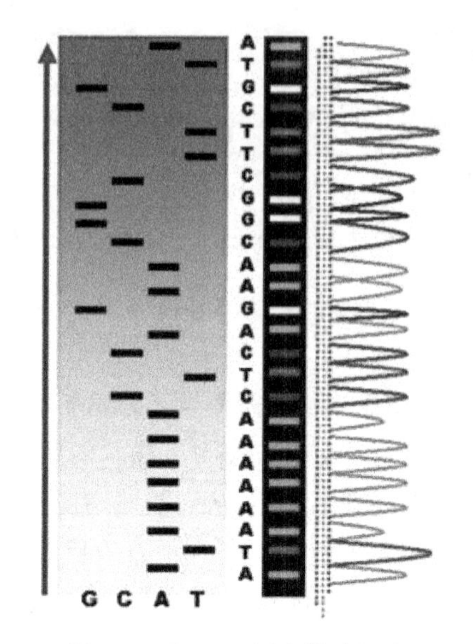

图9-7　Sanger测序的胶与峰

Sanger测序最常用的碱基读取程序是Phred。Phred是由美国University of Washington的Phil Green开发，用于读取和评估碱基质量的工具。它采用快速傅立叶变换（fast fourier transform）和动态规划算法（dynamic programming），从测序仪的峰图文件中每个峰的信息读取对应碱基及其质量值。Phred读取的碱基质量用Phred Quality（Q）来衡量。Q值表示碱基的出错概率（Pe）大小，计算公式为：

$Q=-10\lg(\mathrm{Pe})$。

Q值越高代表准确率越高，即错误率越低。如Q值为20时，表示该碱基的错误率为10^{-2}（0.01），即准确率为99%。Phred具体说明可参见其网址。

不同NGS测序平台采用不同的方法对所构建的文库进行测序，一般是通过捕获光或物理化学信号，并做相应处理来产生DNA片段的碱基序列。如Illumina与PacBio技术都是通过检测荧光标记（光信号），而纳米孔（nanopore）测序则是通过检测电场干扰（电信号）。每个平台处理信号的原始数据都存储在平台特异的格式文件中，然后经过处理后再转换成通用格式FASTQ等。

9.3　Sanger测序结果分析

本实验所用测序数据来自一株细菌样品的16S rRNA基因的PCR产物的DNA测序。一般细菌16S rDNA的长度为1645bp左右，而Sanger法测序一个测序反应只能准确测定800bp左右。因此需要对样品进行两次测序反应（双向测序），然后将两个测序结果拼接成完整的PCR产物序列。

9.3.1　测序结果文件

一般测序公司以ABI3730x测序仪进行Sanger法DNA测序，测序结果提供两个文档：一个是序列文档(后缀为.seq)；另一个是测序峰图文档(后缀.ab1)，为碱基的测序质量信息。

本例所用的测序数据的文件名称如下：

(A)ZB10100433(yangpin1)16SS.seq——序列的文本文件，可由记事本或BioEdit打开查看。

(B)ZB10100433(yangpin1)16SS.ab1——峰图文件，可由BioEdit或Chromas打开查看。注意其中的杂峰与套峰。

可从书后二维码下载此两文件。

9.3.2　查看峰图

虽然测序仪的碱基读取程序还比较精确，但总有一些不确定，如一个宽峰是一个还是两个碱基，一个很弱的峰是碱基信号还是假信号。对于这些模糊的碱基，可以通过人工检查峰图来判断其可信度。Chromas，Bioedit等是常用的峰图查看软件。

Bioedit打开*.ab1峰图文件，同时打开两个窗口，最前面是测序峰图窗口(图9-8)，显示有规则的色谱峰及对应的DNA序列。注意观察其中的杂峰与套峰。

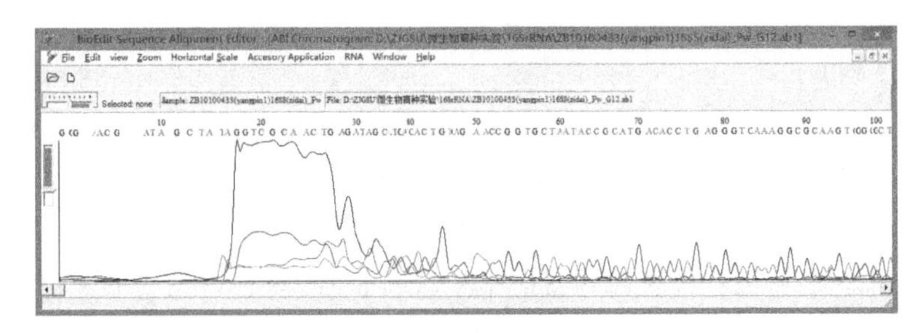

图9-8　测序峰图窗口

鼠标拖动窗口下面的滑块可以显示序列不同位置情况，能清楚看到整条序列的质量变化。拖动左边与左上角的放大或缩小移动块，调整显示色谱峰的不同宽度与高度，能帮助我们清楚判读峰图。

可以看到起始位置的测序峰比较高但不能区分，越到中间峰越好越规整，再到最后面，峰又变杂乱。Sanger法测序的序列(read)前50bp与800bp后的碱基通常质量比较差，一般无法判读。这是正常现象，主要是因为电泳的迁移率分辨能力有限，导致太大或太小的DNA片段分离不明显，使测序信号无法判读。

> 请移动鼠标到一个碱基为“N”的位置，你能确定这个未知的碱基吗？再找到一个连续重复碱基区域，如GGG或AAA，你觉得这些碱基有没有问题？
>
> (提示：可通过BioEdit的查找功能(Ctrl+F)定位碱基)

9.3.3 切除两端低质量碱基

如前所述，一般Sanger法测序序列的前端与末端碱基的质量会不好(可能是测序引物干扰、DNA聚合酶活性降低与杂质干扰较大等原因)，此两部分测序峰图通常无法判读，需要把此两部分碱基切除，留下序列中间碱基质量相对较好(峰图规则)的序列用于后续分析。

BioEdit操作方法如下：

(1)用 BioEdit 打开正向测序结果峰图文件(如ZB10100433(yangpin1)16SS.ab1)，通过移动左边与左上角的比例标尺，调整峰图的高度与宽度，使DNA每个碱基的峰图大小适合观察。从图9-8看出，前面50多个碱基的峰较乱，此处选择位置55后开始的碱基。同理，DNA末端由于酶活力下降等原因，测序质量也逐步变差。根据峰图的形状，我们也需要切除尾部950bp后的碱基(约末端100bp)，因此只保留56—950这一段约900bp的高质量碱基。

(2)选择BioEdit 显示DNA序列的子窗口(Window->DNA sequence from…)

(3)然后选择BioEdit 的Sequence->Select positions，在弹出窗口中输入56与950，点OK按钮后，就以背景黑的显示已选择的序列。

(4)再选 Edit->Copy(或直接按Ctrl+C键)，复制序列到一个新的文本文件，保存为16S_rDNA.fasta。增加序列的注释行“>16SF”(加F代表正向测序序列)。

(5)同上步骤，根据峰图信息，再复制另一个反向测序结果的高质量序列(位置为56—950，但可能不同，看具体质量信息)到文本文件16S_rDNA.fasta，并标记序列为“>16SR”(R代表反向测序序列)。

一般都建议PCR产物，进行双向DNA测序，以最大限度地减少测序错误。测序都是从DNA的5'端到3'端进行的，正向和反向测序是指对DNA的两条互补链分别测序。然后将两个测序结果利用其相互重叠的部分进行拼接，这样才能得到完整的PCR产物序列。双向测序结果中重叠部分要经校读且完全一致才能认为得到了可靠DNA测序结果。

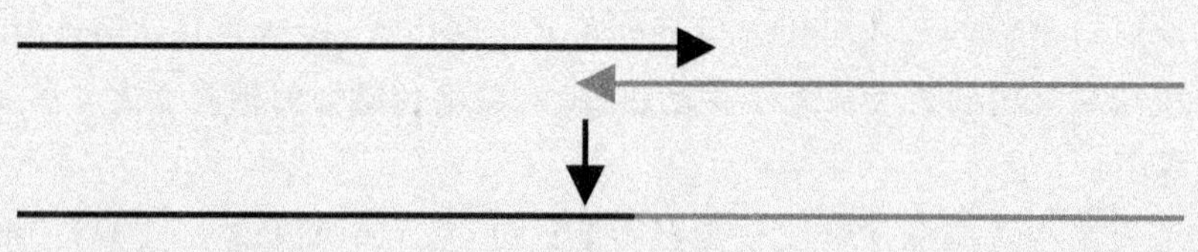

9.3.4 双端测序序列的合并

由于Sanger测序技术限制，在测序反应良好时，仅有800bp左右比较准确。对于片段比较长的PCR产物，通常要求双向测序，然后将两个测序结果利用其重叠的部分进行拼接，使最终DNA序列比较准确。

(1)Bioedit打开前面保存的16S_rDNA.fasta。

(2)由于第二条序列是反向测序得到的DNA反向互补序列，需要先得到此DNA的反向互补序列,再与第一条测序序列进行比对:Sequence->Nuleic acid->Reverse complement。

(3)利用BioEdit的alignment功能找重叠区域:Accessory application->ClustalW Multiple alignment,使用默认设置,比对结果显示(图9-9),中间重叠部分的序列大部分相似。

如果重叠区不是大部分碱基相同(可能测序方向不是反向的),请试着把另一条序列反向互补,再进行序列比对。

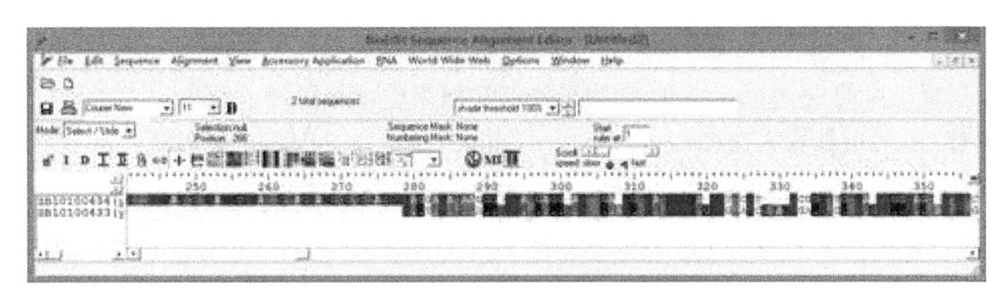

图9-9 双向测序序列的重叠区

9.3.5 碱基的校准

在上一步的比对结果窗口中,先利用BioEdit得到两条件序列合并后的一致序列:

(1)Alignment->Create consensus sequence。如果中间重叠区有少部分碱基不一致,可根据对应的峰图文件ab1的质量信息,修改碱基。修改碱基前,需要先把Bioedit的Mode设置为"Edit"与"Insert",并选中按钮"View conservation plotting identities[…]with a dot",以点显示相同的碱基,便于观察差异位点。

(2)在BioEdit中打开正向和反向测序结果的AB1文件和上面比对结果放同一窗户(如图9-10)。

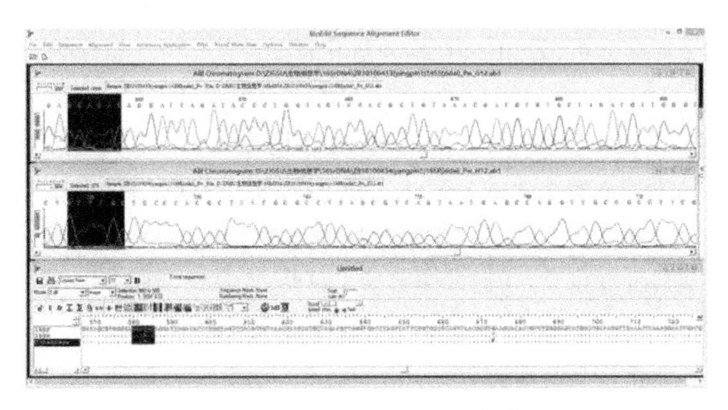

图9-10 峰值与序列并排观察

(3)定位到差异碱基的位置(图9-10黑色部分),一般可以在峰图文件中查找不一致碱基(正反链错配、缺失或误增碱基)及附近的几个序列(点击Edit->Find,或直接Ctrl+F),如查找GCAtAC。反向测序峰图的搜索，如果上一步中做了反向操作，这里需要输入序列的反向互补序列(GTaTGC)，小写字母为不一致碱基。

(4)查看该碱基及附近碱基正反测序峰图形状，判断该碱基正确的序列。

(5)在序列窗口中分别改正正向16SF、反向16SR及Consensus序列中不一致的碱基。如有空位(gap)显示为"-"，需要把三条序列同一位置上的碱基与"-"都删除，才能保持后面的碱基比对结果正常(Backspace可删除光标前一个碱基)。

9.3.6 校准序列的保存

保存校正后的consensus序列，即为最终测序结果的合并序列。

(1)在BioEdit标题栏选择Concensus->Edit->Copy sequences，复制序列；

(2)再点击File->Aligment，新建一个空的序列窗口；

(3)点击Edit->Paste sequence，将复制的序列粘贴到窗口，并点击"Concensus"的标题改为"16S_rDNA"；

(4)然后保存为16S_rDNA.fasta，文件类型选择FASTA格式(图9-11)。

```
>16S_rDNA_2
GGGAGTGGGGGCATGCTTACCATGCAAGTCGCACGAAGGTTTCGGCCTTAGTGGCGGACGGGTGAGTAACGCGTAGGTATCTATCCATGGGTGGGGG
ATAACACTGGGAAACCGGTGCTAATACCGCATGACACCTGAGGGTCAAAGGCGCAAGTCGCCTGTGGAGGAGCCTGCGTTTGATTAGCTAGTGGTGG
GGGGTAAAGACTATATGCGATGATCATAGGCTGTTGAGAGATGATCAGGCACACTGGACTGAGACACGTCCAGACTCTACGGGAGCAGCAGTGGGGG
AATATGACAATGGGGGCACCTGATCCAGCAATGCCGCGTGTGTGAAGAAGGTCTTCGGATTGTAAAGCACTTTCGACGGGGACGATGATGACGGTAC
CCGTAGAAGAAGCCCCGGCTAACTTCGTGCCAGCAGCCGCGGTAATACGAAGGGGGCTAGCGTTGCTCGGAATGACTGGGCGTAAAGGGCGTGTAG
GCGGTTTGTACAGTCAGATGTGAAATCCCCGGGCTTAACATGGGAGCTGCATGTGATACGTGCAGACTAGAGTGTGAGAGAGGGTTGTGGAATTCCCA
GTGTAGAGGTGAAATTCGTAGATATTGGGAAGAACACCGGTGGCGAAGGCGGCAACCTGGCTCATTACTGACGCTGAGGCGCGAAAGCGTGGGGAG
CAAACAGGATTAGATACCCTGGTAGTCCACGCTGTAAACGATGTGTGCTAGATGTTGGGTGACTTAGTCATTCAGTGTCGCAGTTAACGCGTTAAGCAC
ACCGCCTGGGGAGTACGGCCGCAAGGTTGAAACTCAAAGGAATTGACGGGGGCCCGCACAAGCGGTGGAGCATGTGGTTTAATTCGAAGCAACGCG
CAGAACCTTACCAGGGCTTGAATGTAGAGGCTGCAAGCAGAGATGTTTGTTTCCCGCAAGGGACCTCTAACACAGGTGCTGCATGGCTGTCGTCAGCT
CGTGTCGTGAGATGTTGGGTTAAGTCCCGCAACGAGCGCAACCCCTATCTTTAGTTGCCATCAGGTTGGGCTGGGCACTCTAGAGAGACTGCCGGTGA
CAAGCCGGAGGAAGGTGGGGATGACGTCAAGTCCTCATGGCCCTTATGTCCTGGGCTACACACGTGCTACAATGGCGGTGACAGTGGGAAGCTAGGT
GGTGACACCATGCTGATCTCTAAAAGCCGTCTCAGTTCGGATTGCACTCTGCAACTCGAGTGCATGAAGGTGGAATCGCTAGTAATCGCGGATCAGCA
TGCCGCGGTGAATACGTTCCCGGGCCTTGTACACACCGCCCGTCACACCATGGGAGTTGGTTTGACCTTAAGCCGGTGAGCGAACCGCAAGGACGCA
GCCGACCACGTCCGTAACGGTGGT
```

图9-11 16S rDNA序列

此序列可用于后续分析，如BLAST、构建进化树等。

习题

1. 比较Sanger双脱氧链终止法与新一代测序法(如Illumina、PacBio)测序原理的异同。

2. 为什么Sanger测序一般会在开始与结尾测序反应中出现低质量碱基？对本章Sanger测序结果的碱基质量进行检查，并根据峰图校正碱基，尤其是两向测序序列重叠部分的碱基要求一致。

3. 试比较3代测序技术的优缺点。

第10章 基因组学

双螺旋真是一个了不起的分子，现代人的历史大约5万年，文明大约出现在1万年前。美国的历史不过200多年。但是DNA与RNA的历史至少有几十亿年。双螺旋一直就存在，非常活跃。我们是地球上知道其存在的第一种生物。——Francis Crick

本章介绍了基因组学的基本概念、测序策略、基因组组装与注释等，并以大肠杆菌致病菌株为例说明基因组比较的分析方法。

◎导学案例

2011年5月，德国出现了由“肠出血性大肠杆菌”引发的“溶血性尿毒综合征”，迅速发生的疫情让4000多人染病，53人死亡。由于首先怀疑是一些人吃了黄瓜而致病，这一疫情又被称为“德国毒黄瓜事件”。在出现大量溶血性尿毒综合征病人后，德国和其他一些国家的研究人员马上投入到追查病原体的战斗中，并从病人体内分离到一株新的大肠杆菌O104:H4(图10-1)。仅用了一个月时间，德国研究人员和我国华大基因公司合作的基因组测序结果“产志贺毒素大肠杆菌O104:H4的开源基因组分析”就在网站上公布出来，并随后发表在NEJM网络版上。最终基因组与流行病学研究证明农场出产的豆芽是病菌源头。

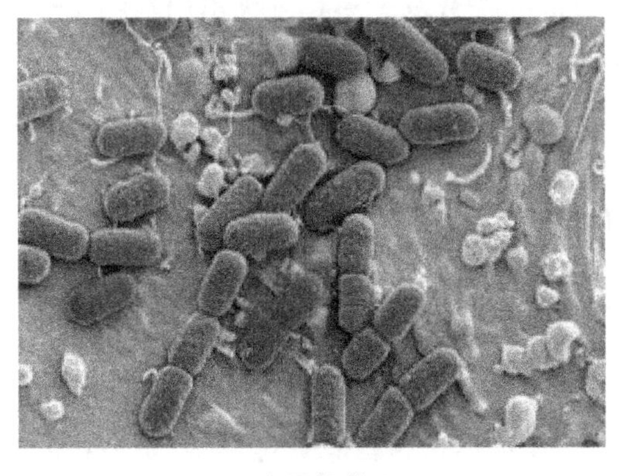

图10-1 大肠杆菌O104:H4

> 与它相似，大肠杆菌O157:H7是另一株高毒力的病原体，现在每年会导致数百次感染。人吞咽少至10个细菌细胞就可能致命。细菌感染使人致命的原因是细菌通常会从肠道扩散到肾脏，导致溶血性尿毒症综合征(hemolytic uremic syndrome)。什么使O157:H7菌株的毒力这么强？一个关键因素是它获得一种名为志贺毒素(Stx)的毒素基因，这种毒素不存在于其他大肠杆菌菌株中。Stx能结合人肾组织上的受体，但在牛肾中没有此受体，使这些动物成为细菌的无症状携带者。
>
> 病原菌的传播主要通过污染的食品与水等，主要污染肉、乳、水产品、蔬菜。因此对于这些食品最好要低温保存，并煮熟后才吃。西方国家喜欢吃沙拉等新鲜蔬菜，容易受病原菌污染。

基因组(genome)一词系由德国汉堡大学的Hans Winkles教授于1920年首创。最初是由"GENe"和"chromosome"两个词合并而成"genome"，用于表示生物的所有染色体组成上的全部基因的概念，即生物的整套染色体所含有的全部DNA序列。现在一般认为基因组指生物所具有的携带遗传信息的遗传物质的总和，包括所有的基因和基因间区域。

所谓基因组学(genomics)就是在基因组水平上研究基因结构和功能的科学。基因组学研究的内容包括基因的结构、组成、表达调控模式、基因的功能及相互作用等，是研究与解读生物基因组所蕴藏的生物全部性状的所有遗传信息的一门前沿科学。1986年，美国杰克逊实验室的遗传学家Thomas Roderick首次提出了基因组学的概念，但直到1990年"人类基因组计划(HGP)"启动才开始真正有系统地研究基因组以解码生命，而随后启动的"后基因组计划"进一步推动基因组学的发展。

一般基因组学研究可以分为三个子领域：

(1)结构基因组学(structural genomics)是以全基因组测序为目标，确定基因组的组织结构、基因组成及基因定位的一个分支学科。基因组的结构主要指核酸分子中不同的基因功能区域各自的分布和排列情况，其功能是储存及表达遗传信息。

(2)功能基因组学(functional genomics)是以基因功能鉴定为目标，利用结构基因组所提供的信息，通过各种实验手段在基因组水平上全面分析基因的功能，使得生物学研究从对单一基因或蛋白质的研究转向对多个基因或蛋白质同时进行系统的研究。

(3)比较基因组学(comparative genomics)是指通过对多个物种已知的基因和基因组结构进行比较，进一步理解基因的功能、表达机理及生物进化的学科。例如，人与黑猩猩的DNA序列的相似度高达99%，因此推测两者表型的差异很可能是由其基因组的调控序列差异造成的。不同种类生物储存的遗传信息量迥异，其基因组的结构和组织形式也不同。对亲缘关系较近的基因组间相似性的研究为认识基因结构与功能等细节提供了参考，而较远亲缘关系的基因组比较则有助于揭示生物演化的普遍性机制。

基因组学属于遗传学的一个分支，但它不同于遗传学。因为遗传学一般只研究单个基因或一组基因的性质，而基因组学是系统地研究基因组信息，试图解决生命科学的重大问题。2003年人类基因组测序成功标志着生命科学研究进入基因组学和系统生物学时代。

研究细胞、组织或整个生物体内某种分子(DNA、RNA、蛋白质、代谢物或其他分子)的所有组成内容,称之为组学(omics)。组学研究包括对基因组及基因产物(转录组和蛋白质组等)的系统生物学研究。因此,基因组学研究必然需要生物科学与其他学科的交叉合作,进而从基因组信息中挖掘生命现象的内在变化规律和相互关系。

10.1　基因组测序策略

经过多年的发展,基因组测序方法已经得到长足的改进。但由于测序技术限制,DNA测序得到的序列(reads)长度远远小于整条DNA长度,还不能直接对全长DNA进行测序,需要先将基因组DNA打断成小片段进行测序。目前,基因组测序的策略主要分为两类,即逐步克隆法(clone by clone)和全基因组鸟枪法(whole genome shotgun,WGS)。逐步克隆法和全基因组鸟枪法的测序原理如图10-2所示。如果将基因组比作一幅图,基因组测序有点像拼图游戏。逐步克隆法先将整幅大拼图分成若干小图,再先拼每一个小图,然后将所有小图拼成一整幅大图;而全基因组鸟枪法则是从一开始便将大图随机打碎,再直接重新拼成一整幅大图。

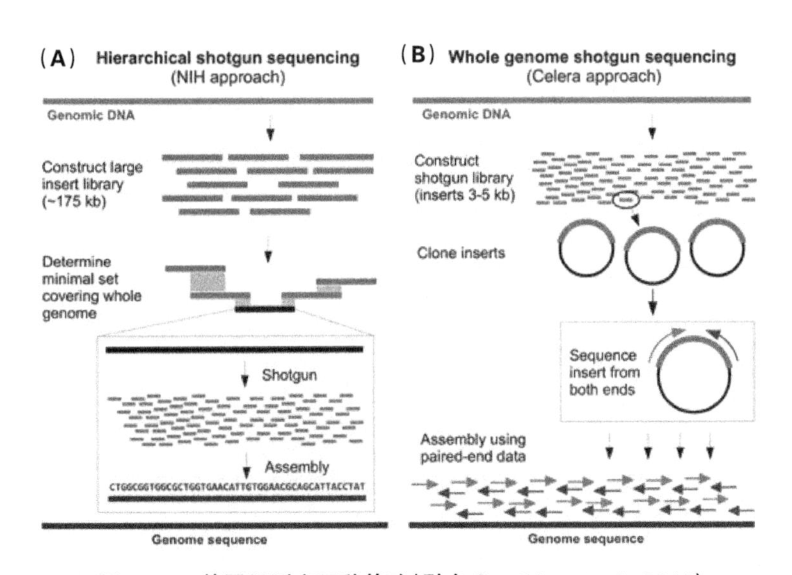

图10-2　基因组测序两种策略(引自Gauthier,et al.,2018)

10.1.1　逐步克隆法

先将全基因组序列制备大片段克隆文库,如细菌人工染色体载体(bacterial artificial chromosome,BACs)的克隆能力可达120kb,而酵母人工染色体(yeast artificial chromosome,YACs)的克隆能力可达到1Mb,并通过物理图谱上的位点进行克隆片段的筛选,尽量保证大片段克隆文库覆盖全基因组的所有碱基。之后将所筛选的大片段克隆文库里面的序列进一步打断成小片段进行质粒克隆测序。测序完成后，将测序结果先拼接成大片段，再由这些大片段组装成基因组(图 10-2(A))。该方法用于人类基因组计划及一些模式生物的基因组测序。这种方法的优点是测序结果准确可靠，但由于全基因组遗传图谱和物理图谱的构建不仅非常困难，而且耗时耗力，有明显的局限性。

10.1.2 全基因组鸟枪法

全基因组鸟枪法(whole genome shotgun sequencing，WGSS)的基本原理是直接将全部基因组DNA打断成小片段后进行克隆测序，获得大量的测序序列，然后再利用高性能计算机将这些测序序列拼接起来，重新组装成一个完整的基因组(图 10-2(B))。该方法省去了制作物理图谱的烦琐过程，具有经济、快速和高效的优点，但对序列拼接算法和计算机硬件要求非常高。以卡特·文特尔(Craig Venter)为首的私人测序公司采用这种方法进行人类基因组测序。全基因组鸟枪法结合二代测序技术是目前最通用的基因组测序方法。

WGSS法最大的挑战在于盲目测序过程。由于没有办法预先知道测序克隆内包含什么DNA序列，可能有大量相同的DNA片段会被重复测序。且一般用于基因组测序的DNA有许多拷贝，为了保证整个基因组的每个核苷酸至少能被测到一次，必须要进行大量DNA小片段的测序，使每个碱基都有足够的覆盖度(coverage)，进而拼接出完整的DNA序列(图 10-3)。如果测序数据不足，有些基因组序列可能没有测到，会留下空位(gap)。

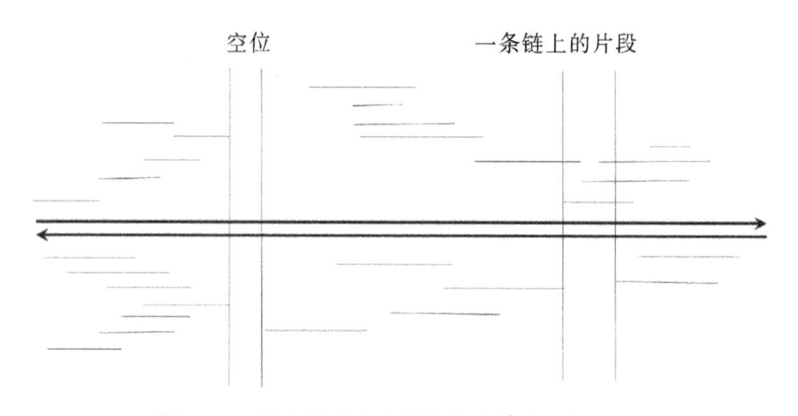

图 10-3 将鸟枪法产生的片段连接成一个 DNA

要保证所有DNA序列都被测到一次，至少需要测多少数据量是鸟枪法测序最关键的问题。最早Eric Lander与Michael Waterman提出一个数学模型用于估计一个理想化的基因组的最低测序量。此模型假定基因组DNA被随机打断，而且全基因组鸟枪法测序的DNA片段服从泊松分布。我们可以估计一个基因组中一个核苷酸没有被测序的概率P_0为：

$$P_0 = e^{-c}$$

其中c是基因组覆盖度(coverage)，c的计算公式为：

$$c = L \times N / G$$

其中L是DNA测序读段的长度，如Sanger法顺序长度为1000bp左右；N是长度为L的DNA测序读段(reads)的数量；G是基因组的长度。

通过上面两个公式，为了使一个基因组的99.99%区域被测到，我们可以估算需要测序核苷酸的最少数量。

首先，通过公式转换得到覆盖度c的计算公式：

$c=-\ln P_0$

然后，如果希望没有测到基因组中的任何一个核苷酸的概率只有0.01%，即

$P_0=1-0.9999=0.0001$

覆盖度$c=-\ln 0.0001=9.2$

因此，为了使一条DNA序列所有核苷酸都被测序的概率为99.99%，总共需要测序的核苷酸数量为覆盖度乘以基因组的总核苷酸数量。这里我们以流感嗜血杆菌(*H. influenzae* Rd)基因组(其大小1830137bp)为例：

总测序量=9.2×1830137≈16837260nt

即当核苷酸测序数量为16837260nt时，*H. influenzae* Rd基因组的99.99%序列已经被至少测到一次。假设采用一代Sanger法测序，每个read长度为1000bp，则需要测定的read数量至少为16838个。一般全基因组鸟枪法测序要有较高的覆盖度(8×～10×)才能拼接出完整的基因组。

10.2 基因组组装与注释

10.2.1 基因组组装

在基因组学中，读段指单次测序反应所获得的短片段序列。由于当前测序技术的限制，一般测序读段的长度都低于1000bp，如Sanger法测序所得读段的长度为800bp，而二代测序平台的读段长度一般只有100～200bp。一般生物的染色体长度都在1Mb甚至100Mb以上，因此测序时需要将基因组打断成短片段，建立测序文库，测序完成后又必须将短片段测序结果拼接成染色体。

组装(assembly)指通过利用一代或二代测序所得的多个读段之间的相互重叠(overlap)关系进行短序列的延长，直至无法进一步延长，得到连续序列(continue sequences)，或又称重叠群(contigs)。重叠群是指一段所有碱基都明确的DNA序列。基因组组装是一个非常困难的问题，特别对NGS测序的短序列reads，由于错误率较高(＞1%)，重叠序列还要考虑测序错误，如图10-4中突出显示的G核苷酸就可能是测序错误。覆盖度(coverage)显示重叠群中的每个核苷酸已被测序的频率，可作为组装质量的一个重要指标。通常较高的测序覆盖度可克服测序随机错误对组装的影响。如图10-4中与突出显示的G碱基位点匹配的序列此处大多是C碱基，可确认G碱基是测序错误。

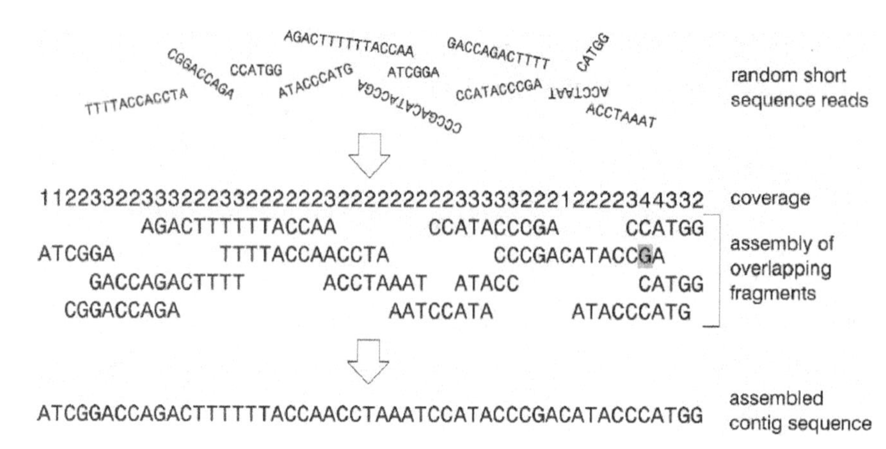

图 10-4　基因组组装(引自 Caroline, et al., 2015)

由于染色体的重复序列及测序错误等因素,组装结果的长度往往有限,只能得到多个Contigs,此组装结果为基因组草图。如果需要拼接至完整的染色体,需要进一步建大片段文库进行测序,以确定重叠群之间的顺序并修补空缺(gaps)。更多从头测序组装方法参见本书相关章节。

10.2.2　基因组注释

基因组注释(Genome annotation)指利用生物信息学方法与工具,对基因组所有的基因和其他结构信息进行预测,并注释它们的生物学功能。准确的基因组注释对于后续的功能基因组学研究至关重要。一个完整的基因组注释需要鉴定出基因组中包含的各类生物学功能元件,如编码蛋白质的基因、非编码 RNA(ncRNA)、重复序列(repeats)和假基因(pseudogene)等,并尽可能地确定基因组中所有核苷酸序列的生物学功能。

蛋白质对生物体的生命活动具有十分重要的作用。蛋白质编码基因的注释是基因组注释的最主要研究内容。蛋白质编码基因的注释一般可分为基因预测(gene prediction)与基因功能注释(functional annotation)两个方面。基因组组装完毕后即可进行基因预测与基因功能注释。基因预测指通过DNA序列的信息来确定基因结构,即根据生物体内基因的转录和翻译的信号特征来识别基因。例如编码蛋白质的基因包含由一系列的三联密码子组成的开放阅读框(ORF)。ORF以一个起始密码子(通常是ATG)开始,以一个终止密码子(TAA、TAG、TGA)结束。ORF的平均长度随物种而改变,如在*E. coli*中ORF的平均长度是317个密码子,而在酵母菌中的平均长度是483个密码子。大多数的ORF长度都大于50个密码子,通常寻找基因会搜寻至少100个连续的密码子串。这种ORF搜寻方法对原核生物非常有效,因为原核生物基因无内含子,基因间序列短,很少有重叠基因等。但很难用这种方法预测高等真核生物的ORF,因为高等真核生物的基因通常由外显子与内含子组成,内含子容易出现终止密码子使基因断裂(图10-5),而且基因间有大量的非编码序列等。除了起始密码子与终止密码子,真核生物基因识别往往需要其他信号,如密码子偏倚(codon bias)、转录调控区(TATA框,CpG岛)、内含子的剪切规则(GU-AG)等。密码子在特定生物体的基因中的

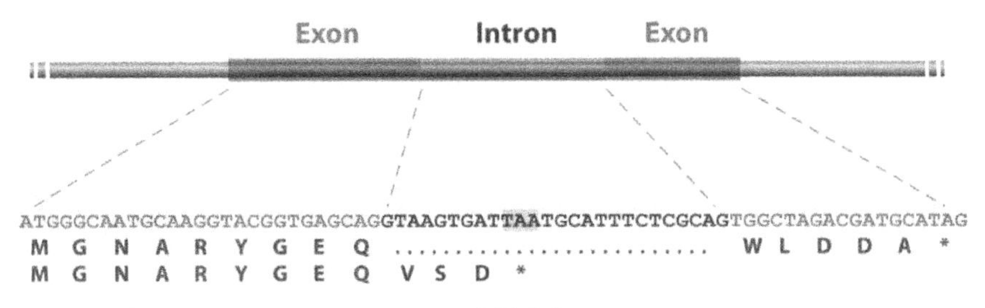

图10-5 真核生物ORF

使用频率是不同的。如酵母中精氨酸的6种密码子中,48%为AGA,因此我们预期真正的外显子是有密码子偏倚现象。而非编码区的三联核苷酸是随机排列,碱基平均分布,不会有密码子偏倚现象。基因预测软件可根据已有的生物密码子偏倚的信息预测基因序列,不同的物种有不同的密码子偏倚,所以许多基因注释程序会写明适用于哪些物种。

目前已经开发了多种基因预测方法,如GeneMark,Glimmer,AUGUSTUS等。Glimmer是常用的微生物基因预测软件,它采用隐马尔科夫(Hidden Markov Model,HMM)算法从"训练"基因数据集中学习基因模型,并用于预测组装序列中的所有可能基因。Glimmer使用简单,可以下载至本地安装运行,也可以把组装后的序列文件(如scaffolds.fasta)上传到NCBI的基因预测网络服务器,自动进行基因预测。Glimmer软件包含有一系列软件,Glimmer3用于细菌的预测,NCBI的RefSeq数据库中的细菌基因组主要是采用Glimmer3进行注释。GlimmerHMM用于真核生物的预测,而Glimmer-MG用于宏基因组预测。软件Glimmer对细菌基因组的基因预测已经比较准确,但对真核生物的基因预测效果还有限。

由于原核生物的基因结构比较简单,目前基因预测算法已经可以对原核生物基因组进行方便又准确的基因预测,如另一个著名的基因预测工具Prokka,只需要10分钟就可以完成一个细菌基因组的基因注释。然而,大多数真核生物具有复杂的基因结构(如外显子-内含子结构),目前的注释算法仍很难预测每个基因的准确外显子-内含子结构。目前AUGUSTUS是公认最准确的真核基因预测软件。

基因预测得到了基因的结构信息,但是基因的生物学功能仍然未知,因此需要进行功能注释分析。基因注释过程简单说就是通过将待注释序列与数据库中已知功能的序列进行BLAST比对分析,依据序列的相似性初步判断其具有相似的功能。常用的功能注释数据库有GenBank的NR(non-redundant),Swiss-Prot,InterPro,COG(Clusters of Orthologs),GO(Gene Ontology)及KEGG等。随着生物信息技术的发展,特别是通过整合不同的计算和实验方法,研究者已经越来越能够进行比较全面而准确的基因组注释了。

10.3 模式生物基因组

模式生物是人们研究生命现象过程中长期和反复作为研究材料的物种,如酵母、果蝇、线虫、拟南芥等。模式生物的种类较多,以下简要介绍几种经典的模式生物基因组的基本概况。

10.3.1 噬菌体 ΦX174

病毒(virus)是一类原始的、有生命特征的、能自我复制和专性细胞内寄生的无细胞生物。病毒基因组的大小变化很大,小的3.5kb(如噬菌体),大的560kb(如疱疹病毒)不等。病毒基因组由相对独立的多个片段组成,可以编码5~100个基因,一般比较紧凑,大多病毒有重叠基因(overlapping gene),即一段DNA序列可编码两个或两个以上的基因。噬菌体ΦX174的基因组是一条单链环状DNA分子(图10-6),其复制起点位于大约10点钟的位置。当噬菌体进入细菌细胞内就会进行DNA复制,产生大量的双链DNA(dsDNA),后再分离成单链DNA用于新噬菌体的组装。ΦX174的基因组包含11个基因,分别以字母按以下顺序命名:A-A*-B-K-C-D-E-J-F-G-H。这些基因的功能大多已经被研究清楚。如基因A与C功能为在细菌内分离双链DNA;基因B,D和J用于噬菌体的组装;基因F,G和H编码噬菌体的外壳蛋白;基因E功能为溶解宿主,释放噬菌体。

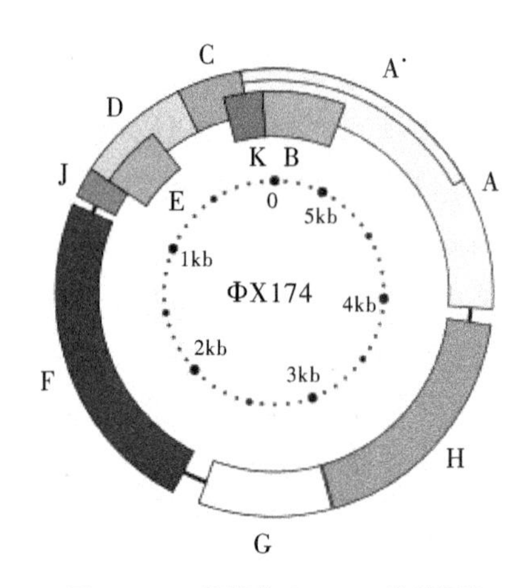

图10-6 噬菌体ΦX174的基因组

病毒一般具有较高的突变率,这是流感病毒逃避人类免疫系统的攻击,几乎每年都能引起大范围流感的主要原因。而且RNA病毒的RNA聚合酶一般缺乏校正能力,导致基因组的突变率比DNA基因组高100万~1000万倍。除了高突变率,许多病毒的复制速度也非常惊人,如一个艾滋病病毒感染的个体一天能产生10亿个病毒颗粒。病毒经常处于强大的选择压力下,如宿主的免疫反应或抗病毒药物作用等。因此,艾滋病病毒快速的突变与复制可确保有些病毒株能经受环境的选择而存活下来。

10.3.2 大肠杆菌

大肠杆菌(*Escherichia coli*)是肠杆菌科埃希氏菌属的一种革兰阴性菌,周身鞭毛、无芽孢。*E. coli* 为人类和动物肠道中常见的共生菌,大部分菌株无害。自从德国的Theodor

Escherich在1885年发现*E. coli*以来，它一直被当作正常肠道菌群的组成部分。但有些血清型菌株为致病菌株，如肠出血性大肠杆菌（EHEC）中的O157:H7有较强致病性。

*E. coli*是微生物遗传研究的重要模式生物，具有遗传背景清楚、操作简单、转化率高、生长快等优势。目前已经完成基因组测序的*E. coli*至少有100多株。最早完成基因组测序的菌株是*E. coli* K-12 MG1655，它是非致病性大肠杆菌的代表菌株。*E. coli* K-12的基因组为环状双链分子（dsDNA），大小为4.6Mb，其中87.8%为蛋白质编码基因序列，0.8%为RNA基因序列，0.7%为非编码的重复序列，其余为调控序列或功能未知的序列。*E. coli* K-12基因组含有4288个编码基因，其中1853个基因的功能已经被生物学研究确定，其他是通过生物信息学分析注释的基因。

E. coli K-12基因组的复制起点位于3.9—3.95Mb。研究发现，大肠杆菌基因组重复序列的排布可能与DNA的复制相关。例如，多拷贝重复排列的rRNA基因（rrn）位于环状染色体的中部，这个位置包含已知的DNA复制起始位点oriC，并且rrn操纵子的转录通常朝着远离复制起始位点的方向进行。

10.3.3　酿酒酵母

酿酒酵母（*Saccharomyces cerevisiae*）是与人类关系最为密切的一种微生物，常用于传统发酵食品，如面包、啤酒等的酿造。酿酒酵母是已知的最简单的单细胞真核生物之一。与人类细胞相似，它的细胞内有细胞核和其他特化的胞内组分。与大肠杆菌类似，酵母菌容易培养，生长周期仅为70分钟左右，同时有单倍体（haploid）和二倍体（diploid）形态，且没有致病性，因此酿酒酵母被作为模式真核生物之一。然而，现已发现一些酿酒酵母菌株（如YJM菌株）具有致病性。

酿酒酵母是第一个完成基因组测序的真核生物。1996年，国际上联合100多个实验室完成了酿酒酵母全基因组测序。酿酒酵母的基因组大小约为12Mb，由16条染色体组成。染色体长度变化较大，如染色体Ⅵ有1352kb，而染色体Ⅰ仅有230kb。酿酒酵母的基因组是大肠杆菌的3.5倍，但不到人类基因组的1/10。很多酿酒酵母菌株含有一个或多个质粒。

酿酒酵母的基因组相对紧凑，基因区域占整个基因组序列的72%。与更复杂的真核生物相比，它的重复序列较少。基因预测表明酿酒酵母大约含有5885个蛋白质编码基因，在蛋白质编码基因中，有4777个是已知功能的基因，并约有1/3的酵母蛋白与人类蛋白有同源性。内含子极少，只有约0.4%的编码基因（231个基因）有内含子，而且大多为rRNA基因，并且内含子通常位于靠近rRNA基因的起始位置。然而，另一种相关的酵母菌，粟酒裂殖酵母（*Schizosaccharomyces pombe*）的基因中却含有较多的内含子。

酿酒酵母含有许多非编码蛋白质的RNA基因。位于染色体Ⅻ上的一段串联重复，编码了120个核糖体RNA（rRNA）基因拷贝。酿酒酵母基因组编码40个核内小RNA（snRNA），275个转运RNA基因（tRNA），其中的1/3含有内含子。

酿酒酵母的基因组是第一个被证明在演化史上经历全基因组加倍的真核生物。约在一亿五千万年前，酵母发生了一次全基因组复制。随后发生了重复DNA片段的易位

(translocation),其中的一个基因拷贝几乎全部丢失(约92%)。

10.3.4 人类基因组

人类核基因组的DNA大小约3.2×10^9 bp(3Gb),分布在24条长度不一的染色体,最长的染色体为250Mb,最短的为38Mb。24条染色体中,22条为常染色体(autosome),2条为性染色体,即X染色体与Y染色体。除了21与22号染色体因历史原因而例外,人类常染色体基本以大小编号。成人身体有大约2×10^9个细胞,每个细胞都含有相同的基因组拷贝,只有某些特别类型的细胞(如终极分化状态的血红细胞)缺少细胞核。绝大多数细胞为二倍体,每一个细胞有2组常染色体,男性细胞有一个X和一个Y染色体,女性细胞则有2个X染色体,总数为46条染色体。二倍体细胞称为体细胞,单倍体细胞称为性细胞或配子(gamete)。单倍体细胞含有一组常染色体及一个性染色体。

据不完全估计,人类基因组有2万个左右蛋白质编码基因。跟细菌的基因不同,人类基因组的蛋白质编码基因是不连续的,被内含子分隔开的"断裂基因"。人类编码基因平均约有9个外显子,8个内含子,外显子的平均长度约135bp(一般小于800bp),内含子的平均长度为3365bp(从30个碱基到几万个碱基不等)。因此,一个基因的编码序列只有基因总长的5%左右。

早在人类基因组测序完成之前,我们就已经发现基因组上大部分区域(超过95%)是不会直接编码蛋白的。由于不知道这部分基因组有什么功能,称之为"垃圾DNA"。通过比较不同物种的基因组,我们发现人类基因组上有4%~7%部分在很多哺乳动物的基因组上都存在,这种进化保守现象表明"垃圾DNA"中有一部分可能有重要的功能。随着新的生物技术应用于非编码区的研究,我们发现"垃圾DNA"中有许多功能元件。

关键的非编码基因组元素包括:

• 非编码RNA(ncRNA):人类基因组的大部分区域(>75%)是可转录,但不能翻译成蛋白质的非编码RNA序列。ncRNA在基因组上有很多功能,比如调控基因表达(例如miRNA)和保持染色体结构稳定(例如端粒酶RNA)。

• 假基因:假基因是指曾经在古物种中行使某个功能,但现在已经没有功能的古基因,只是积累随机突变带来的遗传噪声。据Ensembl数据库的统计数据,人类基因组有13430个假基因,数目几乎接近真基因的三分之二。

• DNA重复序列:存在大量重复序列是人类基因组的最重要特征之一,人类基因组50%以上区域含有重复序列,其中60%~80%是中度与高度重复序列(小卫星DNA或微卫星DNA)。长散布重复序列(LINE)与短散布重复序列(SINE,如Alu)分别占整个基因组的21%与13%。这些重复序列可能来自DNA复制错误,也有些重复序列可能在物种进化中有重要作用。

• 反转座子(retrotransposon):反转座子序列的两个末端含有约700bp的重复序列。最近的研究表明,人类基因组上有很大的比例(~25%)的DNA是反转座子。人类基因组上有约8%是来自人类内源性反转录病毒(HERV)的反转座子DNA。研究人员认为这些病毒反座子对于哺乳动物,尤其是人类的基因组进化有很大的影响。

除了核基因组,人类基因组还包括线粒体基因组。线粒体是细胞中提供生理生化反应所需能量的场所。人类线粒体基因组为一环状DNA分子(mitochondrial DNA,mtDNA),长度为16568bp,每个细胞平均800个线粒体,每个线粒体含有2~10个基因组拷贝。

10.4 微生物基因组比对与可视化

人体为细菌繁殖提供了营养丰富的环境,包括皮肤、呼吸道、消化道(口腔、大肠)、尿道和生殖道等。据估计,每个人身上的细菌数目超过自身的细胞数目。大多数情况下,这些细菌对人体是无害的。然而,有些细菌在一定条件下能够导致感染,甚至带来灾难性的后果。另外,由于大量使用抗生素导致细菌的耐药性增强,因此亟须发现细菌的毒性因子(virulence factor),以能开发相应的治疗疫苗。毒力因子(图10-7)一般包括:

- LPS(脂多糖)、荚膜:保护细菌表面。
- Ⅲ型分泌系统:细菌向真核细胞内输送毒性基因产物的效应系统。
- 黏附素(CFA、AAF、BfP、紧密素、Ipa等):黏附细胞表面。
- 外毒素(Stx、ST、LT等):最主要毒力因子。

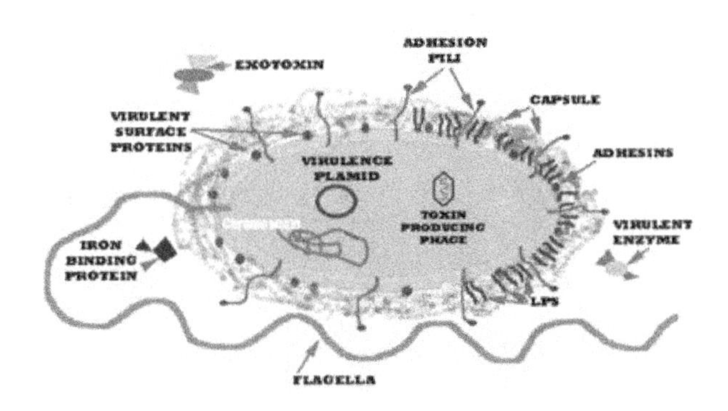

图10-7 细菌的毒力因子

大多数大肠杆菌(*E. coli*)是人体肠道中的正常菌群,对人体无害,如菌株*E. coli* K12。但有些*E. coli*为人类致病菌,主要有肠产毒性大肠杆菌(ETEC),肠出血性大肠杆菌(EHEC),肠侵袭性大肠杆菌(EIEC),肠致病性大肠杆菌(EPEC)。EHEC的主要代表菌株是血清型O157:H7,其主要致病物质为志贺样毒素(Shiga toxins);大肠杆菌K12与大肠杆菌O157:H7在大约4.5亿年前发生分歧。测序并比较这两个基因组,发现它们共同的基因组序列有大约4.1Mb,但大肠杆菌O157:H7比大肠杆菌K12长了859000个碱基对。大肠杆菌O157:H7多出的序列,大部分是通过基因水平转移得到的。比较细菌的致病菌株与非致病菌株的基因组差异,有助于研究细菌的毒性因子。

本例对三株肠道大肠杆菌的全基因组序列进行比对,并分析致病菌株的可能致病因子。其中一株产志贺毒素的大肠杆菌O104:H4是导致2011年德国出现"肠出血性大肠杆菌"引发的“溶血性尿毒综合征”疫情的病原菌株。

10.4.1 基因组数据

从NCBI的genome数据库下载3个*E. coli*(*E. coli* K12、O157:H7、O104:H4)的基因组DNA序列,要求下载GenBank格式注释文件(.gbk)。

将这三个基因组数文件存放于一个目录,要求目录必须用英文名,不然Mauve不能正常读取文件,运行会报错。本章末二维码提供三个基因数据下载网址。

10.4.2 安装Mauve程序

可从Mauve官网下载并安装Mauve软件。

由于Mauve是由Java语言开发的软件,运行Mauve进行序列比对前,电脑必须先安装Java运行环境(JRE)。目前Java8是长期支持版本,为了避免可能不兼容问题,请安装此版本JAVA。

10.4.3 Mauve比对分析

(1)启动Mauve程序,从Mauve程序”File”菜单,选择“Align with progressiveMauve…”,出现“Align sequences”窗口(图10-8);

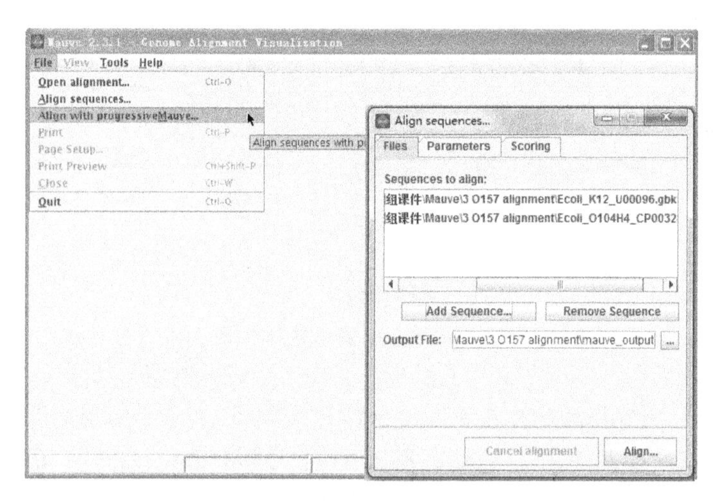

图10-8 Mauve界面

(2)再点击“Align sequences”窗口中间的按钮“Add Sequence…”,选择需要比对的基因组序列,导入序列用于比对。

重复上面步骤,添加其他需要比对的基因组序列,本实验分别添加3个大肠杆菌基因组(*E. coli* K12、O157:H7、O104:H4)。(注:通过按Shift键可以全部选中文件,一次导入。)

(3)最后还要指定比对输出结果文件的名称。点击“Output file”输入框右边的按键”…”,在跳出框中选择输出文件的存放文件夹,并输入一个文件名称(如mauve_ecoli),后点“确定”

保存。

(4)点击“Align…”按钮开始序列比对。这时程序出现一个控制台窗口“Mauve Console”,显示序列比对的过程,及程序的错误信息等。*E. coli*基因组的比对时间可能为20分钟左右,跟电脑的CPU性能有关。

> 如果程序报错,请检查下面内容:
>
> • 输入的文件的格式是否正确,序列文件可以是FASTA格式或GenBank格式(含有基因注释信息)。
>
> • 数据所在的文件夹是不是英文名称。因为软件mauve不能正确读取中文目录的内容。如果目录用了中文名,请先把目录改成英文,再选择已导入的数据,通过remove sequence按钮删除数据,后重新导入数据。

(5)当基因组比对结束,Mauve的可视化窗口将显示比对结果(图10-9)。结果图中彩色的区块代表与其它基因组有同源序列的区域,又称作 local colinear blocks(LCB)。末端红色竖线代表基因组(或contig)的边界。每一行的黑线代表一个菌株(菌名显示在每行的左下角),LCB可能在线条的上方或下方,代表正链或负链。每行前面的上下箭头可以上下调整基因组的排列位置。(注:为了简化图像,可以通过菜单View->Style->取消“LCB connecting lines”。)

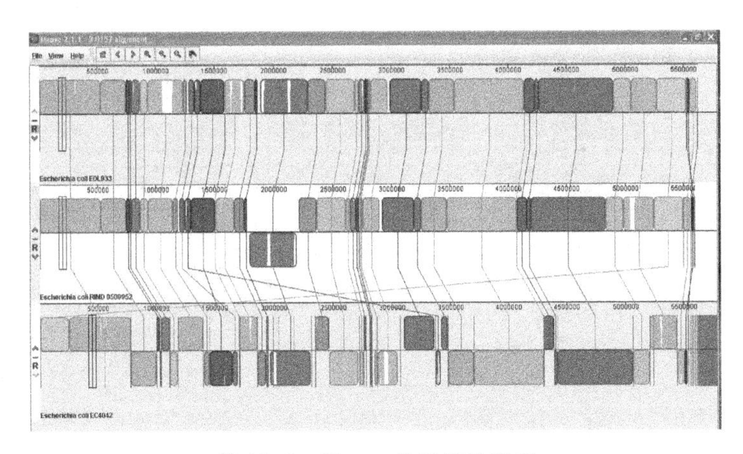

图10-9 Mauve比对结果窗口

(6)Mauve可以导出当前视图为图片:选择菜单Tools->Export->Export image…,或使用快捷键Ctrl+E,并给要保存的文件指定一个名称。

(7)基因组比对结果的分析。基因组比对可视化结果中,白色区域代表这个序列为这个菌株中特有的序列,没有其他菌株同源的序列。通过分析这个白色区域的基因,可以确定菌株特有的基因。

1)首先点击Home图标回到基因组比对的原始视图。

2)鼠标点击基因组中白色区域(没有彩色块LCB),并双击对齐比对位置。通过工具栏中的前后箭头移动此区域到屏幕中央。后通过多次放大直到显示LCB下面的黑框(图10-10),这些黑框代表预测的基因,即阅读框(ORFs)。

3)鼠标移动到某个ORF可以显示一个跳出窗口,并显示基因的信息。如图10-10显示此ORF为IncI1 plasmid genes。利用此方法,你可以查看所有在K12基因组中存在,但不存在于其他菌的基因或区域。

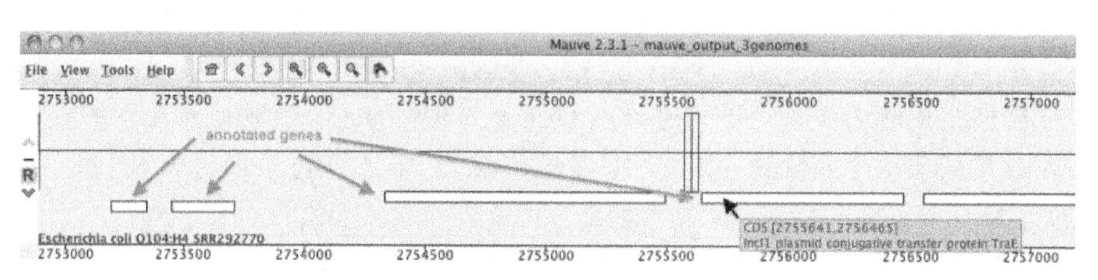

图10-10 ORF注释框

4)现在把鼠标移动到一个ORFs(如iha:irgA homolog adhesion),单击此ORF,并从跳出的窗口中选择"View CDS iha …",就可以链接到NCBI网页查看这个基因的所有注释信息。通过查看这些注释说明,判断这个基因跟毒性(virulence)有关。

(8)寻找基因组特征。在窗口点击"home"返回,点击工具栏中的寻找基因组特征图标,在跳出的"Sequence Navigator"窗口填写要查找的基因的信息(比如名字Stx),然后点击"Search"。可以在结果中查看Stx基因是否存在于这三个基因组中,如图10-11所示,志贺样毒素(Shiga toxins)基因只存在于O157:H7菌株。

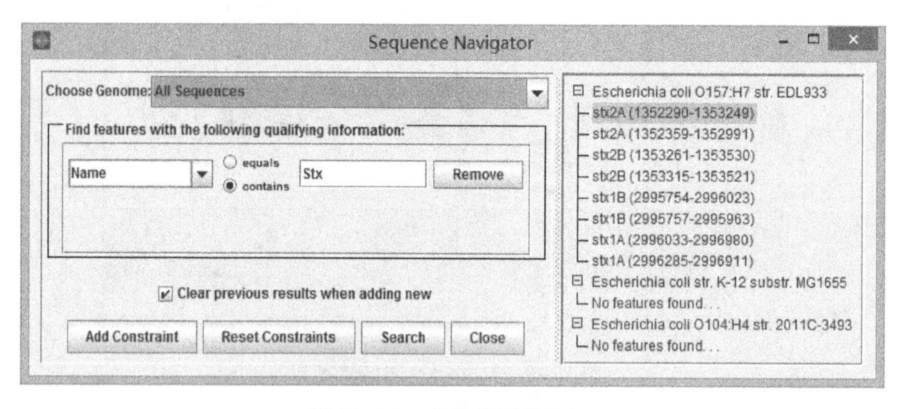

图10-11 查找基因组特征

(9)查找只在部分菌株中存在的基因组区域。

1)先按"home"按钮返回主界面,再通过菜单视图(view)选择"Color Scheme"为"Backbone color",而Style的设置如图10-12所示。

2)将模式从LCB切换为"Backbone color"后,不同的颜色代表只在其中两个基因组中保守的区域。从图10-11中可以看到K-12和O157:H7基因组存在显"红色"的区域(红色箭头指向的黑框)，而O104:H4不存在此区域(红色箭头指向的一条竖线)。另外，绿色代表只在K-12和O104:H4存在的基因组区域；黄色代表只在O104:H4和O157:H7存在的基因组区域。

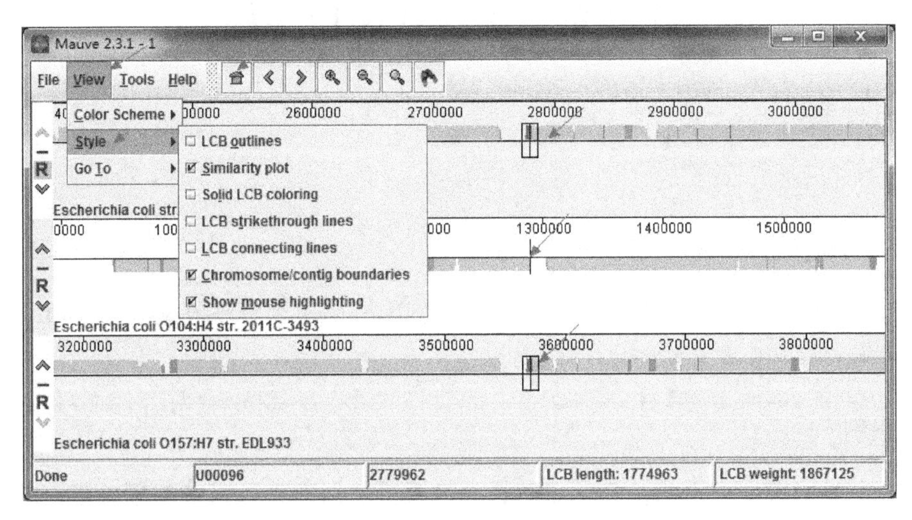

图10-12　只在部分菌株中存在的基因组区域

习题

1. 全基因组鸟枪法测序中，如果要使*H. influenzae*基因组的99.75%序列都被至少测序一次，需要测多少核苷酸数据量？

2. 由上面3个*E. coli*菌株基因组的Mauve比对结果，试回答以下问题：

(1)利用三个基因组比较结果，鉴定某个*E. coli*致病菌株独特的基因组区域(island)，并简要描述处于这个基因组区域的基因产物(要求显示分析区域的图片)。

(2)同上，鉴定两个病原*E. coli*菌株中共有，在另一菌株中不存在的区域，并简要描述处于这个基因组区域的基因产物(要求显示分析区域的图片)。

(3)综上分析，你觉得哪些区域与病原菌株的致病性有关，或是可能的致病因子？

(4)选择一个可能是致病因子的序列，通过BLAST搜索此致病因子在其他细菌或古菌中的同源基因，并以表列出前5个最佳比对序列，含基因、物种名称及相似度(%)。

第11章　下一代测序基础

千里之行，始于足下。——老子

本章简要介绍下一代测序实验的基本流程及Illumina平台测序的原理，并以实例介绍了NGS数据格式与数据质量控制的方法。

◎导学案例

一个人类健康实验室的生物学家做了大量人群的高通量基因组测序与蛋白质组等组学试验。他把数据交给生物信息学家，并请他分析一下，能否找到能保证人健康一生的关键因素。生物信息学家用这些数据建立了各种数学模型，在做了大量计算工作后，终于得到了结论：若想健康一生，要具备两个关键因素：一是要有健康的父母；二是要死得早(find good parents, and die young)。

这个结论听起来很有道理，逻辑性也很强。所谓健康一生，就是一辈子不生病。那就需要有健康的父母保证有好的遗传开端，而早死就保证在任何疾病发生以前就结束生命。

然而，这个结论不用高通量测序和生物信息学分析，只要人们用常识思考也一样可以得到，所以花百万美金几年时间做实验，很可能得到一个没有什么价值的结论。

这个笑话提醒我们在大数据时代也需要有假设驱动的科学研究(hypothesis-driven research)。因为一般认为基因组大数据研究是数据驱动(data-driven)的研究，可以不用预先提出假说，先做实验，然后让数据来提假说。可是，如果预先不想好问什么问题，设计好实验，最后实验和分析只能得到很荒唐的结果。

下一代测序(next generation sequencing, NGS)，又名高通量测序(high-throughput sequencing, HTS)，是相对于传统的桑格测序(Sanger sequencing)而言的DNA测序方法。高通量测序技术提高了测序通量(产出数据量)与测序速度，使得测序的费用与时间大幅降低，不仅为我们提供了丰富的遗传学信息，而且为个性化医疗的临床诊断打开了新的窗口。基因组DNA或转录本RNA进行NGS测序一般需要多个步骤，包括样品准备、核酸提取、文库制备、上机测序及后续数据分析等(图11-1)。下面重点介绍Illumina测序平台中的几个重要步骤。

图11-1 NGS一般流程

11.1 NGS测序文库制备

下一代测序首先要提取样本中的DNA或RNA构建文库(图11-2)。DNA或RNA一般要先可用超声破碎或酶切处理等方法打碎成小片段。注意,这些方法可能随机性不够好,如DNA末端(C碱基)处容易断裂。DNA片段化后一般要进行片段大小选择(size selection),通过凝胶电泳分离后割胶回收特定长度条带,以收集合适大小的片段。

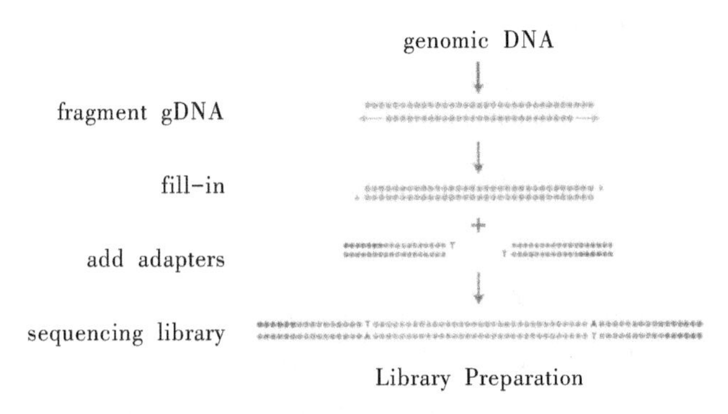

图11-2 测序文库构建流程

文库构建的一个关键步骤是在DNA片段的两端加接头(adapter)。如果样本是RNA还需要先反转录成cDNA再加接头。双链DNA随机打断片段末端可能不平整,需要先用klenow酶补平,再通过腺苷化在双链DNA两个3'端产生3'-dA尾,防止DNA片段自连接。然后与含有5'-dT的接头连接。接头序列由多种不同元件组成(图11-3),主要的作用如下。

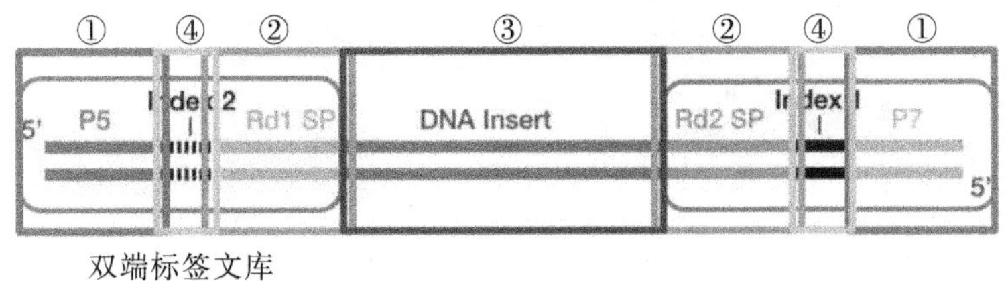

双端标签文库

①与流动槽(flow cell)结合的区域
②read 1和read 2测序引物结合的区域
③插入片段
④标签序列区域(index)

图11-3 双端测序接头序列

(1)锚定序列(P5/P7),用于锚定DNA片段到固体支持物上,如玻璃片或磁珠,并在其上进行测序反应。

(2)通用的测序引物序列(Rd1 SP/Rd2 SP),用于每个DNA插入片段的测序反应。

(3)标签序列(Index1/Index2),用于混合多个样本一起测序时作为区分标签(barcode)。

虽然不同的测序平台都有自己特殊的接头序列,但它们的作用相似。测序接头连接后,DNA模板可以通过接头上的PCR引物进行PCR扩增富集DNA模板量,而有些平台不需要PCR扩增富集就可以测序。

DNA片段可以只测定一端的序列,称为单端测序(single end sequencing,SE),或从DNA片段两端进行测序,称双端测序(paired-end sequencing,PE)。双端测序可以使测序长度增加一倍。用于测序的DNA片段的大小是选择过的(经过割胶回收特定大小条带),因此双端测序序列间的距离是已知的,使后续数据分析,如比对与组装,更加可靠。

11.2 Illumina测序原理

目前常用的NGS技术是Illumina测序技术,下面我们详细介绍一下Illumina测序的基本原理。Illumina测序仪有多种选择,有超大通量的、适合测序中心使用的HiSeq2500与HiSeq X-Ten等,也有适合中小型实验室使用的MiSeq和NextSeq500等。如图11-4左边所示是一台最新的Illumina X Ten测序仪,它能够保证在几十个小时内产生几百G甚至上T的测序数据。测序芯片上的流动槽(flowcell)是指Illumina测序时,测序反应发生的位置,每一个flowcell上都有8条泳道,用于测序反应,可以添加试剂、洗脱等。如图11-4右边是测序芯片,图中黑色的小线条就是泳道,每一个泳道中整齐排列了无数个小区块(tile),tile是每一次测序荧光扫描的最小单位,但我们肉眼看不到。

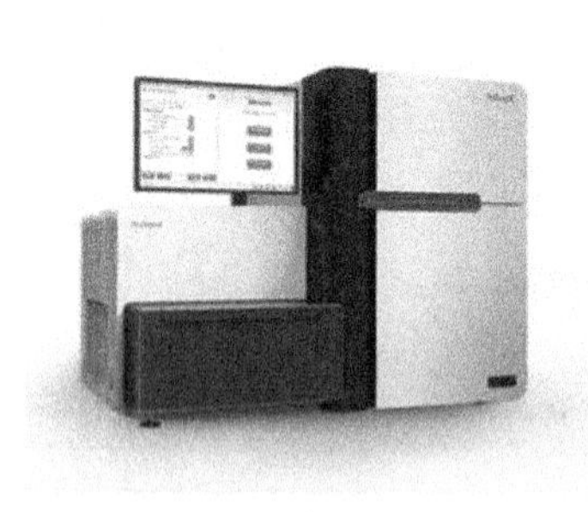

HiSeq X-Ten测序仪

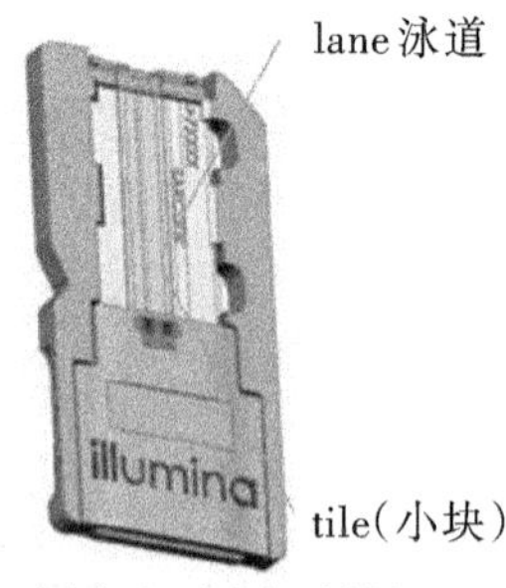

测序芯片(流动槽)

图11-4 Illumina测序平台

Illumina平台测序原理的核心是边合成边测序(sequencing-by-synthesis,SBS),就是将打碎后建库的DNA片段锚定在测序通道内表面,通过对锚定DNA每加一个碱基进行一次"加上荧光染料—洗脱多余染料—荧光成像扫描"的循环过程,实现平行高通量的深度测序。

这个技术又称为可逆屏蔽终止子测序技术(图11-5),每个测序循环引入一个荧光标记的"3'-可逆屏蔽终止子(3'-blocked reversible terminator)"替代Sanger法测序的ddNTPs,其特点是羟基(3—OH)被保护碱基封闭,碱基上连接荧光基团。对于每个测序循环,延长一个碱基,加入一个可逆终止子,荧光成像后,再去除3—OH保护基团,切去碱基上的荧光基团,进入下一个测序循环。

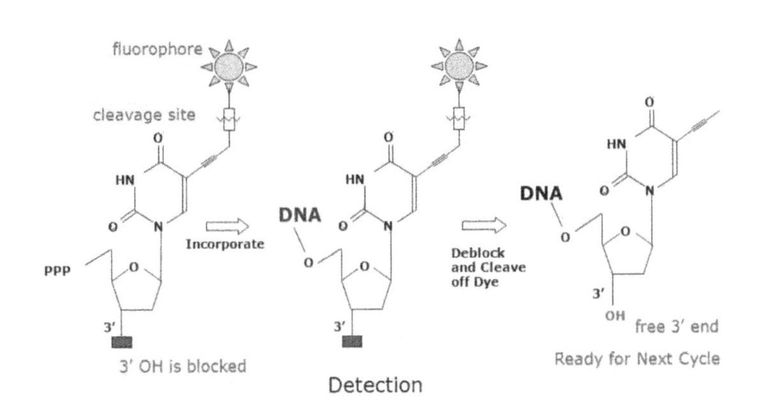

图11-5 可逆屏蔽终止子(3'-blocked reversible terminator)测序技术

Illumina测序的具体过程(图11-6)主要是先将片段化的DNA两侧连上接头(adapter),建立测序文库。随后将测序文库在芯片(flow cell)上扩增成簇(cluster),与固定在芯片泳道玻片壁上的寡核苷酸特异性互补结合,进行桥式(bridge)PCR,得到成百上千条相同的DNA簇。测序文库的成簇过程将放大测序荧光信号,使测序仪的光学成像系统清楚地捕捉并记录每一步合成反应的信号,从而得到高质量的序列数据。再加入4种不同荧光标记的终止型dNTP,在DNA聚合酶的催化作用下,从测序引物结合部位开始合成与测序模板互补的新DNA链。同时,由于用于测序反应的特殊核苷酸在3'端的羟基位置被化学基团屏蔽,每渗入

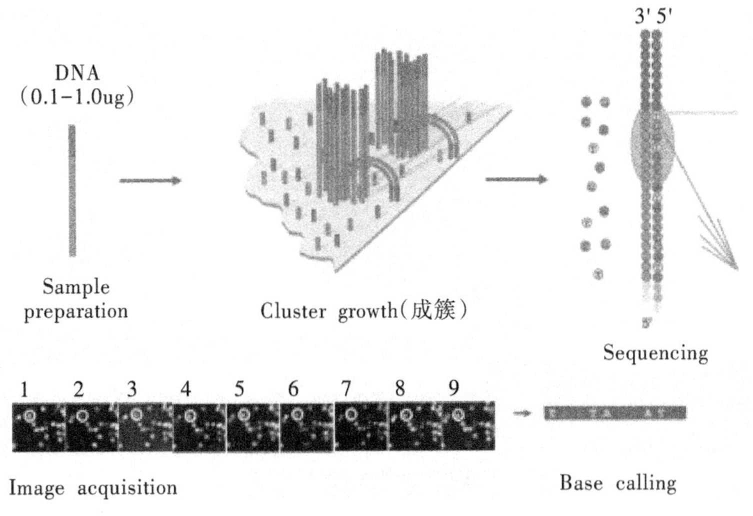

图11-6 Illumina测序原理

一个此dNTP反应即终止。一次反应结束后，洗去未参加的dNTP，每一个簇被激发后产生不同的激发荧光，由测序仪的光学系统拍摄成为图像并记录下来，得到一个位点的碱基序列。前一个测序循环结束后，dNTP 3'端的屏蔽基团被酶切除，3'端的羟基又被活化后，即可进入下一轮测序，如此循环100次左右，就完成了每个簇上DNA模板的100bp的单端测序。一个簇的图像数据就是一个DNA测序读长序列。单端测序常用的表示方式如"SE100"，表示单端测序，序列长度为100bp。

如果要进行双端测序，在单向测序完成后，系统输入缓冲液，洗掉测序过程中合成的DNA链，然后系统合成原有模板的互补链作为反向测序的模板链，以与正向测序同样的方式进行反向测序，得到的就是与正向序列成对的反向序列。双端测序常用的表示方式如"PE150"，表示双端测序，序列长度为150bp。同时对上百万个DNA簇进行边合成边测序，最后用计算机软件进行序列拼接得到全基因组的DNA序列。

各种测序平台数据的可靠性受多种因素的影响，如文库构建中的PCR富集过程不大能扩增高GC或AT含量的DNA片段，而边合成边测序过程所用的DNA聚合酶也同样不能合成高GC/AT含量的基因组序列。这种GC偏好的差异对那些极高GC/AT含量的生物（>70%）的测序更加明显。测序过程的一些其他因素都会引起数据偏差，如设备操作、图像分析、碱基读出等。

11.3 NGS数据的质量控制

一般NGS数据分析可以分为三个步骤：第一步是从测序过程产生的光或物理化学信号读取碱基（base calling），一般把碱基读取结果存放在标准的FASTQ文件；第二步是把读出的读长（read）进行质控与预处理；第三步是针对不同NGS应用的特定分析流程，如基因组组装、RNA-Seq等。而NGS分析的前两个步骤主要涉及NGS数据的质量控制，是各种NGS应用分析的共同步骤（图11-7）。本章节先介绍这两个基本分析过程，后续章节将分别讨论具体的应用。

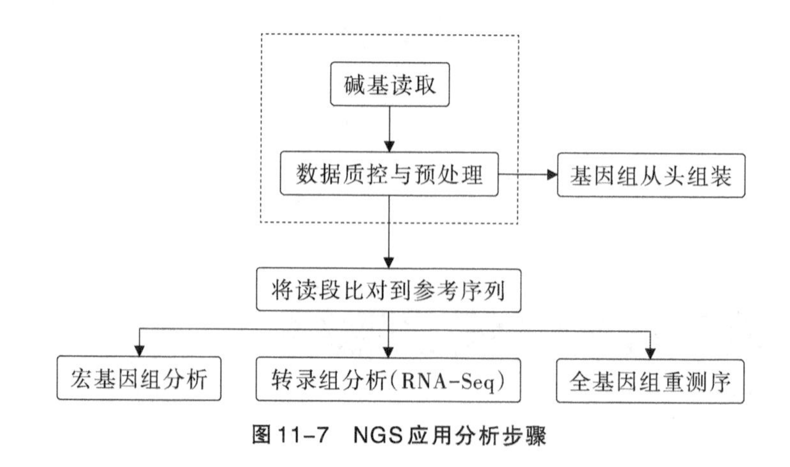

图11-7 NGS应用分析步骤

11.3.1 碱基读取与FASTQ文件

第一阶段碱基读取是从测序的荧光图像、电流或物理化学度量中提取碱基信息，一般测序平台都有自己专门的算法，如Illumina公司用其专利算法Bustard做碱基读出。碱基读出软件的执行需要多个步骤，最终产生每个测序循环的一个碱基及其对应的可信度分数。为计算碱基可信度分数，Illumina测序技术会使用控制通道（control lane）或spike control来产生一个碱基读出分数校正表。终端用户可以不用考虑碱基读出过程，而只用关注碱基读出结果的分析。

不管什么测序平台，碱基读取结果都要存储在一种FASTQ格式文件，文件后缀一般为“.fastq”或“.fq”。Illumina测序仪采用bcl2fastq软件（原名为CASAVA）进行图像数字信息转换，产出FASTQ格式数据。FASTQ格式是一种基于文本的格式，包含每个reads的序列及每个碱基对应的质量分数（quality score）。图11-8是一个FASTQ的例子。

```
@HISEQ2000:404:C73LWACXX:2:1101:1487:1876 1:N:0:CGATGT
NCCCTCTTGAACTCTCTCTTCAAAGTTCTTTTCAACTTTCCCTTACGGTACTTGTTGACTATCGGTCTCGTGCAGATCGGA
+
#4=DB?:DF?ADCFFGD>BHCEB9F3AAACEFHC>@BBFFFGD@??BF??D9B?FGDFFGDGGB@;AE>ED25;)..;;=;
```

图11-8　FASTQ格式

FASTQ格式中每个测序读段为4行，分别为：

- @序列ID，包含一个绝对名字、样本所在的Lane、Cluster坐标位置、Index序列及Read1或Read2标志等信息；其中1:N:0:CGATGT表示该条序列为R1端序列，N表示序列没有经过CASVA过滤（反之为Y），CGATGT为Index序列。
- 碱基序列，由大写字母“ACGTN”组成，N为不能识别碱基；
- +序列ID，与第一行@序列ID相同（可省略）；
- 序列每个碱基的质量分数，由字符的ASCⅡ编码表示。

质量分数（Q-score）是衡量碱基读取可能出错概率的指标，用于衡量核苷酸序列的可靠性。它最初是在Phred软件中定义与使用，因此也称为Phred质量值（phred quality score）。Illumina测序平台的碱基读出的质量分数与原先Sanger测序仪中的Phred分数的计算方式相似：

$$Q=-10\lg P$$

其中P是在碱基读出中的出错概率，基于这个方程，1%出错概率等于Q-score是20，而Q30代表1/1000概率的碱基读出出错。出错概率越低，Q值越大一般为保证有可靠的碱基读出，要求Q-score至少要达到20，而高质量的碱基要在30以上。

由于质量值要两位数表示，不能与碱基一一对应，所以Sanger研究所将每个碱基对应的Q-score采用ASCⅡ字符来编码，可与序列放在一起，从而开发了FASTQ格式。如图11-8中的第一个T碱基对应的编码是B，对应Q-score分值是33，而第一个N为不能判读碱基，质量值编码是#，对应Q-score分值2（非常低）。虽然历史上不同测序平台有许多不同的编码版本，如Sanger测序平台使用Phred+33（33代表ASCⅡ码起始为33）质量值，而Illumina平台使用Phred+64（e.g. Illumina 1.0，1.3，1.5），但最新平台（Illumina 1.8+）最终还是采用Sanger测序的编码方式，使用Phred+33质量值，取值范围为0～41，对应ASCⅡ码为33～74。

虽然NGS也用其他的一些文件格式，如FASTA，SFF和QUAL等，但FASTQ已经是NGS数据存储的事实标准，其他各种格式都可以通过一些软件转换成FASTQ。一般压缩后的FASTQ文件的大小也会在1G左右，可能含有1亿以上的读段。

11.3.2 数据质量检查

数据的质量检查是NGS分析的必需步骤，可以避免产生不可靠或错误的结果。

下面介绍几个判断质量好坏的常用标准（metrics）：

（1）碱基质量值（*Q*-score）

碱基质量检查可以逐个位置检查读段上所有碱基的分数，一般边合成边测序平台的趋势是前面测序位置的碱基比后面测序位置的*Q*-score要高，末尾质量会降到20左右，如后期（later phase）的碱基质量的中位数值小于20，需要被切除再用于后续分析。一个成功的测序反应其产生的reads的碱基质量*Q*-score应该基本在30以上。

（2）碱基N的百分比

当测序仪碱基读取算法没法可靠地确定为任何一个碱基时就标为N。

（3）读段长度分布

有些测序平台，如PacBio，产生不等长的读段，一般读段越长越好，有利于后期的比对与组装。

（4）每个位置上的碱基组成比例（percentage of each base across base positions）

由于测序文库是通过随机DNA打断来制备的，测序后每个位置上四个碱基出现的概率应该是固定的。如果出现AT或GC严重偏离平行，说明文库构建过程有问题，如rRNA没有去干净，或非随机DNA打断等。

其他质量指标，有人工序列（接头与PCR引物）或重复序列等。质量检查后，需要过滤低质量的读段，或切除低质量的碱基（*Q*-score低于20）及人工序列污染。

11.4 测序数据质控分析实践

拿到二代测序的原始数据之后，第一步要做的就是查看原始数据的质量。本练习分析所用数据是对一个细菌进行双端测序的结果。

11.4.1 FastQC分析数据

FastQC是目前最常用的NGS数据质量评估软件，可用于统计质量分数、GC含量、测序长度等信息。FastQC是一款Java语言编写的程序，具有友好的用户界面（图11-9），可在Windows、

Linux、MacOS系统上运行。FastQC支持的输入数据格式包括FASTQ(或压缩的fastq.gz)、SAM、BAM等,输出的结果报告包括图片和表格,并以HTML格式呈现。

(1)FastQC安装

FastQC是一个免安装软件,解压后即可直接运行。

但FastQC运行依赖JAVA运行环境(JRE),要求系统已经安装合适的JRE版本(v1.6以上)。JRE安装方法扫描章末二维码阅读相关内容。

(2)FastQC使用

在Windows系统下运行比较方便,双击FastQC目录下的"run_fastqc.bat",打开FastQC界面,在菜单栏选File->Open,打开测序数据的FASTQ格式文件,则开始自动运行(图11-9)。

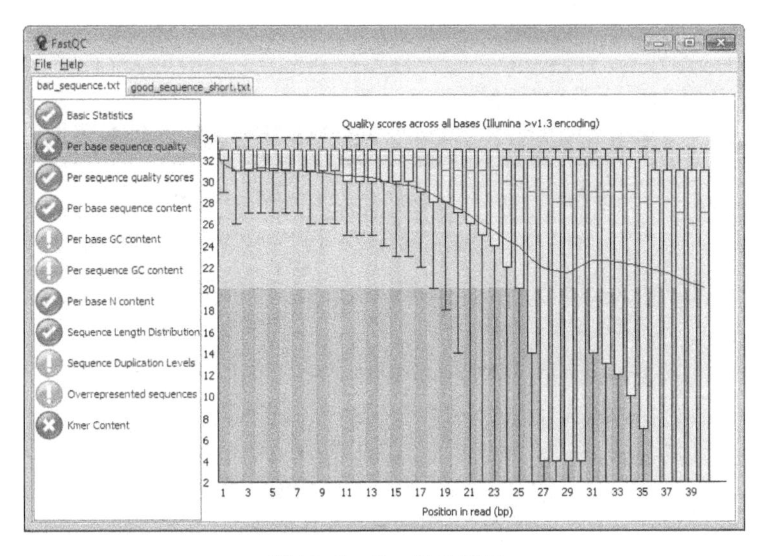

图11-9 FastQC界面

另一种是在Linux系统的命令行模式,需要输入相关参数,会自动生成HTML格式的结果报告。此种方式可一次分析多个FASTQ文件。

$fastqc [-o output dir] [--(no)extract] [-f fastq|bam|sam] [-c contaminant file] [-t threads] seqfile1 .. seqfileN

这里面比较重要的选项介绍如下:

-o 用来指定输出文件的目录,fastqc是不能新建目录的,需要先建立一个输出目录。输出的结果是压缩文件,默认自动解压缩,如果加上--(no)extract参数则不解压缩。

-f 用来指定输入文件格式,支持多种格式,默认会自动检测。

-c用来指定一个contaminant文件,fastqc会把overrepresented sequences去这个contaminant文件里搜索。contaminant文件的格式是"Name\tSequences",#开头的第一行是注释。

-t 用来指定同时处理的进程个数。

程序运行完成之后会生成网页文件,如果输入的FASTQ文件名是target.fq,fastqc的输出的压缩文件将是target.fq_fastqc.zip。解压后,查看HTML格式文件的结果报告。

(3)FastQC结果解读

FastQC结果报告基本内容有11个方面,包括基本统计,碱基含量分布统计,质量分布统计,GC含量,N碱基,插入片段长度分布,adapter接头情况,kmer频率分布情况等。其中绿色表示通过(PASS),黄色表示警告(WARN),红色表示有问题(FAIL)。

下面我们分别看一下各部分结果,以及 FastQC 判断各部分结果通过、警告和不合格的阈值。我们应关注结果中未通过的部分,仔细思考为什么我们的数据会得到这样的结果,可能存在哪些问题。

①Basic Statistics(基础统计信息)。Basic Statistics的结果给出原始数据的基本信息(图11-10),包括被分析文件的文件名、文件类型、质量值编码方式(encoding)、序列总数、标记为低质量的序列数、序列长度和GC含量。

Basic Statistics

Measure	Value
Filename	RNA-Seq.fastq.gz
File type	Conventional base calls
Encoding	Sanger / Illumina 1.9
Total Sequences	100000
Sequences flagged as poor quality	0
Sequence length	40
%GC	47

图11-10 基础统计信息

这部分结果提供了碱基质量值(Phred值)的编码方式。现在Illumina测序数据(1.9+)采用ASCⅡ值33—93编码Phred值0—60,即Phred+33;而老的Illumina系统(1.3,1.5)采用Phred+64(ASCⅡ码64—126)。如果分析较早的Illumina平台测序数据,注意需要用Phred+64编码值。

②平均碱基质量(per base sequence quality)。Per base sequence quality 显示序列每一个位置上(x轴)所有碱基的质量值范围(y轴),如图11-11所示。

图中每一位置都有一个盒状图:黄色箱子表示25%~75%的范围,即IQR(inter-quartile range),下面和上面的触须分别表示10%和90%的点。蓝线表示均值,红线表示中位数;碱基的质量值越高越好,背景颜色将图分成三部分:碱基质量很好(绿色)、碱基质量一般(黄色)以及碱基质量差(红色)。

碱基质量值随着读段的位置的增大而降低是正常现象,且通常Paired-end测序的反向读段的质量要比正向读长的差。任何一个位置的下四分位数小于10或者中位数小于25,会显示“警告”;任何一个位置的下四分位数小于5或者中位数小于20,会显示“不合格”。

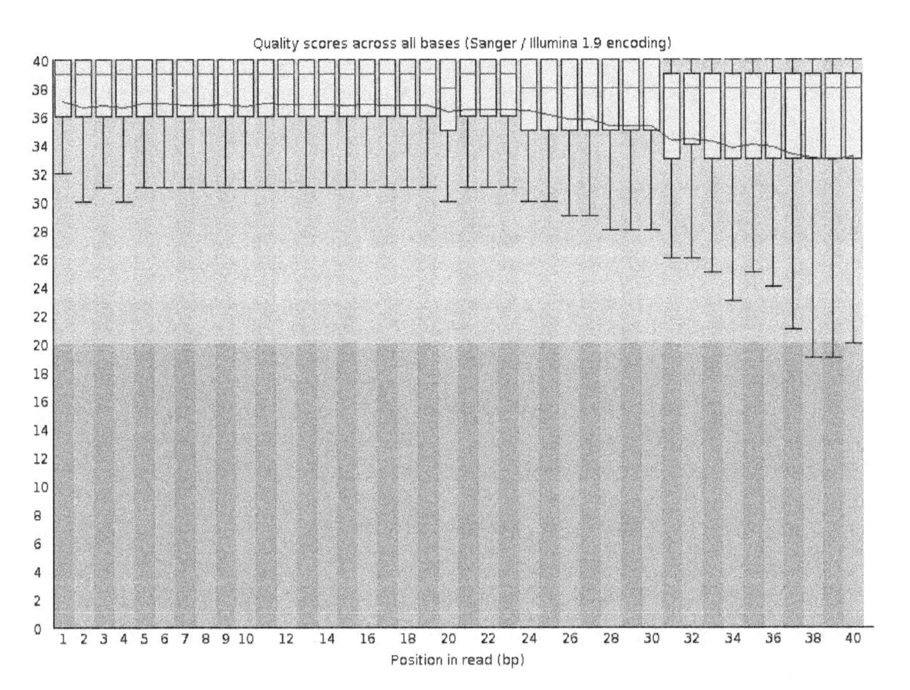

彩图

图 11-11　平均碱基质量

③平均碱基组成(per base sequence content)。平均碱基组成显示每个位置上的碱基组成比例,如图11-12所示。

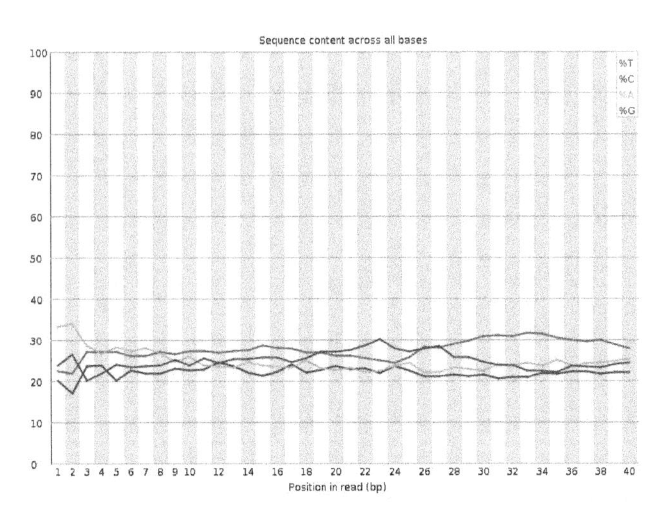

图 11-12　平均碱基组成

图11-12中横轴为碱基位置,纵轴为碱基组成比例。一个完全随机的文库内每个位置上4种碱基的比例应该大致相同,因此图中的四条线应该相互平行且接近;在序列开头出现碱基组成偏倚往往是建库过程造成的,比如建库时在序列开头加特异性的条码(barcode),而barcode的碱基组成不是均一的;又如酶切位点的碱基组成是固定不变的,这样会造成明显的碱基组成偏离。

在序列结尾出现的碱基组成偏离,往往是测序接头的污染造成的。

如果任何一个位置上的A和T之间或者G和C之间的比例相差10%以上则报“警告”,任何一个位置上的A和T之间或者G和C之间的比例相差20%以上则报“不合格”。

④过度呈现的序列(overrepresented sequences)。过度呈现的序列显示同一条read出现次数超过总测序reads数的0.1%的统计情况,如图11-13所示。

Sequence	Count	Percentage	Possible Source
GATCGGAAGAGCACACGTCTGAACTCCAGTCACATCACGA	6276	6.276	TruSeq Adapter, Index 1 (100% over 40bp)
AATGATACGGCGACCACCGAGATCTACACTCTTTCCCTAC	6274	6.274	Illumina Single End PCR Primer 1 (100% over 40bp)
CAAGCAGAAGACGGCATACGAGATCGTGATGTGACTGGAG	6252	6.252000000000001	Illumina PCR Primer Index 1 (100% over 40bp)
CAAGCAGAAGACGGCATACGAGATACATCGGTGACTGGAG	6192	6.192	Illumina PCR Primer Index 2 (100% over 40bp)
GATCGGAAGAGCGGTTCAGCAGGAATGCCGAGACCGATCT	6142	6.142	Illumina Paired End PCR Primer 2 (100% over 40bp)

图11-13 过度呈现的序列

正常文库内序列的多样性水平很高,不会有同一条read大量出现的情况,这部分结果会把大量出现的reads列出来,并给出可能来源。

运行FastQC的时候可以用-c来指定一个文件,这个文件里面存放可能存在的污染序列,FastQC会在这个文件里面搜索reads中的overrepresented sequences;如果不提供这个文件,软件会从自己的数据库中搜索并给出可能的“污染源”。

如果有任何read出现的比例超过总reads数的0.1%则报“警告”,超过总reads数的1%则报“不合格”。

FastQC软件官方网站也给出了很多数据质控的案例模板可供参考,包括质量好的数据与质量差的数据,这些案例包含了常见的数据类型。更多其他FastQC结果,请扫描章末二维码阅读相关内容。

11.4.2 数据预处理

FastQC只是一个数据质量可视化软件,并不包含质量控制的处理功能,即不会改变reads序列本身。

为保证后续分析结果的可靠性,一般还要先对测序数据进行预处理。测序数据预处理主要以测序质量分数为标准去除测序质量比较差的核苷酸序列。数据预处理软件常用的有FASTX_Toolkit,Trimmomatic和NGS QCToolkit等。下面简要介绍Trimmomatic用于过滤与切除低质量序列、接头序列,不需要的污染物序列等数据处理,更多内容请扫描本章后面二维码阅读相关文章。

(1)Trimmomatic软件安装

Trimmomatic是一个专门用于Illumina高通量测序数据处理的序列剪切工具。它既能用于paired-end(PE)测序数据,也能用于single-end(SE)测序数据。它处理PE测序数据后得到的处理后的数据还是配对的双末端形式,方便后续分析。Trimmomatic是Java语言开发的程序,其运行效率比较高,可以多线程运行,在处理大规模测序数据时会比较快。

Trimmomatic是免安装软件，只要下载其binary文件，解压缩后可以直接在Linux环境中运行。

Linux下可以用以下命令安装：

$wget http://www.usadellab.org/cms/uploads/supplementary/Trimmomatic/Trimmomatic-0.38.zip

$unzip Trimmomatic-0.38.zip

要运行trimmomatic-0.38.jar，需要电脑系统已经安装JAVA运行环境(JRE)。

(2)Trimmomatic使用

目前Trimmomatic有多个命令来完成不同的trimming功能。Trimmomatic的处理命令与参数间用":"来分隔，如同一个命令下有多个参数也用":"来分隔。不同的处理命令的执行顺序由其在trimmomatic命令行中的出现顺序决定，一般最先做接头切除，因为使用部分匹配识别接头更加困难。

下面举一个处理paired-end(PE)数据的例子：

$java -jar Trimmomatic-0.38/trimmomatic-0.38.jar PE input_forward.fq input_reverse.fq output_forward_paired.fq output_forward_unpaired.fq output_reverse_paired.fq output_reverse_unpaired.fq ILLUMINACLIP:Trimmomatic-0.38/adapters/TruSeq3-PE.fa:2:30:10 LEADING:20 TRAILING:20 SLIDINGWINDOW:4:20 MINLEN:36

参数说明：

数据过滤规则：

- ILLUMINACLIP:TruSeq3-PE.fa:2:30:10　设定接头(adapter)文件，TruSeq3-PE.fa为由Trimmomatic提供的Illumina用的接头文件(在其安装目录"adapters"内)，也可以改用其他用户使用的接头序列文件；注意必须要指定路径，可以是当前目录的相对路径(Trimmomatic-0.38/adapters/TruSeq3-PE.fa)或绝对路径。2代表匹配种子序列中允许的最大mismatch数；30代表在palindrome模式下匹配碱基数阈值(约50个碱基)；10代表在simple模式下的匹配碱基数阈值(约17个碱基)。
- LEADING:20　从首端切除碱基质量小于20的碱基或者N碱基。
- TRAILING:20　从末端切除碱基质量小于20的碱基或者N碱基。
- SLIDINGWINDOW:4:20　从序列的5'端开始，以4个碱基为滑动窗口，将平均碱基质量小于20的窗口以后的碱基丢掉。
- MINLEN:36　保留reads长度最低为36bp。

Trimmomatic的输入/输出文件：

两个输入文件，分别为PE数据的forward reads的FASTQ文件(input_forward.fq)与reverse reads的FASTQ文件(input_reverse.fq)；也可用FASTQ格式文件压缩后的fastq.gz。

Trimmomatic运行后有四个输出文件：

①output_forward_paired.fq

②output_forward_unpaired.fq

③output_reverse_paired.fq

④output_reverse_unpaired.fq

其中两个是PE测序配对序列在处理后都保留下来的“paired”序列(output_forward_paired.fq与output_reverse_paired.fq),可直接用于后续从头组装等分析;另两个是PE数据中配对reads的一个read被去除的“unpaired”序列,也可把它当作single-ended测序数据用于后续分析。

如要处理single-ended(SE)数据,只要一个输入FASTQ文件和一个输出FASTQ文件,其他参数同上。下面以前面FastQC查看的数据bad_seq.fq来进行预处理:

$gunzip bad_seq.fq.gz

$java -jar Trimmomatic-0.38/trimmomatic-0.38.jar SE bad_seq.fq bad_output.fq ILLUMINACLIP:testAdapter.txt:2:30:10 LEADING:20 TRAILING:20 SLIDINGWINDOW:4:15 MINLEN:30

这里testAdapter.txt是含有Overrepresented sequences序列的FASTA格式文件,可能通过fastqc结果的“Overrepresented sequences”中复制得到(先选中第一个序列,按住Shift键,再选中最后一个序列可全部复制)。而且textAdapter.txt要放在运行java的当前目录。

运行过程的输出如图11-14所示。

```
TrimmomaticSE: Started with arguments:
 bad_seq.fastq.gz bad_output.fq ILLUMINACLIP:testAdapter.txt:2:30:10 LEADING:20 TRAILING:20 SLIDINGWINDOW:4:15 MINLE
N:30
Automatically using 4 threads
Using Long Clipping Sequence: 'GATCGGAAGAGCGGTTCAGCAGGAATGCCGAGACCGATCT'
Using Long Clipping Sequence: 'CAAGCAGAAGACGGCATACGAGATCGTGATGTGACTGGAG'
Using Long Clipping Sequence: 'CAAGCAGAAGACGGCATACGAGATACATCGGTGACTGGAG'
Using Long Clipping Sequence: 'AATGATACGGCGACCACCGAGATCTACACTCTTTCCCTAC'
Using Long Clipping Sequence: 'GATCGGAAGAGCACACGTCTGAACTCCAGTCACATCACGA'
ILLUMINACLIP: Using 0 prefix pairs, 5 forward/reverse sequences, 0 forward only sequences, 0 reverse only sequences
Quality encoding detected as phred33
Input Reads: 495288 Surviving: 322376 (65.09%) Dropped: 172912 (34.91%)
TrimmomaticSE: Completed successfully
```

图11-14　输出结果

最后得到bad_output.fq包含已经过滤低质量及过多呈现的序列。可以通过FastQC查看,比较bad_seq.fq与bad_output.fa两个文件的不同。结果如图11-15所示,数据处理后,已经没有质量值低于20的数据及过多呈现的序列。

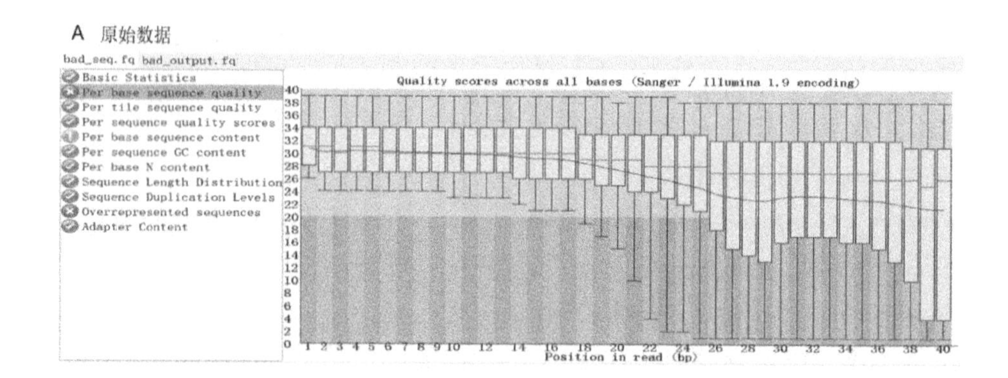

B　预处理后数据

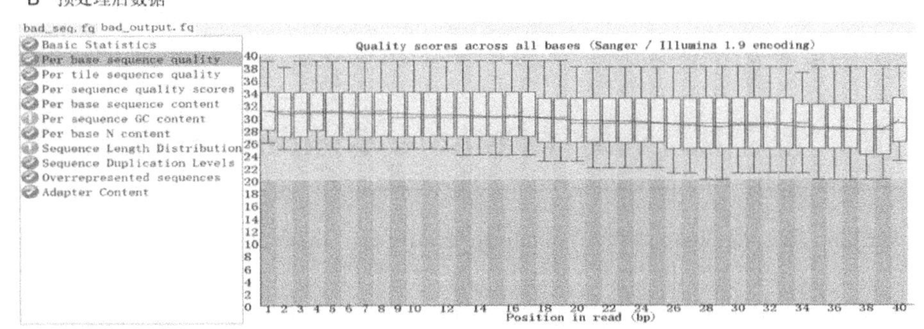

图11-15　数据处理前后比较

习题

1. 详细描述Illumina测序的原理。

2. 下载本章所用测序数据，练习用FastQC软件分析测序reads的碱基质量及其他质量指标，并用Trimmomatic处理。

第12章　全基因组重测序(Whole Genome Resequencing)

Happy families are all alike; every unhappy family is unhappy in its own way. ——Leo Tolstoy

遗传变异广泛存在于生物体内,而下一代测序技术有助于精准的基因变异检测。本章主要介绍了基因变异的检测流程,重点介绍短序列比对、变异识别的算法,并以实例介绍遗传变异检测的分析方法。

◎导学案例

2013年5月,著名影星安吉丽娜·朱莉(Angelina Julie)在《纽约时报》(*New York Times*)上发表"My Medical Choice"一文,宣称自己已接受了预防性乳腺切除手术。《时代》杂志以封面故事报道了Julie事件。朱莉在两年后又接受了切除卵巢手术。朱莉的家族史显示:外祖母因癌症去世,姨妈因乳腺癌去世,母亲因卵巢癌去世。而基因检测显示朱莉自身携带有BRCA1基因的致病突变位点,可能有87%乳腺癌患病风险,50%的卵巢癌患病风险,而切除手术可使其乳腺癌与卵巢癌风险降低至5%以下。

BRCA1是"breast cancer 1, early onset(乳腺癌1号基因)"的缩写。BRCA1及BRCA2是最重要的两个乳腺肿瘤抑制基因,决定了绝大多数遗传性乳腺癌。它们的功能与一种对DNA双链断裂的修复十分重要的蛋白质RAD51有关。BRCA1或BRCA2上的基因突变会阻碍RAD51的修复功能,导致更多的DNA修复错误,突变率的增加最终导致更大的肿瘤风险。BRCA1及BRCA2基因检测对乳腺癌发病风险的预测较为准确,是个体化医疗的经典范例。

由于下一代测序技术的通量高、成本低,被普遍应用于检测一个种群中各个体的遗传变异。人类基因组中存在多种序列变异,如单核苷酸变异(single nucleotide variants, SNVs),插入缺失(insert/deletes, InDels)和结构变异(structural variants, SVs)等。最常见的变异是单个核苷酸变异,从种群概念上讲,一般把那些在种群中发生频率大于1%的SNVs称为单核苷酸多态性(single nucleotide polymorphism, SNP)。目前国际上已有多个基因组变异研究项目,如千人基因组计划(1000 Genomes Project),致力于鉴定基因组变异,寻找与人类疾病

(如癌症、糖尿病和肥胖症)关联的基因变异。目前通过基因组重测序研究基因组变异位点与疾病易感(predisposition)或药物反应的关联,并揭示不同生物表型的基因型基础(genotypic basis)是生物医药研究的热点。

基因组重测序方法一般利用全基因组鸟枪法(whole genome shotgun, WGS)对基因组进行随机打断,后测序获得全基因组的序列信息。近年来,还出现了成本更加低廉的重测序方法,如GBS (genotyping by sequencing)、RAD (restriction-site associated DNA)等方法,对特定酶切后的基因组DNA片段进行高通量测序,可在更低数据量的情况下获得全基因组的变异信息。

通过NGS数据检测遗传变异不是一件容易的事,主要挑战是如何区分真正的序列变异与假阳性。假阳性可能是由测序中PCR扩增、碱基读取、序列比对等过程产生的假象(artifacts)。因此,高质量的测序数据与特殊的变异判读(variant calling)算法是能精确检测基因组变异的基础。基因组重测序鉴定变异的一般工作流程如图12-1所示。

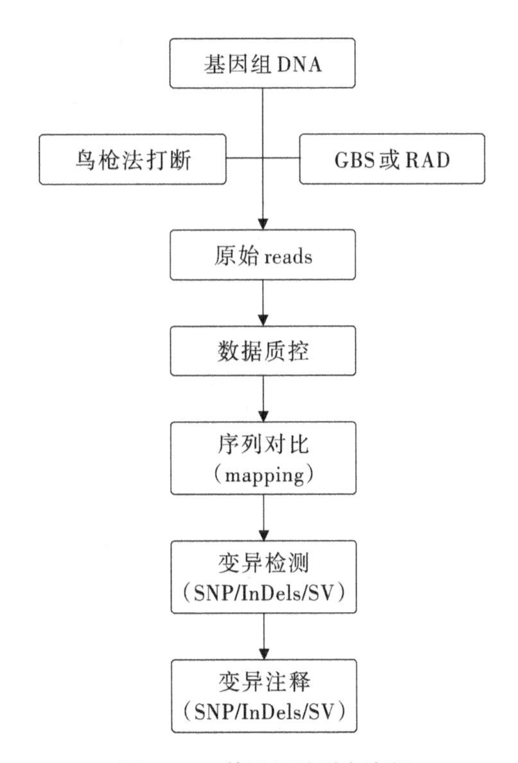

图12-1 基因组重测序流程

基因重测序分析开始于测序仪产生的测序数据。测序仪输出的数据通常存于FASTQ文件,包含数百万个DNA片段的原始reads,又称为原始数据(raw data)。

首先,要对测序数据进行质量控制,应用预处理软件来消除接头序列、不需要的污染物序列和低质量碱基等。常用NGS质控工具有FastQC,Trimmomatic和NGS QC Toolkit等。

再将测序reads比对到参考序列,可使用比对工具(如BWA,Bowtie2和Novoalign)将这些读段与以FASTA格式提供的参考基因组进行比对,来确定每个读段在基因组的定位。比对的结果通常保存于序列比对(SAM)文件及其压缩的二进制格式(BAM)文件。

然后,进行基因突变的检测。可以使用GATK(Genome Analysis ToolKit),Samtools及FreeBayes等工具。GATK包含两个子程序UnifiedGenotyper或HaplotypeCaller都可用于检测SNVs、InDels。SAMtools包含一个子程序bcftools也可检测SNVs和InDels。FreeBayes是一种基于贝叶斯统计的方法,可用于检测SNVs、InDels及CNV等。虽然有多种比对和变异鉴定工具可供使用,但对Illumina数据的变异检测,比对工具BWA-MEM和变异鉴定工具Samtools具有最佳性能。此步骤鉴定的突变信息保存在Variant Call Format(VCF)文件,用于下游数据分析。

最后,将检测到的突变进行功能注释,以确定基因名称、编码序列、突变类型(同义突变、非同义突变及移码突变)等。常用软件ANNOVAR、SNVEff等注释基因变异对其编码蛋白质的影响。例如,如果一个SNVs被注释为一个基因的非同义突变,而且位于蛋白质的活性位点,它就很可能影响蛋白质功能。通过注释分析,可以过滤或优先选择一些变异位点用于进一步的功能研究。目前大多数研究都集中于外显子区域的基因突变(外显子测序),因为孟德尔遗传疾病中约85%都与外显子编码区的突变有关。

12.1 测序读段回帖(Reads Mapping)

NGS数据经质控与预处理后,在变异判读(variant calling)前还要先把测序读段回帖映射或比对到参考基因组,以确定每个读段在基因组的位置。如图12-2所示是一个简单的读段联配(read alignment)结果,第一行是参考序列(reference),下面几行是比对上的reads。Read A与D与参考序列正好完全匹配,而Read B有一个碱基G与参考序列不一样,参考序列在此处为A(用符号*标注)。

```
Reference    GGATCCATGCGTCCCAGGTCACGGGATCCATG CGTCCCAGGTCACG
                                      *
Read A             ATGCGTCCCAGGTCACGGGATCCATGCGTCC
Read B         ATCCATGCGTCCCAGGTCACGGGGTCCATGC
Read D                CGTCCCAGGTCACGGGATCCATGCGTCCCAG
Read F                     CAGGTCACGGGATCCATGCGTCCCAGGTCAC
```

图12-2 将reads定位到基因组

与BLAST工具只搜索一个或几个序列在基因组的相似序列相比,同时把NGS上百万的短reads比对到基因组的算法更加复杂。由于基因突变或测序错误,reads可能与其来源的基因组序列存在一些变异。因此序列比对算法必须要能包容这种序列差异(一般软件会默认允许两个碱基错配)。为增加比对速度与减少计算量,目前常用的比对软件BWA,Bowtie2和SOAP2等都是基于Burrows-Wheeler transform(BWT)与后缀树(suffix trees)算法的。

可以根据对速度与敏感度的要求不同来选择使用不同的比对工具。如果只要速度快,可以选Bowtie2或SOAP2;如果注重敏感性,可以选择基于哈希表(hash-table-based)的工具,如Novoalign,Stampy等。而BWA试图平衡速度与敏感度,是目前最常用的NGS比对工具。随着Illumina测序reads长度的增加(150~300bp),原来只适用于做短reads(50bp)比对的工具也相应进行升级,如BWA-MEM可以比对长reads。随着新的测序平台可测得更长的读段,如PacBio的SMRT可以产生20kb长度的reads,目前可用的长reads比对软件有BLASR,LASTZ,BWA-MEM等。BLASR是专门设计用来比对单分子DNA测序的长reads。

另外,比对结果也与参考基因组的选择有关,与测序reads更相近的参考序列会比差得较多的参考序列有更好的比对结果。如果它们的差异太大,许多reads将被认为是错配(mismatch)而被丢弃,因此使用不同的参考序列会导致参考序列偏差(reference bias)。因为单个基因组不会包含一个种群内所有的序列变异或多态性,所以用任何一个特定的参考基因组都不可避免引入这种偏差。

12.1.1 标准读段回帖文件格式—SAM/BAM

文件格式SAM(sequence alignment/map)是tab分隔的文本格式,易读而且机器检查比较快。BAM是SAM的二进制压缩文件格式,容量更小且存取效率更高。SAM/BAM格式广泛应用于变异检测,已经是存储读段回帖(reads mapping)结果的事实标准。

SAM文件格式的结构由头部分(可略)与比对部分构成。头部分提供SAM/BAM文件一些总的信息,每行由“@”开始,包括两行,每一行有两个字母组成的记录标签(tags)。如图12-3所示,第一行HD,表明这是个头部分,它有两个tags,VN代表格式版本,而SO代表排序(这里是按coordinate排序)。第二行SQ,是参考序列,它也有两个标签SN与LN,分别代表参考序列名字与参考序列长度。

```
@HD VN:1.6 SO:coordinate
@SQ SN:ref LN:45
r001   99 ref  7 30 8M2I4M1D3M = 37  39 TTAGATAAAGGATACTG *
r002    0 ref  9 30 3S6M1P1I4M *  0   0 AAAAGATAAGGATA    *
r003    0 ref  9 30 5S6M       *  0   0 GCCTAAGCTAA       * SA:Z:ref,29,-,6H5M,17,0;
r004    0 ref 16 30 6M14N5M    *  0   0 ATAGCTTCAGC       *
r003 2064 ref 29 17 6H5M       *  0   0 TAGGC             * SA:Z:ref,9,+,5S6M,30,1;
r001  147 ref 37 30 9M         =  7 -39 CAGCGGCAT         * NM:i:1
```

图12-3 SAM文件格式

SAM文件格式的比对部分由11个强制字段(mandatory fields)构成(表12-1)。FLAG字段采用简单的数字来跟踪读段回帖过程的11个标志,如是否在这个测序里有多个读段(像例子中的r001有两个),或比对片段(SEQ)是不是反向互补。为检测这些flags的状态或所代表的意思,需要把16进制数字转换成二进制。POS字段是坐标系统,SAM采用1-based坐标系统,即参考基因组的第一个碱基是1,而不是0。MAPQ是比对质量分值,此值的计算方法

表 12-1　SAM/BAM 格式中字段的说明

<table>
<tr><th>Col</th><th>Field</th><th>Type</th><th>Regexp/Range</th><th>Brief description</th></tr>
<tr><td>1</td><td>QNAME</td><td>String</td><td>[! -? A-~]{1,254}</td><td>Query template NAME</td></tr>
<tr><td>2</td><td>FLAG</td><td>Int</td><td>[0,2^{16}-1]</td><td>bitwise FLAG</td></tr>
<tr><td>3</td><td>RNAME</td><td>String</td><td>*|[:rname:∧*=][:rname:]*</td><td>Reference sequence NAME</td></tr>
<tr><td>4</td><td>POS</td><td>Int</td><td>[0,2^{31}-1]</td><td>1-based leftmost mapping POSition</td></tr>
<tr><td>5</td><td>MAPQ</td><td>Int</td><td>[0,2^{8}-1]</td><td>MAPping Quality</td></tr>
<tr><td>6</td><td>CIGAR</td><td>String</td><td>*|([0-9]+[MIDNSHPX=])+</td><td>CIGAR string</td></tr>
<tr><td>7</td><td>RNEXT</td><td>String</td><td>*|=|[:rname:∧*=][:rname:]*</td><td>Reference name of the mate/next read</td></tr>
<tr><td>8</td><td>PNEXT</td><td>Int</td><td>[0,2^{31}-1]</td><td>Position of the mate/next read</td></tr>
<tr><td>9</td><td>TLEN</td><td>Int</td><td>[-2^{31}+ 1,2^{31}-1]</td><td>observed Template LENgth</td></tr>
<tr><td>10</td><td>SEQ</td><td>String</td><td>*|[A-Za-z=。]+</td><td>segment SEQuence</td></tr>
<tr><td>11</td><td>QUAL</td><td>String</td><td>[! -~]+</td><td>ASCII of Phred-scaled base QUALity+33</td></tr>
</table>

与碱基质量值(Q-score)相似(MAPQ=-10lg(PMapErr))。CICAR field详细描述SEQ是如何比对到参考序列的,如r001/1的CIGAR值为"8M2I4M1D3M",说明最先8个碱基与参考序列相同,接下来2个碱基是插入序列,之后4个碱基相同,再后有一个碱基缺失,最后的3个碱基是相同的。

对SAM/BAM格式的更多说明可以参考官方文档说明。SAMtools是解读,分析与操作SAM/BAM格式文件信息的工具,可用于检测遗传变异分析等。

12.2　变异识别(Variants Calling)

一般鉴定遗传变异需要考虑多种因素,如碱基质量、比对质量、read长度、覆盖深度、单端或双端测序等。由于在测序与比对等过程中存在错误与不确定因素,variant calling也总是会有不确定性。而且鉴定小片段的插入缺失(InDels)变异比单碱基变异(SNVs)更加困难,因为reads中存在小片段InDels,会影响reads的正确比对。

变异鉴定软件一般会采用一定的统计模型或启发式(heuristics)算法减少这些不确定性(图12-4)。基于统计模型的算法会建立各种错误与偏差的统计模型,或引入其他相关的先验信息(prior information),从而显著减少误判变异的概率。而基于启发式算法的软件会考虑各种因素,如最少read长度、碱基质量和等位基因频率等。目前基于统计模型的算法比基于启发式的算法使用更广泛,如最常用的GATK,SAMtools就是基于统计模型的软件,

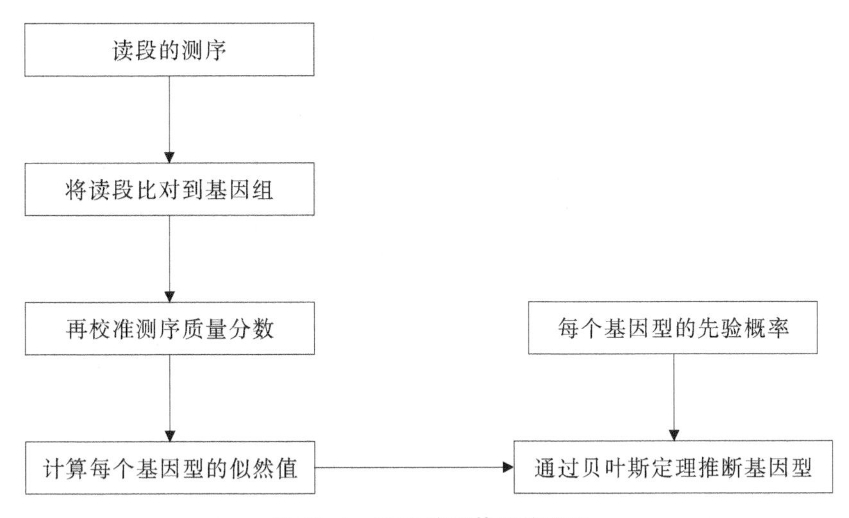

图12-4 SNP检测算法的流程

VarScan2是最常用的基于启发式算法(heuristics-based)工具。然而统计模型一般是基于某种假设,当在某些条件下假设不成立,启发式的方法就更加可靠。如数据的测序深度(read depth)极高,或研究对象为合并的样本或受污染的样本等情况下,使用启发式的方法就更加可靠。

GATK有两个子程序可用于鉴定变异(variant caller):UnifiedGenotyper和HaplotypeCaller。UnifiedGenotyper采用Bayesian genotype likelihood模型来鉴定变异(SNPs和InDels)和基因型(genotypes,如A/A,A/B,或B/B)。UnifiedGenotyper运行比较快,并只单独考虑单个位点。顾名思义,HaplotypeCaller会考虑附近变异位点的关联(linkage),对单倍型(haplotypes)采用局部从头(de novo)组装和隐马尔可夫模型(HMM)似然函数来鉴定SNPs与InDel,需要更大的计算量,运行速度比较慢,但变异识别会比较准确。GATK官方建议采用HaplotypeCaller来检测变异。

SAMtools也采用与GATK相同的贝叶斯模型来检测变异,分两步。第一步用的工具是Mpileup,通过采集BAM文件中已经比对上的读段(aligned reads)信息来计算所有可能的基因型,以及每个基因型可能真实存在的概率(似然值),并存储在BCF文件中。而第二步用到的工具BCFtools,利用BCF文件中的似然值来鉴定变异。SAMtools能够通过综合考虑覆盖度(read depth)、包含参考碱基与替代碱基的reads数量、参考碱基和替代碱基的平均质量分值、read的定位质量及使用碱基比对质量(base alignment quality)等因素来评价reads中是否存在遗传变异。

由于不同的工具采用不同的变异识别算法,它们鉴定的变异位点往往只有部分相同。建议仔细分析每个研究的特殊条件再决定采用哪个变异鉴定软件。一般可同时采用不同的工具,并比较它们各自结果的差异,它们鉴定的共同变异位点一般比较可靠。有些工具,如GATK与Samtools,可以同时对多个样本进行变异分析,如亲子三人组、两个不同组的样品等。多样本联合检测更容易检测到那些在多个样本中存在的相同变异位点,因此采用多个样本同时检测是提高variant calling质量的有效方法。

12.2.1 Variant Call Format(VCF)文件

VCF是存储主要序列变异类型,如SNPs,InDels和SVs的标准文件格式。该文件格式可用于读取成千样本的百万位点,最初被开发用于千人基因组项目。除了报告变异位点的基因组位置,它还可以记录其他附加信息,如变异读出的质量值,并允许用户自定义tags来描述新的序列变异。图12-5是VCF文件的例子。

Example VCF file

```
##fileformat=VCFv4.2
##FORMAT=<ID=GT,Number=1,Type=Integer,Description="Genotype">
##FORMAT=<ID=GP,Number=G,Type=Float,Description="Genotype Probabilities">
##FORMAT=<ID=PL,Number=G,Type=Float,Description="Phred-scaled Genotype Likelihoods">
#CHROM POS ID REF ALT QUAL FILTER INFO FORMAT SAMP001 SAMP002
20 1291018 rs11449 G A . PASS . GT 0/0 0/1
20 2300608 rs84825 C T . PASS . GT:GP 0/1:. 0/1:0.03,0.97,0
20 2301308 rs84823 T G . PASS . GT:PL ./.:. 1/1:10,5,0
```

图12-5 VCF格式(from http://samtools.github.io/hts-specs/)

VCF文件包含前面的meta信息、一个头部行(header line)与数据行(data lines)。meta信息行以"##"开头,描述相关的分析信息,如物种,文件时间,组装版本,以及用户自定义数据栏中定义的简称等。

接下来的header行,以"#CHROM"开始,列出九个必需的固定列名称,分别为:检测到变异的染色体、位置(POS)、ID、参考基因组碱基信息(REF)、检测样本的碱基信息(ALT)、质量值、过滤标签、信息列(该变异位点的具体信息,如测序深度等)和样本标签格式。从第十列开始视每个样本的具体情况会不同。第五列ALT是被检测对象在该位置上的碱基序列,其中"."表示被检测对象该位置的碱基序列与参考序列一致;QUAL栏是突变等位位点碱基(ALT)的Phred质量分数,如30代表ALT读段的碱基错误概率是0.001。在FILTER栏,"PASS"代表这个可能位点已通过所有过滤,而"q10"代表些位点的变异判读质量低于10。数据行是VCF文件的主体,包括每个位置上变异(variant)的信息。

VCFtools是解读,分析与操作VCF文件信息的工具集。它包括两个模块:一个通用的Perl API与一个C++二进制可执行模块。PERL模块可以用来做VCF文件检验、合并、交集或互补等通用的任务;而C++二进制可执行模块可用来计算不同的质控(QC)指标,过滤特定的变异位点,估计等位基因频率等。

12.3 全基因组重测序分析实践

本实验所用的数据来自一篇研究NGS分析方法对突变检测影响的论文,更多信息请阅读文献(Gavin Oliver,2012)。

这里使用参考基因组序列文件:chr17.fa(人类基因组序列,Hg19版本)。

测序数据文件:Brca1Reads_0.1.fastq 和 Brca1Reads_0.2.fastq,这些数据来自 Illumina HiSeq Paired-End reads(人的BRCA1基因的模拟数据)。

在进行下一步分析前,先新建一个resequencing目录,并把所有数据放到这个目录:

```
$mkdir resequencing
$cd resequencing
```

重测序分析流程需要用到四个工具:BWA、SAMtools、BCFtools、IGV。BWA和Samtools由C编写的软件,安装时需要进行编译,参见软件的官方网站说明。Ubuntu系统可通过下面命令安装:

```
$sudo apt install bwa samtools bcftools
```

IGV的安装非常简单,只要保证系统中的java运行环境是1.8.x版本及以上,就可以从IGV官网(igv.org)下载直接使用。

12.3.1 数据质控与预处理

当拿到二代测序的原始数据之后,第一步要做的就是用fastqc看一看原始reads的质量。为保证分析结果的可靠性,还要先通过过滤处理低质量的数据,才能进行下一步的分析。NGS数据预处理的方法参见NGS分析基础步骤,此处不进行预处理。

12.3.2 短序列回帖(Mapping)

BWA是Burrows-Wheeler Aligner的简写。它的比对敏感性与精确度都比较好。

(1)创建基因组序列索引

第一步是创建参考序列(reference sequence)的索引文件,可以加快后面读段回帖过程。

```
$bwa index chr17.fa
```

这步产生5个索引文件,chr17.fa.amb,chr17.fa.ann,chr17.fa.bwt,chr17.fa.pac,chr17.fa.sa。

(2)比对reads

通过BWA-MEM把测序reads比对到参考基因组序列。BWA-MEM是BWA多种比对方法中最新最准确的程序。

```
$bwa mem chr17.fa Brca1Reads_0.1.fastq Brca1Reads_0.2.fastq >Brca1Reads_aligned.sam
```

比对完后,可以查看输出的SAM格式文件:

```
$less -S Brca1Reads_aligned.sam
```

(3)SAM->BAM转换及排序(sort)

SAM文件是文本比较大,转换成对应的二进制格式BAM文件,可以节省硬盘存储空间。后续分析也大多需要用BAM格式文件作为输入文件。

```
$samtools view -b -S Brca1Reads_aligned.sam -o Brca1Reads_aligned.bam
-b          output BAM
```

-S　　input is SAM

-o FILE　output file name [stdout]

接下来进行排序(sort),每个read都按比对至参考基因组的坐标进行排序,这样使后续搜索变得更快,文件更小,提高处理效率。

$samtools sort Brca1Reads_aligned.bam -0 Brca1Reads_sorted.bam

结果会产生BralReads_sorted.bam文件。

(4)重测序的数据质量评估及去重复

得到比对BAM文件后,通过分析BAM文件可以对重测序的数据质量进行评估。常见的评估指标包括:①比对短序列比例(mapping ratio),即比对上参考基因组序列的reads占总reads的比例。②深度(depth),即基因组上被覆盖的碱基平均被多少条reads覆盖。③覆盖度(coverage),即基因组多少碱基被reads覆盖。④插入片段长度(insert size),即建库时打断片段长度,可通过R1与R2端序列比对在参考基因组上的间距来估算。

可运行samtools flagstat命令来获得短序列比对比例的信息:

$samtools flagstat Brca1Reads_sorted.bam

然后再过滤那些由PCR得到的重复reads,这些reads没有生物学意义,不能用它们来计算SNP的测序深度。

$samtools rmdup Brca1Reads_sorted.bam Brca1Reads_sorted_rmdup.bam

最后再对得到的BAM文件进行索引:

$samtools index Brca1Reads_sorted_rmdup.bam

结果会产生Brca1Reads_sorted_rmdup.bam.bai文件。这个索引文件的作用是可以让我们随机读取对应bam文件的任意位置信息。

为节省时间,本练习没有进一步进行变异分析的其他过程,如局部序列重比对(local realignments)、碱基质量分值重校正(base quality recalibration)等,这些步骤有助于提高SNP鉴定的准确性。

需要特别注意的是,通常由Phred程序估计的Sanger测序(ABI测序仪)的质量分值是非常准确的。然而,Illumina测序仪的质量分值代表的是一个碱基的最强荧光与次强荧光信号的比值。一些研究认为这种质量分值并不能准确反映每一个碱基发生测序错误的真实概率。特别是一个碱基在read中的位置(在开头、中间或末尾),即测序循环周期会对其错误概率产生很大的影响。而这并不能在由Illumina仪器提供的质量分值完全反映出来。另外相邻的碱基(二核苷酸)也可能会导致测序错误,特定的二核苷酸更容易出现测序错误。因此在变异检测时需要进行碱基质量分值重校正。

12.3.3 变异鉴定(Variant Calling)

比对reads到基因组后,可用Samtools来鉴定SNPs。在鉴定SNPs前,需要创建参考基因组(reference genome)的索引(index),索引文件(扩展名.fai)使程序能在参考基因组的任意位置读取比对文件中的比对信息。

$samtools faidx chr17.fa

这个命令运行后产生一个参考基因组索引文件chr17.fa.fai。

Samtools采用一定的统计模型(Bayesian genotype likelihood)来鉴定可能变异位点。变异鉴定过程分两步,分别用到工具Mpileup与Bcftools。

$samtools mpileup -g -f chr17.fa Brca1Reads_sorted_rmdup.bam>Brca1_variants.bcf

这个mpileup命令中需要输入原始的基因组序列(fasta格式)与前面处理得到的比对结果文件(bam格式)。

$bcftools view Brca1_variants.bcf > Brca1_variants.vcf

鉴定的SNP信息存储文件格式为VCF(variant call format),通过查看VCF文件可以分析鉴定的变异位点(图12-6)。

$ less Brca1_variants.vcf

```
#CHROM  POS       ID   REF   ALT    QUAL     FILTER  INFO    FORMAT  Brca1Reads_sorted_rmdup.bam
chr17   41209068  .    C     T      221.999  .       DP=124;VDB=0.963565;SGB=-0.693147;MQSB=0.9
chr17   41228617  .    G     A      221.999  .       DP=148;VDB=0.0080644;SGB=-0.693147;MQSB=1;
chr17   41234404  .    T     C      221.999  .       DP=126;VDB=0.13803;SGB=-0.693147;MQSB=1;MQ
chr17   41234477  .    CTT   CTTT   214.458  .       INDEL;IDV=114;IMF=0.863636;DP=132;VDB=0.02
```

图12-6 SNP鉴定结果的VCF文件

从VCF文件可以看到将reads比对到参考基因组可以检测到大量的SNP变异。这些SNP位点还可以通过Vcftools进一步过滤,如我们只想查看稀有的变异(rare variants),可以选择frequency of minor alleles(MAF)<1%的SNP位点。从全基因组测序数据鉴定变异要考虑多种因素的影响,如测序覆盖度(理想的覆盖度是在20×~50×范围)、测序平台的错误率和比对质量分数等信息。通常在增加SNP筛选条件为“QUAL<30||DP>10||FS>60 || MQ<40”。

当然,上述的筛选条件只是基于质量水平的过滤,如果我们想更精准地得到我们关心的突变位点信息的话,可以在质量过滤基础上做一些人群频率数据库及功能数据库的分析,如千人基因组人群频率数据库、ANNOVAR、snpEFF、clinvar等功能或者疾病数据库。

12.3.4 可视化(IGV visualization)

变异位点可视化可以比查看文本文件有更多的信息。我们用IGV来察看得到的SNP位点信息。IGV可以显示SNP的位置、基因信息及读段回帖质量等。

从IGV网站下载Windows版本文件IGV_2.3.72.zip,解压缩后,在IGV_2.3.72目录双击igv.bat运行IGV。

左上角选择基因组为人类hg19(Human hg19)。当前人类基因组最新版本为hg38,但本实验用的序列是hg19。不同的基因组版本的序列与基因注释信息都可能有差异,不能混用。

再点菜单File>Load from file,选择文件Brca1Reads_sorted_rmdup.bam,就可以显示BAM文件。

同样通过菜单File>Load from file,导入Brca1_variants.vcf,这样IGV将显示变异位点

信息。

再选择17号染色体(chr17),可以通过点击右上角放大或缩小图标,来显示底下蓝色的基因信息。IGV还可以通过键盘的左右方向键来移动显示位置,或把鼠标移到基因注释栏,按左键就可以左右拖动显示位置。通过左右移动与放大缩小操作就可以清楚地观察目标SNP信息。

由于本实验只有基因BRCA1数据,可以在数据框内输入"BRCA1",回车就可以直接定位到BRCA1基因的位置chr17:41196312-41277500(图12-7)。以Brca1_variants.vcf栏为SNP位置参考,适当放大并移动位置观察SNP位点的信息,如是否处于基因编码区,是否有InDel。当鼠标移动到SNP位点还会自动显示SNP的详细信息,如SNP的位置(position),比对质量(mapping quality)及测序深度(depth)等。

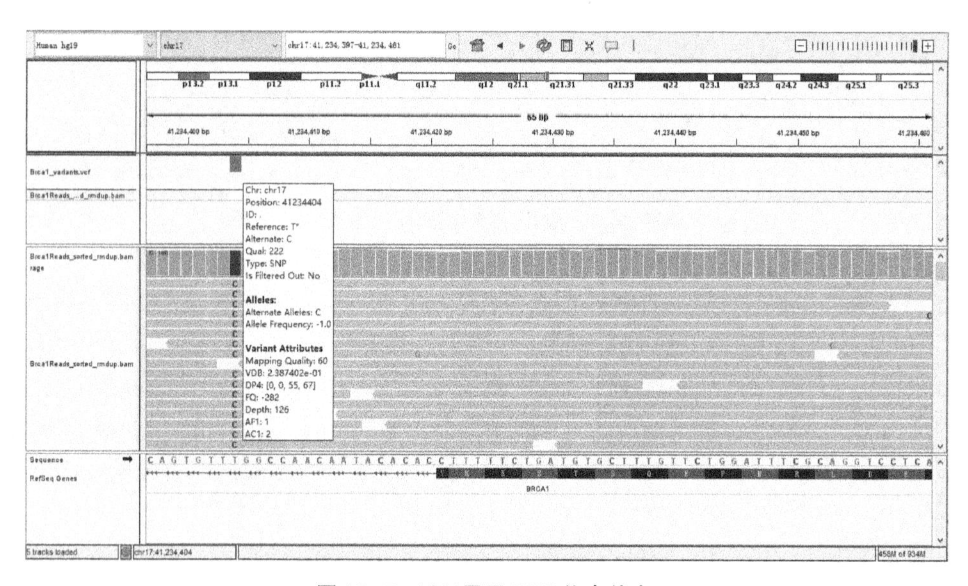

图12-7 IGV显示SNP位点信息

实际上,完整的基因组重测序数据量非常大,分析需要更长的时间。而此练习的数据量非常的少,只选择一个基因的数据,主要目的是让用户了解从个体基因组测序数据中检测SNVs和InDel所需的基本操作步骤。对完整变异鉴定感兴趣的读者可以再阅读相关参考文献(Garin Oliver,2012)。

习题

1. 试述全基因组重测序分析的主要步骤。

2. 从SRA数据库下载一个癌症基因组重测序课题的数据,并利用BWA-MEM、samtools等工具进行SNP分析。

第13章　基因组组装(Genome Assembly)

不积跬步,无以至千里;不积细流,无以成江海。——荀子·劝学篇

本章简单介绍下一代测序的从头组装的基本原理与组装过程,重点介绍各种组装算法,并通过酵母基因组组装实例演示NGS短片段序列的组装流程。

◎导学案例

酵母菌主要用于酒精与面包的制造。科学家在亚美尼亚(Armenian)洞穴中的一个古老墓地中挖掘出了一个拥有6000年历史的酒庄,配有葡萄酒压榨机、发酵器皿及饮酒杯等。这个酒庄说明当时人类已经掌握如何控制酿酒酵母生长繁殖的技术,这是人类历史上的一项重大技术创新。

然而,人类对酒精的兴趣可能更悠久。科学家还发现,笔尾树鼩(tree shrew)(图13-1)也酗酒,它饮用的"棕榈酒"是由生活在棕榈树花朵上的酵母菌自然发酵而成。树鼩是一种可能与所有灵长类动物的远古祖先类似的动物,说明酗酒基因的产生可能比亚美尼亚洞穴酒庄的历史还要早几百万年。与我们亲缘关系最近的灵长类动物黑猩猩也可能喜欢饮酒,它经常饮用天然酿造的水果花蜜。

图13-1　笔尾树鼩

生物体的完善基因组序列是进一步研究该物种的遗传信息与进化的基础。获得完整基因组的基因组测序方法有两种:从头测序(de novo sequencing)与全基因组重测序(whole genome resequencing)。从头测序指不依赖任何已知基因组序列信息,对某个物种的基因组进行测序,然后对测序序列进行拼接和组装,最终获得该物种的基因组序列。全基因组重测序是对基因组序列已知的物种中的不同个体进行基因组测序。全基因组重测序通过序列比对,可以找到大量的单核苷酸多态性(SNPs)、插入缺失序列(InDels)与结构变异位点(structural variations,SVs)等遗传变异位点。下面我们简单介绍从头测序的基因组组装方法。

目前,由于测序技术对测序长度的限制,基因组测序前需要将基因组随机打断成短片段,测序完成后再将测序得到的短读段(reads)拼接成基因组序列,这个过程即为基因组组装(genome assembly)。从头测序的一般过程如图13-2所示。

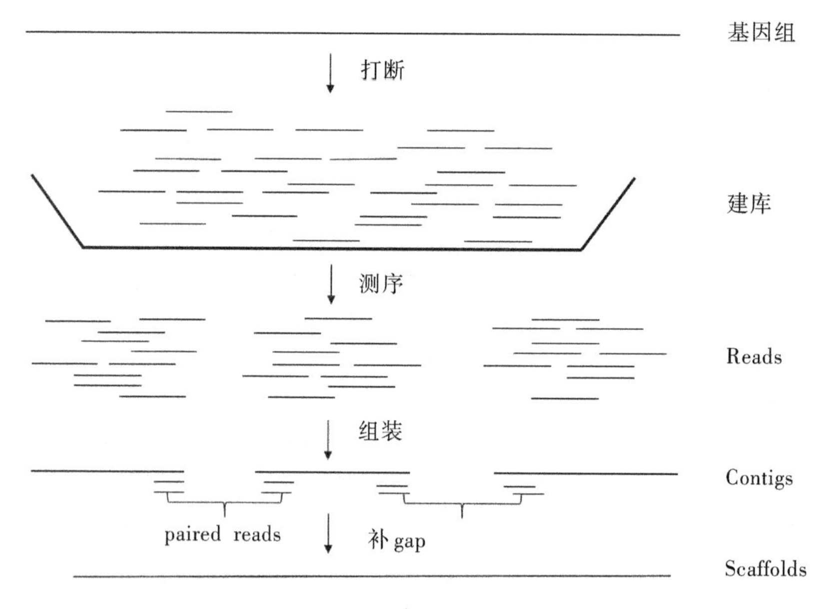

图13-2 基因组测序组装

基因组组装从一代或二代测序得到的许多短读段出发,通过其相互间的重叠(overlap)关系进行短序列的延长,直至无法进一步延长。此时组装所得到的连续序列称为重叠群(contigs)。重叠群是一段所有碱基都明确的序列,骨架(Scaffold)是指顺序和方向都确定的一系列重叠群,但在重叠群之间存在未知序列(gap)。骨架的拼接主要依靠双端(paired-end)或配对(mate-pair)文库测序所得短读段之间的配对关系,或通过与参考基因组比对等方法确定重叠群之间的顺序与方向。重叠群之间的未知序列(gap)一般用多个N表示,N代表未知碱基,而N的个数代表gap的大小。

第一代Sanger测序的读段较长,一般可达800bp,是基因组从头(de novo)组装的金标准,但非常昂贵与耗时,如完成人类基因组草图测序花了30亿美元,并用了13年时间。对低价与快速测序的需求促进了下一代测序技术的发展,但NGS的测序读段就相对小得多,一般只有100～200bp,并且错误率更高(Illumina测序中通常为0.5%～1%)。短读段使后续的组装过程变得更困难,需要更多的数据,同样完成人类基因组测序,Sanger测序只要大约8×的覆盖度,而NGS却需要100×的覆盖度。因此,针对Sanger测序的组装软件(如Phrap等),已不再适合NGS测序的组装。针对NGS测序重新开发的组装软件,如Velvet、ABySS和SOAPdenovo等,能对海量的NGS数据进行从头组装,最终得到基因组序列。

13.1　基因组组装的影响因素及测序策略

基因组从头测序是项复杂的过程,涉及大量的测序数据和计算资源消耗,下面我们列出一个基本的基因组从头测序与组装的研究流程(图13-3)。

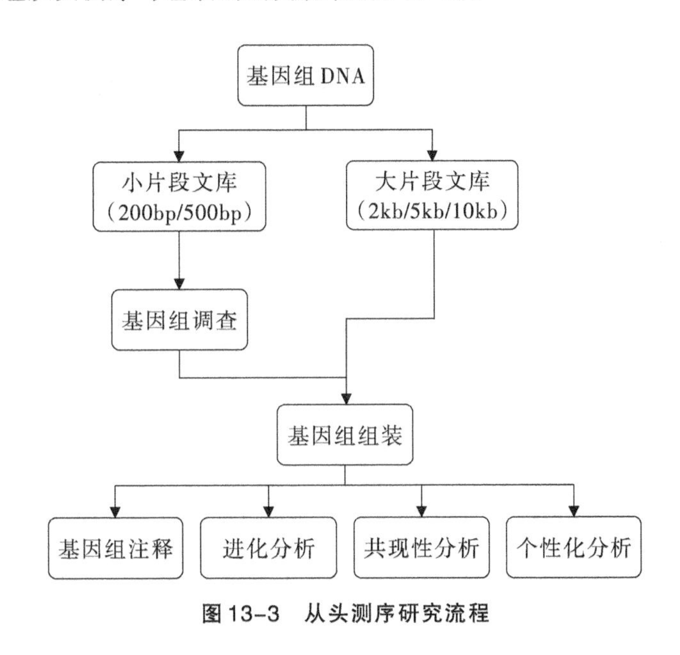

图13-3　从头测序研究流程

13.1.1　影响从头组装的基因组因素

基因组大小(size)是决定组装难度的关键因素。细菌的基因组一般较小(＜10Mb),NGS数据的组装一般没有问题。而人、植物等基因组数据较大(＞1Gb),NGS数据的组装就变得很困难。另一个影响组装的重要因素是基因组中重复序列(repeats)的数量。有些物种,如大麦,基因组中重复序列较多,组装就变成很大的挑战,因为重复序列会造成测序reads不能定位到基因组的正确位置,组装成连续片段有困难,因此在基因组组装序列(assembly)中留下缺口(gap)。还有一个影响组装的因素是基因组的杂合度(heterozygosity)。基因组杂合度是等位基因差异性的度量参数。由于双倍体或多倍体的等位基因差异,从而使来自它们的测序短读段不能拼接在一块。其他基因组特征,如GC含量,也会影响基因组组装。一般在基因组从头测序前,要对物种进行基因组调查(survey),了解基因组的大小和杂合度等情况。基因组大小可以通过查询相关数据库,或通过流式细胞仪实验测定或通过*K*-mers(*K*-mers

指长度为K的子序列)估计等获得。估算K-mers值不仅可以估算基因组大小,还可以检测基因组的杂合度,杂合度越高的物种基因组组装难度越大。

13.1.2 测序策略

如何填补由重复序列导致的空位(gap)是测序策略要考虑的首要问题。要连接gap两边的contigs的基本方法是测出能跨过gap距离的测序读段对(read pairs)。读段对一般是通过长距离末端配对测序得到,环化配对与末端配对测序不同,它是被设计来跳过(jump)一个大片段序列的两末端(图13-4)。环化配对测序前,先将大片段DNA5'端连接上生物素标记的接头,再通过环化使DNA片段两末端连接一块,然后随机打断,并捕获含有大片段DNA两末端的含有生物标记的DNA片段,用于末端配对测序。为了跨过不同大小的重复区域,需要测序不同插入片段大小的测序文库(如2~40kb)。为保证组装成功,一般需要联合使用末端配对与环化配对文库。前者的测序短读段可以组装基因组非重复序列或短的重复序列;而后者可以解决中等或长范围的重复区域。

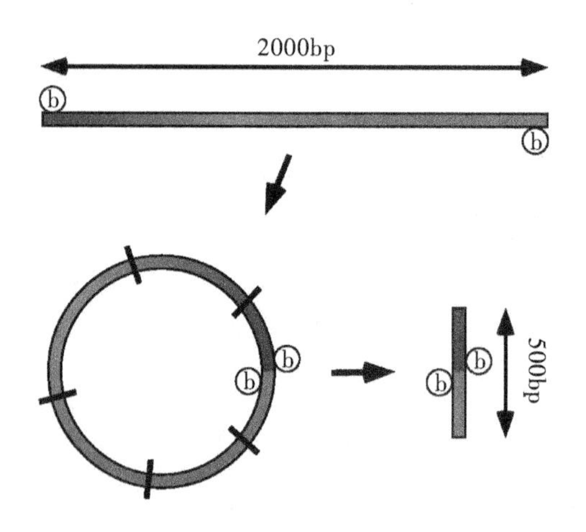

图13-4 环化配对(mate-pair)测序

测序读段长度(read length)是组装的另一个关键因素,越长的读长将会有越好的组装结果。第三代测序技术(如Pacbio)已经能得到长的读长(long reads),最长可测序到10~50kb。而Illumina HiSeq平台快速运行模式下也可以测到250bp。如果对插入长度为450bp的文库进行双末端测序,每个读段对将会重叠,用一些软件(如工具FLASH)可以把两重叠读段,合并成一个有450bp的长读段,并能减少测序错误。这个策略可以克服由NGS短读段造成的组装困难。

测序深度(depth)是影响组装的另一个重要因素。测序深度与多种因素有关,如重复序列数量、杂合程序、读长及测序错误率等。但测序深度偏低会造成组装碎片化,对同时采用不同末端配对与环化配对文库的测序项目,一般建议短插入片段的末端配对文库与中等长度环化配对文库(3~10kb)的测序覆盖度为50×左右,而长插入片段的环化配对文库(10~40kb)的测序深度为1×~5×。另外,虽然测序深度提高有助于组装质量,但测序也不是越多越好,当深度达到一定水平(即已饱和),更高的深度无助于进一步提高组装重叠群的长度。

13.2 序列组装过程

序列组装是把随机打断测序的短读段再还原成原始序列的过程,一般可分组装重叠群,构建骨架及补洞三个步骤。

13.2.1 组装重叠群

从头组装试图基于测序reads的重叠来构建一个长字符串(superstrings)。最早是Lander与Waterman通过理想化的序列(无错误与无重复)对组装过程来建模。在Lander-Waterman模型中,如果两个短读段重叠,并且超过一定域值,就合并成一个重叠群,重复此过程直到重叠群不能被延伸。虽然这个模型比较简单,但从海量的短读段中找重叠,并把它们组装成contigs,计算难度很大。目前基因组从头组装的方法可分成3类:①贪婪(Greedy)算法;②重叠—排列—生成一致序列(Overlap-Layout-Consensus,OLC)算法;③德布鲁意图(de Bruijn graph,DBG)算法。

(1)贪婪(Greedy)算法

贪婪算法在组装时首先选取一个初始的读段,每次总是选取与当前序列重叠程序最高的读段,延伸当前序列。为了选取最优的读段,需要比较任意两条读段之间的重叠程度。贪婪法是基于局部序列相似的最大化,主要用于Sanger测序所得长片段序列的组装。基于贪婪法的组装软件有VCAKE、SSAKE等。OLC与DBG方法都是基于全局的设计思想,通过Lander-Waterman模型,根据重叠信息把reads组装成contigs,但是它们的实现方法不同(图13-5)。

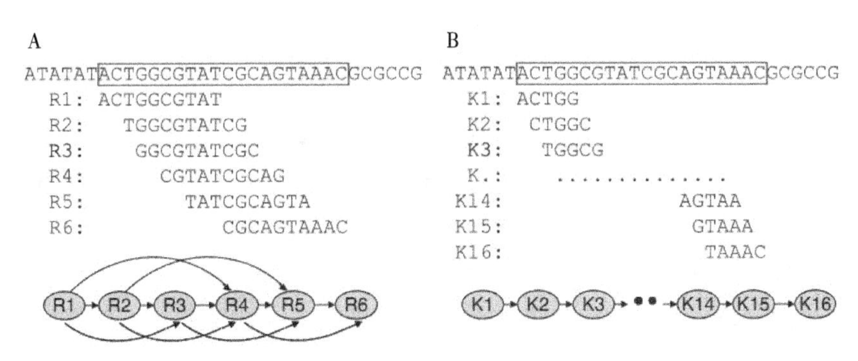

图13-5 比较OLC与DBG算法

(A)OLC算法;(B)DBG算法

(2)Overlap-Layout-Consensus(OLC)算法

顾名思义,OLC算法可以分为3个步骤:

①对所有序列进行两两比对,找到所有测序序列之间可能的重叠信息(overlap)。

②将短读段重叠片段组合起来，并在图上做延展(laying out)。

③根据序列中每个碱基的质量值，构建一致性序列。

第一步是计算量最大的过程，随着短读段数增加会大大增加计算量。第二步创建的重叠图以节点代表短读段，每个边代表它们之间的重叠。最后一步构建一致序列等于在重叠图中找经过每个节点一次的路径，即图论中的Hamiltonian路径。目前基于OLC算法的软件有Phrap、Newbler和Celera Assembler等，主要用于较长读段的组装，如454和Sanger测序。OLC算法很少用于NGS的短读段组装，因为NGS往往有很高的测序量，如果对所有读段进行两两比对，将造成巨大的计算量。

(3)DBG(De Bruijn Graph)算法

常用于短片段组装的计算方法是de Bruijn graph(德布鲁意图)算法，基于这个算法的软件有Velvet,ABySS,ALLPATHS-LG,SOAPdenovo等。这个方法不需要找所有读段之间可能的重叠，而是把读段分割成特定长度为的短片段(*K*-mers)，将序列组装的问题转化成*K*-mers(de Bruijn)图的构建问题。*K*-mers指一个read分成*K*长度的所有子序列，如序列ATTACGTCGA可以分成一系列3-mers(*K*=3)：ATT,TTA,TAC,ACG,CGT,GTC,TCG和CGA。这些*K*-mers被用作de Bruijn图中的节点，而连接两个节点的边(edge)代表聚合两个节点，如连接节点ATT与TTA的边是ATTA。为防止由于出现回文序列而导致序列自身拼接的问题，*K*值应取奇数。如图13-6所示，*K*值取偶数时，可能出现序列与其反向互补重合的情况，反过来完全一样，从而导致组装时序列自身组装的问题；而当*K*值取奇数时，刚可以避免发生这种情况。

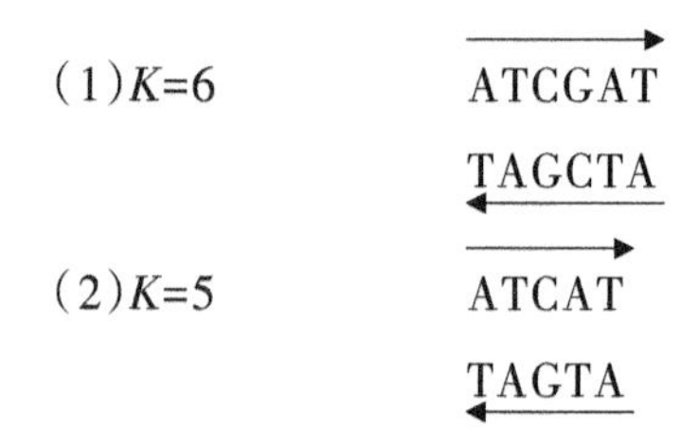

图13-6 de Bruijn图中*K*值的选择

采用DBG算法的主要工作就是通过获得的原始数据构建一个有众多节点的图，然后用“边”来连接这些节点，从而构建一个连续的序列，类似于寻找一个连接各个节点的最短路径，称为“路径图”(roadmap)。完成DBG的构建后，还要对图的路径进行简化，并去除去低可信路径等。组装最终步骤输出达到阈值的重叠群序列。

DBG算法的主要弱点是对测序错误高度敏感，因此用这类软件前必须要做测序reads纠错。一般NGS数据的QC过程并不能完全去除测序错误，因为单靠碱基的质量分数高并不能保证读段中没有测序错误。Illumina测序仪的质量分值代表的是一个碱基的最强荧光与次强荧光信号的比值，这种质量分值并不能准确反映每一个碱基发生测序错误的真实概率。现在有一些专门的纠错软件如Quake error corrector，或一些组装软件(如ALLPATHS-LG、SPAdes)中也集成了纠错模块。大多数此类软件的算法是基于*K*-mers过滤。在一个*K*-mers集合中，大多数*K*-mers将出现多次，而一些只出现一两次的*K*-mer很可能就是测序错误(图13-7)。而测序错误纠正的方法就是找到最小的碱基变异使一个短读段中所有的K-mers都更加可靠。

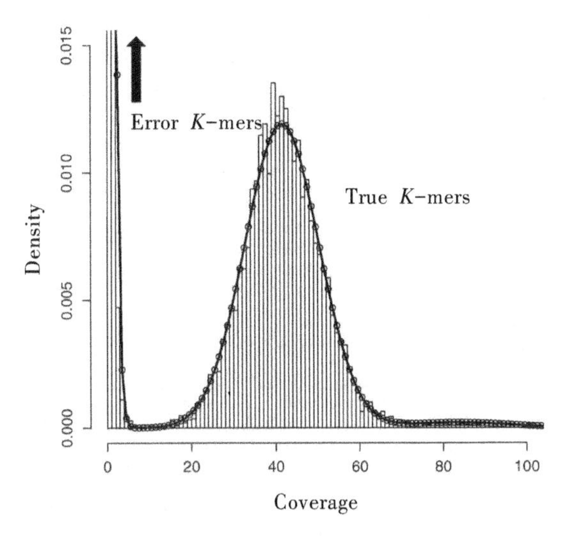

图13-7 K-mers频率分布(引自文献Kelly et al.,2010)

13.2.2 构建骨架(Scaffold)

构建骨架是对得到的重叠群(contigs)进行排序(order)与定向(orient)的过程,并能估计它们之间gap的长度(图13-2)。骨架的构建主要依靠末端配对或环化配对文库测序所得读段之间的配对关系,或通过与参考基因组比对来确定重叠群之间的顺序与方向。骨架构建软件的输入数据为组装后得到的重叠群、环化配对或PacBio三代测序的读段。首先将环化配对读段或PacBio读段比对到重叠群;再跟组装过程一样,将这些重叠群与读段组装成更长的字符串。组装所得的骨架长度受环化配对文库的插入片段大小或PacBio长读长测序读段长度的影响,不能连接大于其文库插入片段或读段长度的重复序列区域。目前专门构建骨架的工具有Bambus2,SSPACE等。许多组装软件也自带骨架构建工具,如ABySS,SGA和SOAPdenovo等。不同骨架构建工具的性能受测序数据集与分析参数影响,因此,建议不同测序项目采用不同的骨架构建工具与参数进行分析,将有助于得到最好的组装结果。

13.2.3 补洞(Gap closure)

基因组组装最理想的结果是能将所有的染色体序列拼接出来,但是实际组装结果是一些大片段的重叠群或骨架,中间有许多不确定序列。产生不确定序列的原因有很多,如基因组自身的重复序列、随机测序错误、测序数据不足造成覆盖度低和组装算法限制等。因此,组装的最后一步还要修补重叠群之间的不确定序列。一般可通过PCR实验进行补洞,先在gap两边的重叠群末端已知序列设计引物,然后PCR扩增并测序得到gap的序列。然而当有很多的不确定序列时候,这个方法很费时费力。缺口序列也可能是由于重复序列在构建重叠群的过程中被忽略。现已有一些补洞(gap filling)软件,如IMAGE、GapFiller等,可以利用可能来自gap区域的末端配对或环化配来做特定位置组装,从而逐渐补上gap区域。例如,

IMAGE的算法(图13-8)是首先收集比对到重叠群的读段对,并用它们组装成新重叠群来扩展gap区,当有新的重叠群被整入骨架,再重复这个步骤,直到整个gap被补上。另外也可以利用参考基因组序列进行重叠群或骨架的比对排序来修补gap。参考序列可以是同一物种或相似物种的基因组序列,使用参考序列能大大降低基因组组装的复杂度。

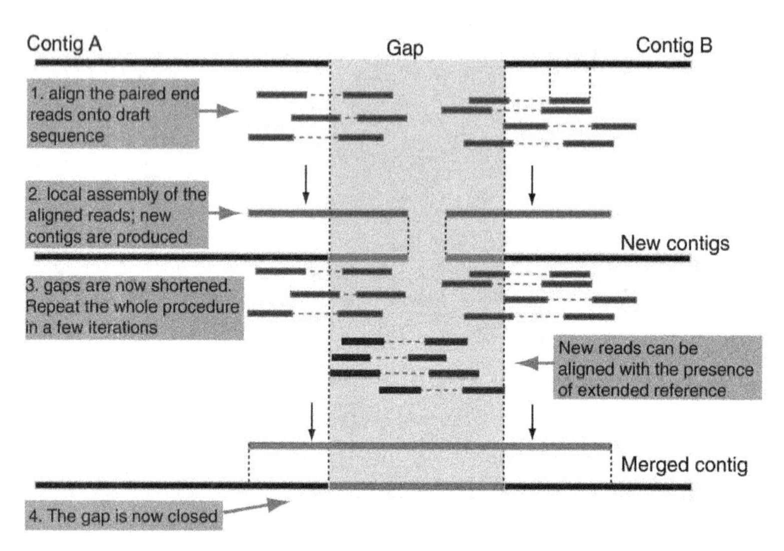

图13-8　IMAGE补洞原理(引自文献Tsai et al.,2010)

13.3　组装质量的评价

基因组组装质量的评价参数主要有三个:连续性(continuity)、完整性(completeness)、准确性(accuracy)。连续性反映组装的重叠群或骨架的总数与大小分布,即组装是由少数大片段组成或由许多小片段构成。它可以通过长度的中位数或平均值表示,但常用参数是N50或N90等。为计算重叠群N50,先把所有重叠群按长度从大到小排列,然后从最大重叠群开始往后加上后一个重叠群的长度,累加得到的总长度达到所有重叠群总长度的一半时的那条重叠群长度为N50的长度(图13-9)。该值越大说明组装效果越好。例如组装得到6个重叠群,其总长度为270(70+60+50+40+30+20),则其一半为135(270×50%)。当重叠群从大到小累加到第3个重叠群时,其长度180(70+60+50)大于所有重叠群总长度的一半(135)。因此,N50值为第三个重叠群的长度(50)。

如何计算N90或N75等?

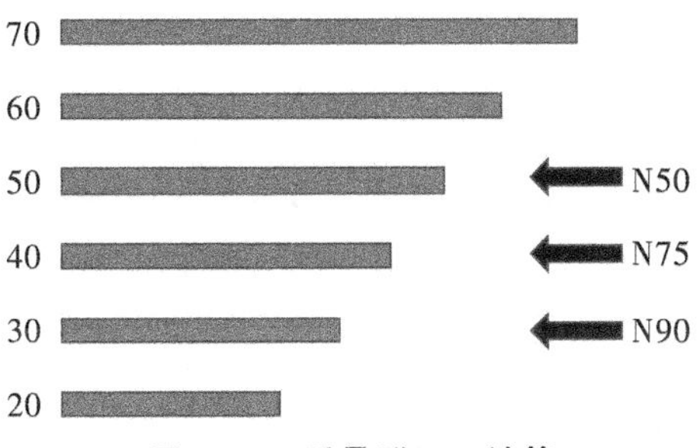

图13-9 重叠群N50计算

组装总长度不代表完整性，为计算完整性，将原始的读段回帖(map)到组装后的重叠群或骨架序列，然后计算比对上的读段占总读段的比例，该值越大说明组装效果越好，一般需要大于90%。

为计算组装的精确性，组装序列可以比对到同一个物种的高质量参考基因组序列，然后比较两个方面：碱基精度(base accuracy)与比对精度(alignment accuracy)。碱基精度评价在一个位置上是否为正确碱基，而比对精度检测一个序列被放置于正确位置与方向。如果不存在参考基因组，也可以把测序原始读段比对到组装序列上，并统计组装序列覆盖度的均一性与一致性(congruence)，得到组装质量的估计值。另外，也可以使用同一个物种的基因或cDNA序列，将拼接得到的基因组序列比对(map)到基因序列上，统计基因区的覆盖度。

目前有一些工具，如QUAST(Quality Assessment Tool for Genome Assemblies)可以评价组装质量，计算以上各种评价指标，并提供在线分析功能。国际基因组组装竞赛Assemblathon，根据多种指标，如组装速度、重叠群N50、最大重叠群长度等，评估从头组装软件的效果。

NGS的短读长对组装有许多限制，加上其他因素，如测序错误、重复序列和覆盖区域不均匀等导致组装图中的不确定性(ambiguities)，假阳性和路径分歧，过早终止重叠群延伸，使组装结果往往片段化。另外，由于嵌合(chimeric)连接会导致组装序列高的错误率。一般可用参考基因组，甚至亲缘关系远的物种参考，以克服这些问题。尤其当没有成对的测序读长可用时，参考基因组辅助(reference-assisted)的组装方法特别有效。随着第三代测序技术的读长增加，基因组组装的方法也将发生大的变革。

13.4 基因组组装实践

前面简介了下一代测序的从头组装的原理与方法，接下来我们将通过一个基因组组装实例，详细展示组装过程的操作步骤。这里我们选用酿酒酵母(*Saccharomyces cerevisiae*)基因组经Illumina Hiseq与PacBio测序的部分数据(Li et al.，2014)，并选择用组装软件SPAdes进行组装。

13.4.1 Illumina reads数据

建立工作目录,把所有数据都放在此目录:

$mkdir Assembly

$cd Assembly

再把测序数据复制到此目录。

(1)Illumina PE(short):IDX7_1.fastq / IDX7_2.fastq

读长(bp):2×100(2×代表两端测序读段)

reads数:1,766,886

$cat IDX7_1.fastq |grep "^@HWI" |wc -l

Insert size(bp):300?

查看文件里有多少reads,"cat"可以显示文件的内容,"wc -l"显示文件有多少行,FASTQ格式中每个read的序列信息都以@开头。

(2)PacBio SE(long):pacbio_subreads_corrected.fasta

PacBio测序仪出来的原始数据,一般会经过SMRT Analysis处理,如过滤掉SMRT系统接头等,产生FASTQ文件。

13.4.2 数据预处理

相对NGS的其他应用,从头组装对测序错误更敏感,因此从头组装前需要进行测序数据的质量控制,包括低质量读段过滤,以及切除读段中的低质量碱基(一般在3'末端)、无法识别碱(N)或测序接头序列等。

Prinseq是由Perl语言编写的NGS质控程序,不需要安装,只要下载prinseq-lite.pl在本地目录就可以运行。

这里用prinseq过滤读段:

$prinseq-lite.pl -fastq IDX7_1.fastq -fastq2 IDX7_2.fastq -out_good IDX7_filtered -out_bad null -no_qual_header -min_len 50 -ns_max_n 3 -min_qual_mean 20 -trim_qual_left 20 -trim_qual_right 20

参数说明:

-min_qual_mean 20:过滤掉PE中平均质量低于20的读段。

-min_len 50:过滤掉短于50bp的读段。

-ns_max_n 3:未知碱基的数量。

-derep 1:过滤重复读段。

命令过滤后产生两个配对reads的文件:IDX7_filtered_1.fastq,IDX7_filtered_2.fastq,以及两个非配对reads的文件IDX7_filtered_1_singletons.fastq,IDX7_filtered_1_singletons.fastq。

13.4.3 利用SPAdes组装

SPAdes(St. Petersburg genome assembler)是目前较好的基因组组装软件之一，而且使用简单。SPAdes主要用于小基因组(<100Mb)组装，如细菌或小的真核生物，但不适合大基因组测序数据的组装。该软件输入数据可以是 Illumina、IonTorrent短 reads，或 PacBio、Sanger长读段，也可以把一些重叠群序列作为长读段进行输入。可以同时接受多组 paired-end、mate-pairs和 unpaired reads数据的输入。

SPAdes安装可在Ubuntu系统通过下面命令自动安装：

```
$sudo apt install spades
```

也可从官网下载已经编译的可执行文件，或下载源码安装文件，手动进行安装：

```
$wget http://cab.spbu.ru/files/release3.12.0/SPAdes-3.12.0.tar.gz
$tar zxvf SPAdes-3.12.0.tar.gz
$cd SPAdes-3.12.0
$sudo apt install build-essential cmake libbz-dev zliglg-dev libssl-dev
$./spades_compile.sh    #编译安装
$./bin/spades.py --test
$export PATH=$PATH:/home/adong/SPAdes-3.12.0/bin
```

安装完毕后，在 SPAdes-3.12.0/bin 文件夹中包含一系列相关程序，如 spades.py，metaspades.py(宏基因组装软件)。

使用spades.py软件对Illumina测序序列进行组装的命令如下：

```
$spades. py --pe1-1 IDX7_filtered_1. fastq --pe1-2 IDX7_filtered_2. fastq --pe1-s IDX7_filtered_1_singletons.fastq --pe1-s IDX7_filtered_2_singletons.fastq --careful -o scer_illupe
```

--pe1-1/--pe1-2：编号为 1的配对双末端文库(paired-end library)的左端与右端测序reads；

--pe：参数用于质量过滤后还是配对的读段，pe后的数字1为文库的编号，而后跟着配对读段的编号，1是左端(forward)，而2是右端(reverse)；

--pe1-s：paired-end library 数据过滤后两端读段不能再配对的单个数据，就在同一个--pe参数后加-s标记；

-o output_dir：指定输出的文件夹；

--careful：通过运行 MismatchCorrector模块进行基因组上错配(mismatches)和短的插入/缺失(short InDels)的修正，推荐使用此参数。

命令运行结束后，在输出文件夹 scer_illupe中产生许多文件，其中 scaffolds.fasta是最终的组装结果，将其命名为 scer_illupe_scaffolds.fasta。

```
$cp scer_illupe/scaffolds.fasta scer_illupe_scaffolds.fasta
```

SPAdes也可以进行不同测序平台来源数据的杂合组装。PacBio数据的平均读长比较长(~10kb)，对组装后补 gap、提高重复序列的组装结果比较好。--pacbio参数可以加入PacBio

数据(FASTQ格式)。注意,SPAdes并不能直接组装PacBio读段,仅用它们的长序列作为框架,提高短读段组装的连续性。

```
$spades.py --pe1-1 IDX7_filtered_1.fastq --pe1-2 IDX7_filtered_2.fastq --pe1-s IDX7_filtered_1_singletons.fastq --pe1-s IDX7_filtered_2_singletons.fastq --careful -o scer_pacbio --pacbio subreads_corrected.fasta
```

这样在命令运行结束后,将文件夹scer_pacbio中的scaffolds.fasta命名为scer_pacbio_scaffolds.fasta。

```
$cp scer_pacbio/scaffolds.fasta scer_pacbio_scaffolds.fasta
```

想要得到一个满意的基因组,需要改变参数多次反复进行组装。数据预测处理可提高组装质量,如过滤Illumina与PacBio的低质量读段,除了去测序接头,还要过滤可能的污染序列。一般要求过滤后的有效Illumina读段的测序深度(depth)要达到30×以上,才能有比较好的组装结果。尝试SPAdes的不同参数,如参数-k指定不同*K*-mer大小作索引。当仅用PacBio数据组装,可以用更高的重叠(overlap)域值,有助于提高SPAdes杂合组装的质量。

13.4.4 组装质量评价

QUAST(QUality ASsessment Tool for Genome Assemblies)是一个集成的组装结果评估软件,其中整合了MUMmer、GAGE、GeneMarkS等工具。QUAST运行速度很快,可以做有参考基因组的质量评价,也可以在没有参考基因组的情况下评估组装质量。

QUAST安装比较简单,直接下载解压就可以:

```
$wget https://downloads.sourceforge.net/project/quast/quast-5.0.0.tar.gz
$tar -xzf quast-5.0.0.tar.gz
$./quast-5.0.0/setup.py install
```

由于我们做的是从头组装(de novo assembly),就做没有参考基因组的质量评价:

```
$./quast-5.0.0/quast.py scer_illupe_scaffolds.fasta scer_pacbio_scaffolds.fasta -o scer_quast
```

如果需要做有参考基因组的评价,只要加上参数(-r),加参考基因组的FASTA序列文件。

可以不加任何参数,直接运行quast.py来察看其他的参数,如--glimmer,--contig-thresholds,--use-all-alignments等。

命令结果输出只要查看报告网页,阅读非常方便。在报告中有许多不同的组装质量评价结果。QUAST质量结果之一的累积长度(cumulative length),如图13-10所示,组装所得的重叠群按大到小排列后进行累加,纵坐标是重叠群的长度,而横坐标是重叠群的数量。

由图13-10可以看出,PacBio杂合组装的结果相对Illumina PE组装的结果较好,重叠群数量比较小,而最长重叠群长度比较大。

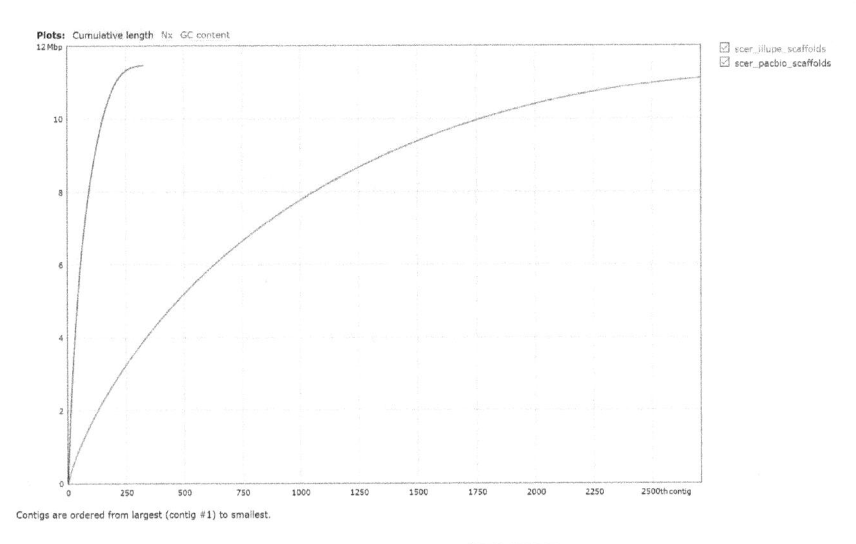

图13-10　QUAST报告页面

习题

1. 说明reads，contigs，scaffolds，gaps，N50，N90等名词的含义。

2. 下载并安装SPAdes软件，并用本书提供的数据，用不同的参数进行基因组组装，用QUAST评估组装结果。

第14章 转录组测序(RNA-Seq)

识不足则多虑,威不足则多怒,信不足则多言。——弘一法师

本章简要介绍RNA-Seq技术的原理与应用,并重点阐述RNA-Seq数据的生物信息学分析方法和流程。

◎导学案例

微生物对营养物质的利用具有偏好性,当培养基中存在多种碳源时,微生物会先利用易于分解的碳源物质(如葡萄糖),再利用其他碳源(如半乳糖)。这种依次利用不同碳源是受碳代谢产物阻遏效应(carbon catabolite repression,CCR)的调控,严重阻碍了混合多糖的高效利用。要打破CCR效应,纠正微生物的"偏食",就要从分子水平揭示它的作用机制。

法国巴斯德研究所的著名科学家研究大肠杆菌在含有葡萄糖与乳糖的培养基中的生长现象,发现*E. coli*的生长曲线可以分为两个阶段,他称之为二次生长(diauxie)现象(图14-1)。细菌消耗所有葡萄糖后会停止生长一段时间(约15分钟),当诱导出利用半乳糖的酶后又开始细胞生长分裂。Jacob和Monod通过多年的努力终于揭示了*E. coli*二次生长现象的分子机制,并在1961提出乳糖操纵子学说(lactose operon),开创了基因表达调控机制的新领域。

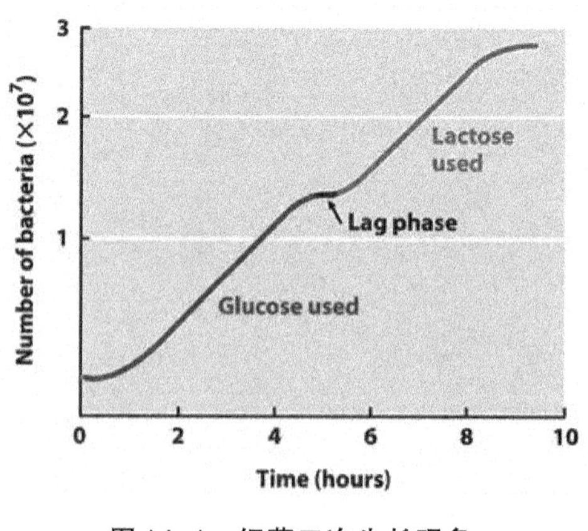

图14-1 细菌二次生长现象

转录组(transcriptome)是指某一时期生物体内单个细胞或者特定组织细胞中所有转录的RNA的总和,包括信使RNA(mRNA)、核糖体RNA(rRNA)、转运RNA(tRNA)及非编码RNA(ncRNA)等。转录组学研究的主要问题是基因组中有哪些基因被表达?其表达强度有多大?转录组学研究使人们对基因组结构,如蛋白质编码基因、非编码RNA基因和调控元件,有了更深入的理解。

传统的基因表达研究技术包括基因表达序列标签(EST)、微阵列芯片(microarray)等。Microarray技术是基于RNA样品与已知基因区域的DNA探针的杂交,依赖基因组的注释信息,不能检测未知序列的区域。同时,它还存在背景噪声较高,非特异杂交带来的无法分辨弱信号和过饱和信号的问题。基于传统Sanger测序的EST技术的缺点是其通量低、价格贵,只能检测到转录本的部分序列。

RNA-Sequencing(简称RNA-Seq)是最新的转录组研究技术,通过将样本中提取的总RNA反转录成cDNA,后进行高通量测序并统计相关读段(reads)数,来确定样品中RNA的整体情况。对于真核生物mRNA测序(图14-2),用带有Oligo(dT)的磁珠富集mRNA,并将得到的mRNA打断成短片段,再以片断后的mRNA为模板,用六碱基随机引物(random hexamers)合成cDNA,后用于制备测序文库,构建好的文库用Illumina HiSeq 2000进行测序。对于已知基因组序列的物种,RNA-Seq方法不需要基因组注释信息,只要把样本的所有RNA测序reads比对到基因组,从而知道哪些区域表达;而且一个特定区域上总的测序reads数代表这个区域的表达活性,表达量越大,相应的测序读段数数就越多。RNA-Seq数据分析就是基于计算基因组不同区域的测序读段数量。由于转录本的读段数数量是离散的信号,不像microarray芯片是连续的信号,即使基因表达量相当高,RNA-Seq也不会像microarray一样有信号饱和的问题。另外,如果被测序物种没有参考基因组序列,则需要将所测短序列先拼接成转录本,再将读段数比对到转录本序列上进行分析(图14-3)。

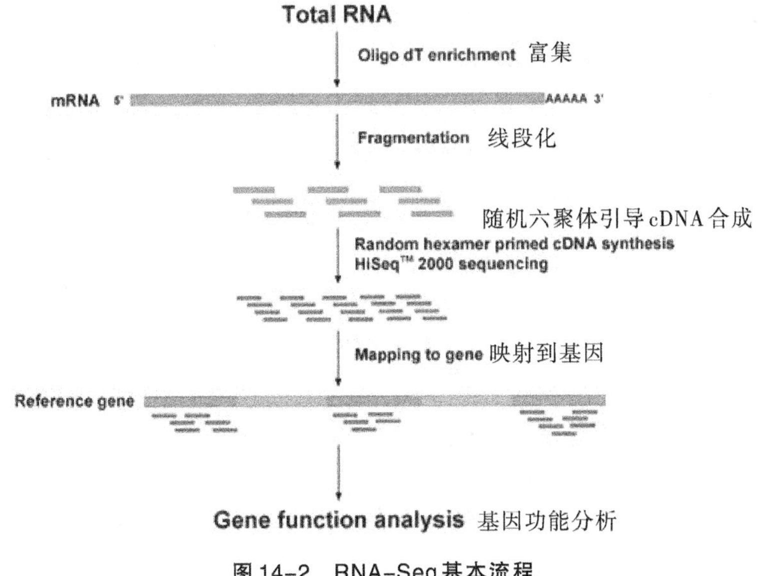

图14-2 RNA-Seq基本流程

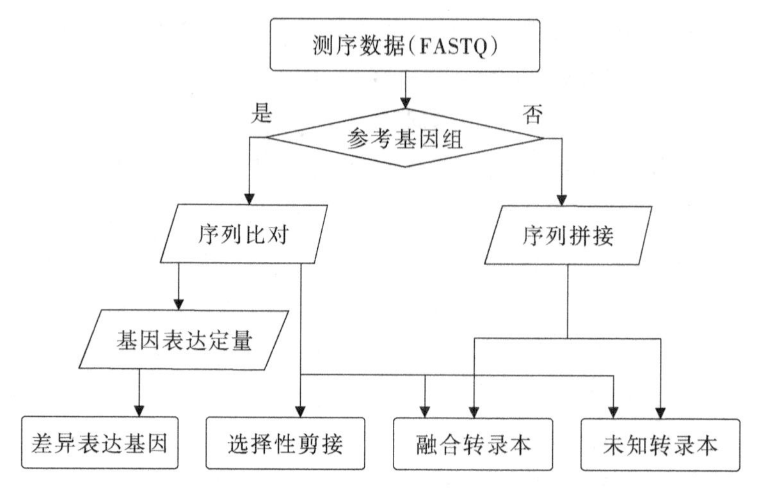

图 14-3　转录组测序研究

RNA-Seq 技术是发现新的转录本、选择性剪切(alternative splicing)和基因融合等转录现象的有力工具。ENCODE 计划项目利用 RNA-Seq 研究发现，除了蛋白质编码区，人类基因组约 75% 的区域可被转录。RNA-Seq 也有助于发现非正常(noncanonical)的转录剪切事件，如环状 RNAs。另外，因为 RNA-Seq 是可定量的数据，所以在系统生物学研究方面将有重要应用前景。

14.1　RNA-Seq 实验设计及测序策略

14.1.1　实验设计

在 RNA-Seq 实验之前，必须先要清楚待研究的生物学问题是什么。许多 RNA-Seq 实验是比较两个条件的转录谱，如肿瘤细胞与正常细胞。这个是最简单设计，只涉及一个因素(细胞类型)。单因子实验有时候也会有两个以上条件，如比较来自不同组织的细胞特异性表达的基因。当把第二个因素(如药物处理)加到肿瘤细胞与正常细胞比较中，实验将有 2×2 组样品。在这个双因子设计中，除了检测每个因子的功效，还可以检测双因素之间的相互作用效果，如药物处理可能对肿瘤细胞更有效果(表 14-1)。如果有更多的因素或条件，总共会有 $m \times n$ 组样品(m 与 n 分别代表因素与条件的数量)。实验涉及超过两个因素，如再增加时间因素，同时在两个细胞类型上检测药物效果与时间的相关性，实验将变得更复杂，结果更难解释。因为任何基因变化都不能归功于一个因素，而是基因间的多重相互作用的结果。

表 14-1　双因素实验设计

	正常细胞	肿瘤细胞
安慰剂(Placebo)对照	34(只为对照)	18(单因子作用)
药物处理	8(单因子作用)	2(共同作用)

任何需要统计分析的实验都需要重复与随机化。随机化指随机指定实验对象到每一个组,从而避免在实验收集过程导入非期望的偏差。为了把基因表达差异检测结果从观察的样品组外推到相应的总体,必须要有重复试验来估计组内每个基因的表达差异。重复实验数越多越好,一般要求至少有三次重复实验。然而差异表达基因也可以从没有重复的样品中观察到,但这个结果只限于这个观察的样本,因为缺少样本组内的表达差异信息,没法对一个研究总体下结论。

14.1.2 样品RNA准备

生物体的基因表达经常受一些内部因素(如组织类型、细胞组成异质性、发育阶段等)或外部因素(如各种环境胁迫等)的影响。因此,样品收集时要尽量减少无关因素的影响。如果有些影响因素不可避免,也要在每个组内都做到均衡分布。

准备RNA-Seq测序的样品,要提取总RNA或mRNA。由于总RNA中rRNA一般会占大多数(约90%),所以在测序前先要去除rRNA。去除rRNAs的方法有两种:真核生物的mRNA一般有polyA尾,可以通过polyT探针富集mRNAs。另一个是通过去除rRNA,如商业核糖体RNA去除试剂盒Ribo-Zero(Epicentre)通过特殊的RNA探针结合rRNA,并由双链特异性核酸酶(duplex-specific nuclease,DSN)或RNase H来降解rRNA-DNA探针结合的产物。

除了rRNA去除,样品中RNA分子的降解也会导致错误的结果。RNA完整性值(RNA integrity number,RIN)是判断RNA降解的常用指标。高RIN值代表没有或较低的降解,推荐用高质量的RNA样本(RIN≥8.0)来测序。由于RNA极易降解,提取高质量的RNA样本需要液氮冷冻(snap-freeze)组织样品保存。如果在田间采样,也可以用RNA稳定剂(如RNAlater等)。

其他实验因素也会影响RNA-Seq的结果。如基因组DNA的污染,可以通过DNaseI处理提取后的RNA样本。许多RNA提取实验方法不能保留小RNA,如microRNAs(miRNAs),Piwi-interacting RNAs(piRNAs)。如果要研究小RNA需要另外提取方法,如TRIzol法。

14.1.3 测序策略

提取RNA后,需要将RNA反转录成cDNA并连接上测序接头,构建RNA测序文库。测序文库构建也会引入偏差,此过程一般用poly(T)寡核苷酸结合真核mRNA的3'端poly(A)尾,造成3'端偏好性。这个过程也排除了那些没有3'端poly(A)尾结构的mRNA与非编码RNA。如果需要研究这些RNAs,则需要通过去除rRNA方法或采用随机引物来进行反转录过程。

为方便后续测序读段比对,采用双端(paired-end)测序比单端测序更有益处,读段测的长度短一点也相对较好。测序时样品在测序泳道(lane)中的位置也会影响RNA-Seq结果,最好不同条件的样本都混合(multiplexed)到同一个测序通道,这样可以减少泳道与泳道间或flow cell与flow cell的差异。

RNA-Seq测序需要多少数据量是经常要考虑的问题。这个问题与许多因素有关,如基因组大小、研究目的等。一般如果要定量低丰度的转录本或检测选择性剪切变异体需要更多的测序量。通常来说,基因组越大,转录组就越复杂,需要的测序深度就越高。对于酵母这样简单的转录组,只要测定3000万条长度为35bp的读段数就足够观察到细胞中大多数(>90%)基因。而对人类基因组来说,需要有1亿条读段数(过滤后的)才能检测到80%表达的基因,而需要3亿读段数检测到80%的差异表达基因。值得注意的是,测序深度与样品重复数都能影响RNA-Seq的检测能力,两者在不同的水平起作用,前者在测序文库中随机抽取RNA片段,而后者是从不同的生物对象中抽样。有研究显示,增加样本重复数比增加测序量更有助于提高检测效果。

14.2 RNA-Seq数据分析流程

14.2.1 数据的质量控制

与基因组测序数据处理过程类似,RNA-Seq数据分析的第一步也是质控(QC)。首先,可用FastQC软件评估测序数据的质量,如读段长度、质量值、无法识别碱基(N)的数量等。再利用预处理软件过滤低质量读段数(phred score<20)或切除测序接头(adapter)等,从而得到有效数据(clean data)。

除了读段数数量、质量值分布等,RNA-seq还要检查其他质量指标,如总比对的reads的占百分比、rRNA读段数百分比、重复读段数比率和基因组覆盖度等。除了可用标准的NGS质控软件,RNA-Seq还有专门的软件RNA-SeQC、RSeQC等。

比对到基因组上的读段数占总测序读段数的百分比是一个重要QC参数,它受许多因素影响,如比对方法、所研究物种等,这个数值一般要在70%~90%。同样,比对到rRNA区域的读段数的占比可以检测rRNA去除效率,也受生物因素与技术因素的影响,波动范围比较大,从1%~2%到35%以上都有可能。下游分析前必须去除所有rRNA读段,不然会影响后面的标准化。重复读段在RNA-Seq实验中经常发生,有时在单次测序数据中占比可达40%~60%,可能由生物因素(如少数高表达基因的读段会有很多)或技术因素(如PCR过量扩增)造成。如何处理重复读段还没有定论,因为它形成有生物因素,不能简单去除重复读段。目前一般可以在建库前去除高表达基因或用末端配对读段测序可以减少重复读段数量。基因组覆盖度方面,RNA-Seq质控软件一般会报告比对到基因内部(intragenic)的读段数与比对到基因间(intergenic)的读段数的比率。

14.2.2 读段回帖到基因组

RNA-Seq读段回帖是比较复杂的问题,因为真核生物的mRNA一般是通过剪切内含子后连接外显子得到,许多读段不能直接连续比对到基因组上。目前有两种方法:一个是把当前的所有外显子注释放到一个转录本数据库,然后用RNA-Seq将读段比对到这个数据库;

另一个是从头(ab initio)方法,不依赖基因注释,可以检测新的剪切连接点(splice junction)。后者可以分成两类,一类是“exon-first”,即首先把读段能连续比对到基因组上(exonic reads first),然后在剩下的未定位读段中预测剪切连接点。例如Tophat就是利用这个方法(图14-4),其先调用Bowtie软件,比对到基因组,剩下的未匹配读段基于已知的内含子模式(GT-AG/GC-AG/AT-AC)进行短序列比对,比对速度较快。第二类算法采用“seed-and-extend”,先将读段分割成不同的子序列(K-mers),再进行比对过程,随后通过对可能的比对位点(hits)的延伸来定位剪切位点,如GSNAP等。

目前常用的转录组对比软件有Tophat2(图14-4)、Star、Hisat2等。

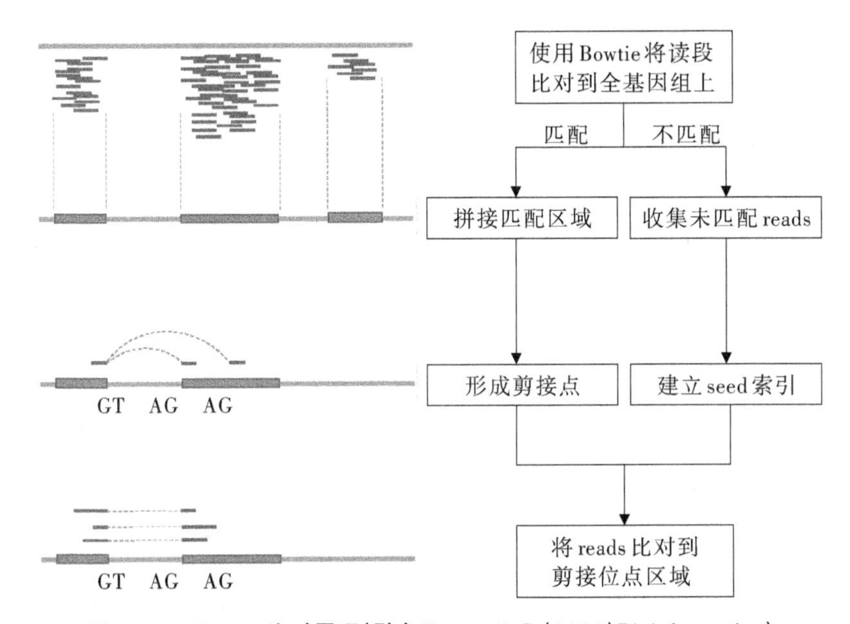

图14-4　Tophat比对原理(引自Trapnell,C.(2009)Bioinformatics)

由于测序存在固有错误及基因组中存在SNP,所以所有比对软件通常都允许一定的错配。另外,基因组中一般存在重复及高度相似的片段,而且测序片段比较短,这会导致某些读段会比对到基因组多个位置上,影响最终读段的定位质量,后续分析可根据不同的研究目的,采取完全过滤或多重平均分配的方式进行处理。

如果研究的物种没有参考基因组序列,可以采用两种方法,一是利用亲缘关系相近的物种的基因组,二是从头(de novo)组装转录组,将所测短序列先组装成转录本,再将读段比对到转录本上进行分析。转录组从头组装的软件有Trinity、SOAPdenovo-Trans等,适合没有相关基因组的物种。值得强调的是,如存在序列相似度达85%以上的相关参考基因组,比对到相关参考基因组可以取得比从头组装相似或更好的分析结果,特别适合用于研究选择性剪切突变体。

14.2.3　数据标准化与定量

RNA-Seq广泛应用于估计基因或转录本(transcript)的表达量(abundance),并能比较不同样品或试验条件之间的基因表达差异。RNA-Seq估算基因表达量的基本思路是:如果一个基因转录更活跃,那么就会观察到更多的读段。基因表达定量一般有两种方法,①一种是直接统计比对到基因的读段的数目,计算每个转录本的平均读段数(estimated average read coverage,ARC)。通常情况下,只选取比对最好,而且只有唯一匹配位置的读段;②另一种是计算基因的RPKM(reads per kilobase of transcript per million mapped reads)值。要比较不同条件样品中的基因表达水平,至少需要考虑两个因素:测序深度与基因长度。如果一个样品被分成两半,其中一半的测序量是另一半的2倍,对同一个基因,在前一个样品测序数据中会有两倍的读段。同样,如果一个基因的转录本长度是另一个基因的一倍,那么长的基因会有两倍的测序读段。在进行不同条件样品和不同基因的表达量比较前,每个基因的读段数需用这两个因子做标准化处理,从而可以保证不同样品可以直接比较,公式如下:

$$RPKM = \frac{\text{total exon reads}}{\text{mapped reads (millions)*exon length(kb)}}$$

其中,total exon reads 是定位到某个基因(exon)的读段,mapped reads指回帖到基因组的总读段,两者单位都是百万(millions)。total exon reads/mapped reads 可以视为所有读段数中有多少是回帖到这个基因,然后再除以基因长度(以kb为单位),就可以得到基因单位长度内有多少定位的读段。

最初Mortazavi等在2008年提出以RPKM估计基因的表达量。后来针对末端(paired-end)测序又提出FPKM(fragments per kilobase of transcript per million mapped reads)比RPKM能更好地衡量基因的丰度(F代表fragments,R代表reads)。末端配对测序的每个碎片会有两个读段(one fragment=one read pair),FPKM只计算两个读段都能比对到同一个转录本的碎片数量,而RPKM计算的是可以比对到转录本的读段数量,即不管两个末端配对是不是都能比对到同一个转录本上。一个碎片的两个读段比对到不同的转录本的情况是比较少见的,可能是比对错误,也可能是发生了转录本的融合之类的变异。

每一个基因有许多不同的转录本,而每一个转录本都有共同的外显子,这使我们对转录本进行表达定量分析有很大的难度。目前对转录本进行定量分析的软件有DEseq、Cufflinks、StringTie等。DEseq是利用唯一能比对到每个转录本上的读段数量进行表达量的评估,而Cufflinks与StringTie是利用最大似然值模型进行表达量的评估。相对于Cufflinks,StringTie的分析速度更快,内存消耗也更少。

14.2.4 鉴定差异表达基因

差异表达(differential expression,DE)分析是指鉴定在不同样品或条件之间,平均表达水平发生显著变化的基因。要比较标准化后的不同组中的RNA-Seq基因表达量,必须知道此数据的分布模型,才可选择合适的统计检验方法。虽然芯片数据经转换后可以认为是正态分布,但RNA-Seq数据是离散的,即使转换后也不能认为是连续的分布。一般计数(count)数据,包括RNA-Seq数据,都服从泊松分布,其特征是分布的平均值等于方差值。虽然此分布可以用来对RNA-Seq数据建模,但其RNA-Seq数据中的方差比平均值增长更快,导致过度离散(over-dispersion)问题(图14-5)。为解决这个问题,可以应用过度离散的泊松分布或近似负二项式分布。

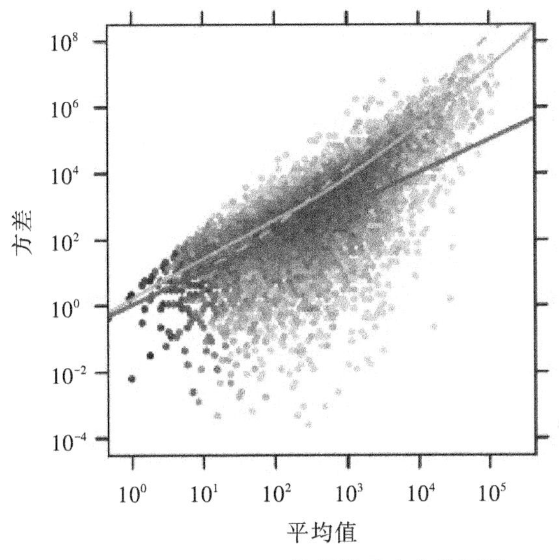

图14-5 RNA-Seq数据的过度离散问题

根据泊松分布或负二项式分布模型,判断基因表达是否在统计学水平上有差异,根据设定的差异基因筛选标准(通常采用表达差异比值大于2,校正后的P值小于等于0.05),从而筛选出满足条件的差异基因。

现有的差异表达分析软件可分两大类:第一类是以读段计数矩阵为起始文件,先进行标准化处理(如TMM标准化方法等),再通过统计学方法计算表达差异,这类代表软件有DESeq2,EdgeR等。DESeq2利用基于负二项式分布模型,采用基于广义线性模型(GLM)的检验来计算显著差异基因。第二类软件直接以FPKM、RPKM或TPM标准化后的数据进行表达差异的统计比较(如Cuffdiff采用*T*检验方法),代表软件为Cufflinks和Ballgown。目前差异表达基因的分析软件层出不穷,经证实采用不同的软件和方法分析得到的结果都会不同,甚至相同的软件不同的版本分析的结果也会存在差异。因此在实际应用时,都应详细记录所用的软件和版本号,对于关键性的实验可以综合分析多种方法的结果。

14.2.5 差异表达基因的功能分析

鉴定的差异表达基因还要进行功能分析从而有助于理解生物学问题。功能分析可以在不同层面进行,如基因本体(gene ontology,GO)、生物途径(pathway)和基因网络(network)。目前有许多工具可以做这种分析,如DAVID是分析差异基因的功能富集的著名软件,可以做GO标准词汇(GOterm)注释与生物途径富集分析。基因网络分析的工具有Cytoscape,可以通过利用已有的RNA-seq实验数据建立基因共表达(co-expression)基因网络,或利用STRINGS等数据库数据构建蛋白质相互作用网络等。

功能富集分析采用一种称为超几何分布(hypergeometric distribution)的概率算法。通过

Fisher精确检验，描述两个集合中是否符合同一分布的概率。在转录组数据分析中，参考数据的集合即背景数据，通常以所有的表达基因作为背景，并以不同样品间所鉴定的差异基因作为前景基因数据集。通过计算前景数据与背景数据在某个GO或者Pathway分类中的超几何分布关系，可以得到该前景数据在这个分类上的统计显著差异概率（*P*值）。由于多基因数据的富集分析过程涉及多重检验（multiple testing），需要对*P*值做校正。一般功能富集的筛选标准为校正后的*P*值小于0.05。校正后的*P*值越小，前景数据与背景数据的差异就越显著，表明所关注的前景基因可能与该功能分类密切相关。

14.3 RNA-Seq数据分析实践

氮源可分为偏好（preferred）型氮源和贫乏（poor）型氮源。在含不同氮源的培养基中，酵母细胞的生长速率差别较大（代时从2h到6h不等）。酵母细胞对不同氮源的选择性利用主要是受氮代谢物阻遏（nitrogen catabolite repression，NCR）效应的调控。当培养基中存在较易被酵母细胞利用的偏好型氮源（谷氨酰胺、天冬酰胺、谷氨酸等），会强烈抑制酵母细胞中利用贫乏型氮源（尿素、脯氨酸等）相关基因的表达。只有当偏好型氮源被完全耗尽后，NCR敏感（NCR-sensitive）基因的表达量才会增加，酿酒酵母才能开始利用培养基中的非偏好型氮源。NCR效应是酵母细胞为了更好地适应环境中氮源变化，减少能耗，利于自身生存的一种调控机制。

本实验所用的数据为酿酒酵母在不同氮源培养基中培养后进行mRNA测序的数据（表14-2）。对照数据（Scer_urea）是酿酒酵母在尿素为唯一氮源的培养基的样品（尿素为对照氮源，不会引起NCR反应）；而实验数据（Scer_arg）是在精氨酸为唯一氮源的培养条件下的表达数据（精氨酸是酵母菌的偏好性氮源，会引起NCR反应）。测序平台为Illumina HiSeq2500，对带PolyA的mRNA进行双端（paired-end）测序（2×100nt）。测序方案为非链特异性（unstranded），因此转录物的方向是不确定的，即不确定读段要比对到双链DNA的哪一条链。

表14-2 RNA-Seq分析的数据集

数据	文件	说明信息
参考基因组序列及基因信息[a]	genome.fa/genes.gtf	酿酒酵母的基因组序列及基因注释文件（GTF）
测序数据[b]	scer_arg_R1.fq/scer_arg_R2.fq	精氨酸为氮源的样品
	scer_urea_R1.fq/scer_urea_R2.fq	尿素为氮源的样品
接头序列[c]	adapter.fa	Illumina测序接头序列

a：参考基因组序列及GTF文件可从ENSEMBL数据库获得。

b：一个好的RNA-Seq实验设计至少需要3个生物学重复。此练习每个样品只有一个数据，以加快程序运行速度。

c：更多关于接头序列信息，可查阅https://support.illumina.com/sequencing/documentation.html。

14.3.1　准备测序数据

将本练习所需要数据文件(见表14-2)都复制到一个目录ch16RNAseq。

$cd RNAseq

$ll -h(注:小写字母“L”,不是数字“1”)

可以看到4个FASTQ文件,PE测序会分别测定每个cDNA片段的两个末端。因此一个样品会有两个配对的FASTQ格式文件,对应左端与右端序列的测序读段,如scer_arg_R1.fq与scer_arg_R2.fq。

$cat scer_arg_R1.fq |grep “^@” |wc -l

1441645

查看文件里有多少读段,“cat”可以显示文件的内容,“wc -l”显示文件有多少行,FASTQ格式中每个读段的序列信息都以@开头。

在进行下一步分析之前,需要对测序数据进行质控与预处理。

14.3.2　比对数据库

RNA-Seq分析要把原始序列与基因组或转录组参考序列作比对。与DNA测序数据不同,将转录组测序数据比对到参考基因组上时,需要考虑基因中的内含子(intron)区域对比对过程的影响。比对软件要能够处理大片段的缺失(gap),用于跨过参考基因组中的内含子区域。目前常用的转录组比对软件有Tophat,Star,Hisat等。接下来我们用Tophat比对reads到酵母基因组。

(1)安装Tophat软件

在WSL的Ubuntu中可以直接通过APT安装:

$sudo apt install tophat

默认会安装Tophat2及Bowtie2等安装包。这里需要运行Tophat2命令,Tophat无法在WSL环境运行。也可以从Tophat网站下载已编译好的软件包来使用。

(2)构建基因组索引文件

运行Tophat之前,需要对参考基因组序列进行索引(index),以提高比对效率。可以用Bowtie2来完成:

$bowtie2-build genome.fa genome

genome.fa是参考基因组的序列,genome是输出的索引文件的名称。

> ♫ Note
> 酿酒酵母的参考基因组序列及相关索引文件(Ensembl EF4版本)可以直接到章末二维码中的网址下载。

(3)运行Tophat

Tophat2是一个超快的、可执行可变剪接比对的工具,它的基本用法如下:

tophat2 [options] <index_base> <read_1> <reads_2>

本实验数据的运行命令为：

$tophat2 -p 4 --library-type fr-unstranded -G genes.gtf -o tophat_arg genome scer_arg_R1.fq scer_arg_R2.fq

-p 4　最多用4个进程。

--library-type fr-unstranded　测序文库的类型，如果读段有链特异性，比对结果将会有个XS标签。

-G genes.gtf　参考基因注释，有助于找到跨越剪切连接位点的未知序列比对。

-o tophat_arg　输出的目录。

genome　酿酒酵母的基因组索引。

大的实际数据，比对可能要花好长时间完成，但本测试数据比较小，只要差不多5分钟就会跑完。

Tophat运行完成后，检查输出目录：

$ll tophat_arg

本例的tophat输出目录tophat_arg中有多个结果文件：

- accepted_hits.bam：BAM格式文件保存序列比对结果。
- insertions.bed：BED格式文件保存插入突变结果。
- deletions.bed：BED格式文件保存缺失突变结果。
- junction.bed：BED格式文件保存潜在exon-exon连接结果，它提供了可能可变剪切体的位置信息，以及比对到外显子的连接序列的读段数。

同样，运行另一个对照样本的数据：

$tophat2 -p 4 --library-type fr-unstranded -G genes.gtf -o tophat_uri genome scer_uri_R1.fq scer_uri_R2.fq

14.3.3　比对结果分析(Samtools与IGV)

(1)利用Samtools查看(Inspect with Samtools)

比对结果accepted_hits.bam文件，是SAM格式文件经压缩后的二进制存储格式，可能通过Samtools转换成人类可读的SAM格式。

$samtools view tophat_arg/accepted_hits.bam |more

more命令查看文件，可通过按“q”键退出。

输出比对的序列数：

$samtools view tophat_arg/accepted_hits.bam |wc

输出至少有一个读段比对到基因组某位置的读段对的数量：

$samtools view tophat_arg/accepted_hits.bam |cut -f1 |sort -u|wc

可以通过Samtools自己的命令输出这些比对统计信息：

$samtools flagstat tophat_arg/accepted_hits.bam

```
690294+0 in total(QC-passed reads+QC-failed reads)
0+0 duplicates
690294+0 mapped(100.00%:-nan%)
690294+0 paired in sequencing
345086+0 read1
345208+0 read2
659560+0 properly paired(95.55%:-nan%)
662574+0 with itself and mate mapped
27720+0 singletons(4.02%:-nan%)
2702+0 with mate mapped to a different chr
1104+0 with mate mapped to a different chr(mapQ>=5)
```

> 有多少读段对比对到基因组,占总数的比例是多少?

(2)利用IGV对比对结果进行可视化(View alignment in IGV)

首先,需要做accepted_hits.bam文件的索引,以加速存取,会得到一个文件accepted_hits.bam.bai。

```
$samtools index  tophat_arg/accepted_hits.bam
```

然后就可以启动IGV,Windows下只要双击igv.bat就可运行IGV。

确保IGV左上角选中酵母基因组"SacCer3"。

IGV菜单"View->Preferences",在标签"Alignments"中设置"Visibility range threshod (kb)"为100kb。此参数设置IGV在基因组片段多长时才会显示读段与比对覆盖度(coverage)。

现在导入.bam文件(File->Load from File…)。

试试IGV的操作,先选择Ⅰ号染色体显示测序读段,再把鼠标移动到Alignment track,并点右键,在跳出菜单中选"View as pairs"。通过右上角的Ruler放大或缩小,观察到基因的部分。鼠标移到单个读段可以看到更多有关比对的信息,其中"Pair orientation"指示测序读段是"stranded"或"unstranded"。在基因注释Track的右键菜单选择"Expanded"可以看到更多的基因剪切注释。

> 基因CAR2/GAT1是否有足够的读段覆盖?它有多少种已知的转录异构体(transcript isoforms)表达了?可以看到Tophat比对的"splice-junction-aware"方法的好处。

14.3.4 转录本组装与定量(Quantify Known Genes)

Cufflinks软件可以用于发现并定量转录本。它包括不同的程序,主程序Cufflinks可以将比对后的读段组装成转录本(transcript)。它可以在没有参考转录注释信息时,对组装的所有转录本进行表达水平定量;也可以在有参考基因注释信息时,只对已知的基因进行定量。

本练习只考虑有已知基因的表达量定量。

Cufflinks安装可以从官网下载已经编译好的可执行文件，解压文件后可以看到Cufflinks包括一系列程序，如Cufflinks，Cuffdiff和Cuffcompare等，可直接运行。为了方便在任意位置执行，还需要把Cufflinks可执行程序的路径加入系统环境变量：

```
export PATH=$PATH:/mnt/c/test/cufflinks-2.2.1.Linux_x86_64/
```

用以下命令运行cufflinks：

```
$cufflinks -p 4 -G genes.gtf -o cufflinks_arg tophat_arg/accepted_hits.bam
$cufflinks -p 4 -G genes.gtf -o cufflinks_uri tophat_uri/accepted_hits.bam
```

参数-G(--GTF)提供参考基因注释。(注意大写字母G只鉴定已知转录本的表达量，另一个参数-g代表鉴定除已知转录外的转录本。)

```
$ll cufflinks_arg
```

Cufflinks输出多个文件，transcripts.gtf是基因注释文件。可以导入IGV中("Load from file…")，显示在一个新的track，可以与参考基因注释比较，查看是否有新的转录本。这里通过酵母的精氨酸代谢CAR2基因来观察Cufflinks对基因转录本的组装情况。

另两个输出文件genes.fpkm_tracking与isoforms.fpkm_tracking包括基因(一个基因的所有转录本合并一起)或转录本的表达量。表达量的计量单位为FPKM。

```
$less -S cufflinks_arg/genes.fpkm_tracking
```

genes.fpkm_tracking是基因表达量计算文件，其中第10栏是FPKM值，行按字母升序显示。为寻找样本中有最高表达量的基因：

```
$sort -n -k 10 cufflinks_arg/genes.fpkm_tracking
```

isoforms.fpkm_tracking是转录本的表达量计算文件。Cufflinks通过复杂的算法确定一个基因的不同转录本的各自表达量。

```
$cat cufflinks_arg/isoforms.fpkm_tracking|grep -w "GAT1"   (注意:基因名,大小写敏感!)
YFL021W -        -        YFL021W GAT1     TSS6346 VI:95965-97498  1533     4.75909 76.9045 50.5672 103.242 OK
```

哪个转录本是基因的最高表达的？此结果与前面的观察结果是否一致？(酿酒酵母可能很少有不同转录体。)

至此，我们已经看到RNA-Seq可以有效分辨不同剪切体，加上它又可以发现新的转录本甚至突变，相比Microarray有很大的优势。

14.3.5 鉴定差异表达基因

最后根据泊松分布或负二项分布模型，判断基因表达是否在统计学水平上有差异。根据设定的差异基因筛选标准(通常采取差异比值大于2倍，校正后的P值小于等于0.001为显著性差异)，鉴定差异表达基因。Cufflinks中的Cuffdiff程序可以鉴定差异表达基因。Cuffdiff鉴定差异表达基因只需要几个简单参数，一个基因注释文件(gtf)，可以是前面Cufflinks组装的或已经有的注释文件。另外是待比较不同样品的bam文件。比较本实验用的对照样品(Scer_urine)与实验样品(Scer_arginine)测序数据的比对结果,在不同氮源下的基因表达差异。这里只用一个样本数据,对一个可靠的RNA-seq分析最好要有3个重复实验数据。

```
$cuffdiff -p 4 --library-type fr-unstranded -o cuffdiff_out -L urine,arg genes.gtf
tophat_uri/accepted_hits.bam tophat_arg/accepted_hits.bam
```

如果有重复数据,不同重复样品bam文件间用逗号(,)分隔,如果用空白分隔可被当成不同的独立条件数据。

-L后为不同样品的名称,名称不要只用“T/N”(R会认为“True/False”)或只用数字。

运行结束后,Cuffdiff输出许多文件,包括基因或转录本差异表达的统计信息(gene_exp.diff与isoforms_exp.diff)。

```
$ll cuffdiff_out
```

gene_exp.diff是文本文件可以用Excel找开查看,或可以用下面命令来查看:

```
$less -S cuffdiff_out/gene_exp.diff
```

其中第10列是folder change(log2),12列是P值,最后一列(14)是差异是否显著。下面命令可以显示显著差异表达基因,并按基因名降序输出,保存到文件(DE_genes.txt):

```
$grep yes cuffdiff_out/gene_exp.diff|cut -f1,10,12|sort -n -k 1
$awk '{if($14 == "yes")print $0}' cuffdiff_out/gene_exp.diff>DE_genes.txt
```

这两个样品的差异表达基因列表里有没有你前面看的基因或你感兴趣的基因?

14.3.6 用CummeRbund对差异表达基因可视化

最后可以用R语言的CummeRbund包对Cuffdiff结果进行可视化分析,生成差异表达基因的热图。

首先要从Bioconductor安装CummeRbund包:

```
>source("http://www.bioconductor.org/biocLite.R")
>options(BioC_mirror="http://mirrors.ustc.edu.cn/bioc/")
>biocLite("cummeRbund")
```

安装好CumeRbund包后,要把路径改成Cuffdiff生成结果的文件夹:

```
>setwd("C:/test/RNAseq")  #设置工作目录
>library(cummeRbund)  #导入包
>cuff_data<-readCufflinks("cuffdiff_out")  #让所有Cuffdiff结果数据读入到cuff_data变量中
>cuff_data  #查看数据的概要
CuffSet instance with:
        2 samples
```

7126 genes

7126 isoforms

7070 TSS

6692 CDS

7070 promoters

7070 splicing

6692 relCDS

下一步就可以作差异表达基因的热图：

```
>gene_diff<-diffData(genes(cuff_data))
>gene_diff_top<-gene_diff[order(gene_diff$p_value),][1:20,]   #取前20个差异最显著的基因
>myGeneIds<-gene_diff_top$gene_id                    #得到基因的ID
>myGenes<-getGenes(cuff_data,myGeneIds)              #根据gene ID得到其基因名
>csHeatmap(myGenes,cluster="both")                   #画一张热图
```

分析结果热图如下图14-6所示：

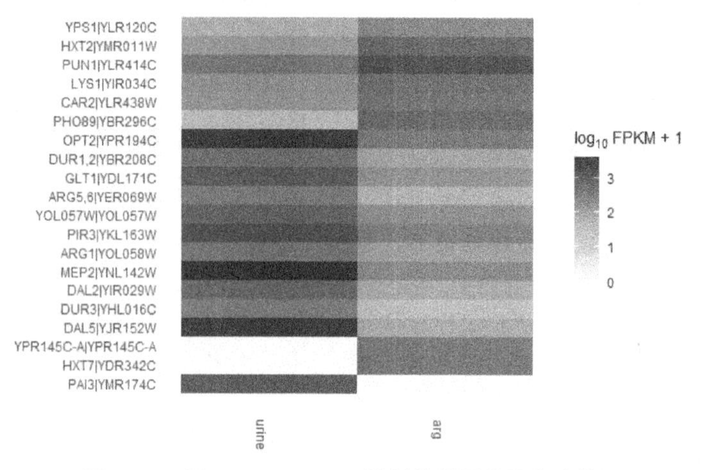

图14-6　用CummeRbund绘制的基因差异表达热图

习题

1. 简要说明FPKM值的概念与计算方法。

2. 下载并安装Tophat2、Bowtie2、CUFFLINKS等软件，并用附件的数据进行RNA-Seq分析，掌握软件的常用参数，以及结果文件的格式。

3. 尝试在R语言中安装CummRbund包，并绘制差异表达基因的热图。

第15章　宏基因组学(Metagenomics)

得到数据之前就建立理论是个严重的错误。——阿瑟·柯南·道尔

本章简要介绍宏基因组学的基本知识与数据分析方法，并以实例介绍16S rDNA扩增子测序数据的生物信息学分析流程。

◎导学案例

在人体内生活着大量的微生物，这些微生物菌群及其遗传信息的总和被称为人体微生物组(human microbiome)。据估计，成人肠道中生活着大约2kg的细菌，其他部位如口腔、皮肤、呼吸道和生殖道也含有大量共生菌群。这些菌群的细胞数量大约有10^{13} ~ 10^{14}个，比人体自身的细胞数约多10倍。这些细菌所携带的基因数量更是惊人，可能多达人类自身基因的100倍。因此，科学家将人体微生物菌群所携带的全部基因称为人体“第二基因组”(second genome)。所幸的是，这些菌群中绝大多数成员都是人类的忠实朋友，其中有极个别条件致病菌，只在人体免疫力被破坏后才会致病。因此，有些学者认为绝大多数人体微生物对人类健康并没有重要作用，可能只是人体环境适合它们生存而已。

目前越来越多的人类微生物组研究表明肠道菌群失调可能与肥胖、自闭症、糖尿病、癌症和肠胃炎等疾病有密切关系。粪菌移植(fecal microbiota transplantation，FMT)作为重建肠道菌群的有效手段，已用于治疗感染性腹泻、炎症性肠病、便秘等胃肠道病症，并被认为是突破性的医学进展。

在地球的各种环境中，如土壤、海洋或人体肠道，都生活着成千上万的微生物，包含细菌、真菌、古菌和病毒等。生态环境中的微生物菌群(microbiota)具有非常丰富的组成与功能多样，并随着环境的变化而动态变化。当前我们对微生物的知识大多还是来自可培养的微生物，对微生物菌群的多样性与动态变化机制的理解还很欠缺。然而，据统计，自然界中约有99%的微生物是不能在实验室条件下进行纯化培养的不可培养微生物。类似各种“组学”的概念，我们将某一生境中全部微生物及其含有的遗传物质(DNA、RNA等)的总和称为微生物组(microbiome)。例如，人类肠道中寄生了约1000种不同的细菌，其携带的基因数量更是惊人。肠道微生物对人体健康有着至关重要的作用，比如帮助消化食物、合成维生素等，但是也有一些微生物可能会导致疾病，或影响药物在体内的代谢、药物的作用等。

> microbiota:常译为微生物群,指生活在特定生态环境中的微生物总和,强调微生物群系本身,与microflora是近义词。如"肠道菌群(gut microbiota)"、"土壤菌群(soil microbiota)"。
>
> microbiome:常译为微生物组,可以理解为microbiota+genome,强调微生物群系和其含有的遗传信息的集合,如"人体微生物组(human microbiome)"。

宏基因组(metagenome)(也称微生物环境基因组,microbial environmental genome)是由Handelsman等在1998年提出的新名词,其定义为"the genomes of the total microbiota found in nature",即生境中全部微生物遗传物质的总和。目前主要指环境样品中的细菌和真菌的基因组总和,包含了可培养的和未可培养的微生物的基因组。宏基因组学(metagenomics)是一种研究微生物群落多样性的方法,不需要借助微生物人工培养,通过同时测定一个样品中微生物群落的所有DNA序列,研究此微生物群落的物种分类与功能概况。在高通量测序出现前,宏基因组研究主要是通过DNA克隆与Sanger测序,即首先提取微生物群落的DNA,片段化后克隆至测序载体中,用Sanger法测序获得DNA序列,此过程费时费力且昂贵。随着NGS技术的发展,高通量测序已经完全代替传统低通量的Sanger法测序,成为宏基因组研究的主流方法。NGS的高敏感性可以直接检测以前观察不到的不可培养微生物物种。美国卫生研究院(NIH)在2007年启动人类微生物组计划(Human Microbiome Project,HMP),试图利用NGS方法研究人体微生物菌群的结构及动态变化,以及其与人类健康(如肥胖、自闭症、糖尿病、肠胃炎等)之间的关系。

15.1 基于NGS的两种宏基因组研究策略

宏基因组研究的目标是确定一个微生物群落的物种分类组成、相对丰度,以及其如何受环境因素的影响。一般有两种不同的测序策略:全基因组鸟枪(whole genome shotgun,WGS)宏基因组测序与靶向(targeted)宏基因组测序,或又称扩增子(amplicon)测序。

(1)WGS宏基因组测序是从一个环境或宿主样本中直接提取微生物的全部基因组DNA,并经破碎成小片段后进行测序分析。宏基因组测序避免了PCR扩增导致的偏倚,更能反映样本的真实情况,而且通过组装与基因注释可获得新物种的基因信息,有助于对微生物群落的功能进行准确的判断。

宏基因组测序不仅能获得无偏的物种组成与基因功能信息,还能通过分箱(binning)组装方法拼接出部分微生物的基因组草图。与单个物种的基因组测序相比,微生物群落的宏基因组测序数据更加复杂,每个宏基因组测序样本包括大量的未知微生物,而且这些物种的相对丰度也变化很大,因此宏基因组数据有很高的异质性(heterogeneity),分析难度较大,并且目前微生物全基因组的数据库资源不够丰富,很多宏基因组测序序列无法比对到数据库中的已知序列进行微生物群落和功能分析(图15-1)。

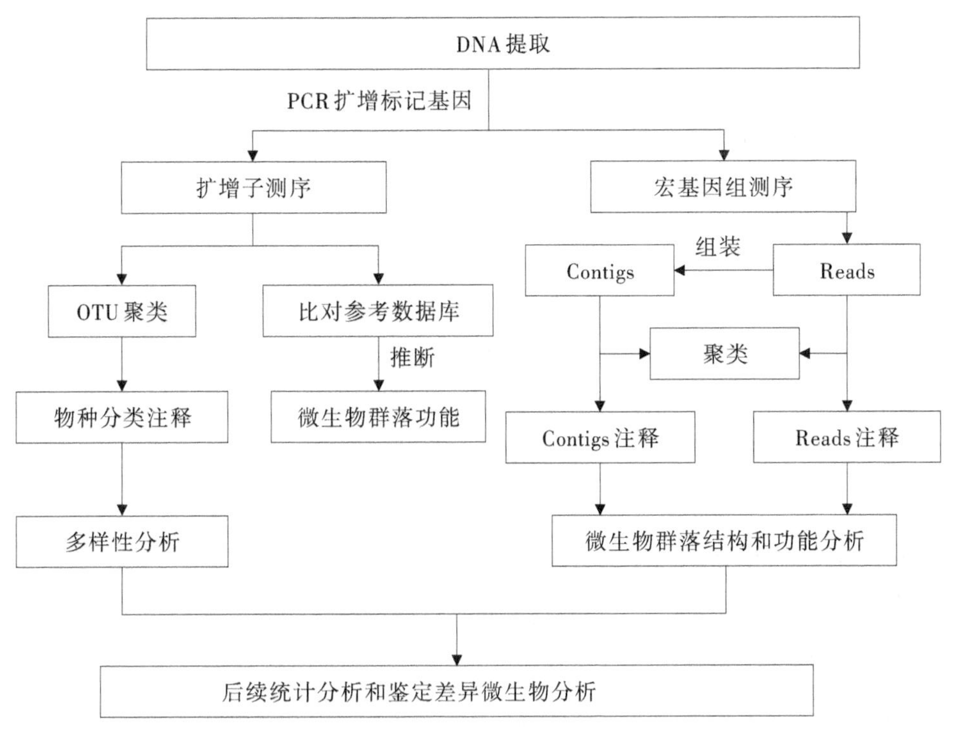

图15-1　宏基因组分析流程

(2)靶向宏基因组测序方法利用在不同微生物中保守的标记基因(marker gene),如16S rRNA基因(又称16S rDNA),经定向PCR扩增后再测序分析。标记基因是指在微生物中广泛存在,序列相当保守并有分化的基因,可以用于微生物群落结构与组成分析。16S rRNA基因被认为是进化研究通用的生物钟(universal clock),进化缓慢,进化速率大约是每5000万年发生1%的碱基突变,能反映不同物种间的亲缘关系。16S rDNA序列长度约为1542bp,由10个高度保守区和9个可变区构成(图15-2)。保守区序列高度保守适合用于多物种的PCR引物设计,不保守区的序列可在不同分类学水平上区分不同的微生物物种。其中V3,V4,V5区特异性较好,数据库信息全,是细菌多样性分析的最佳选择。

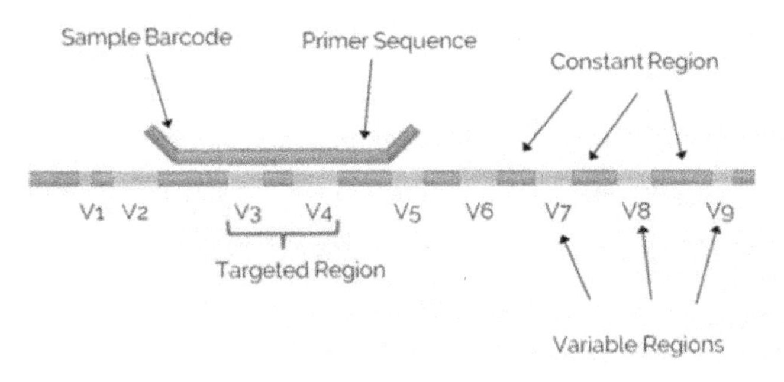

图15-2　16S rRNA序列与扩增子测序的引物设计(V1～V9为高度可变区)

因此,16S rDNA常作为标志物来测量细菌不同OTU(可操作分类单元,描述一个物种或一组物种)的相对丰度。但要注意的是,基于16S rDNA的方法只是对物种分类的相对数量做近似估计,因为有些物种的16S rDNA拷贝数变化大(在单个细菌基因组中已发现最多有15个拷贝),而且这些多拷贝的序列可能不一致(可能存在高达6.4%的差异)。另外,也可能由于有些物种的目标序列发生随机突变,16S rDNA的通用PCR引物不能结合于它们的目标位点进行扩增反应,从而低估了该物种的丰度。最后,PCR扩增过程容易导致一些序列扩增的偏倚,不容易扩增富含GC或AT的序列。

标志基因细菌最常用的是16S rRNA基因,真菌常用转录间隔区(ITS)序列,而真核生物常用18S rRNA基因作为分类标记基因。这个方法大大减少所产生数据的复杂度,可获得更深的覆盖度,并可对更多样本进行测序。虽然WGS宏基因组方法需要相对较高的测序深度(每个样本要2~10Gb),进行大规模研究需要大量的费用,但它能比较正确估计一个微生物群落的多样性,并提供大量的有关这个群落的功能基因信息。

15.2 实验设计与测序的影响因素

15.2.1 样品采集

样品采集是宏基因组研究的最初实验步骤,要注意采样对象或环境的选择,尤其应注意取样环境必须要有代表性,能反映研究对象的生活习性,详细记录取样的环境与取样过程,如取样地的一般特征(温度、pH等)、地理位置和取样方法等。对于临床样本通常要记录患者的医疗史、关键临床指标、采样部位及采样条件等。这些背景数据(metadata)信息对后续宏基因组数据分析非常重要,因为宏基因组研究主要通过数据挖掘微生物组数据与背景数据的统计学关联性,从而揭示其生物学机制。

15.2.2 DNA提取

样品采集后应尽快进行DNA提取和测序,以避免DNA降解。提取的DNA应该能反映取样环境的所有或大多数微生物及其相对数量,并要有较高的纯度,不可包含可能影响下游文库构建的污染,如土壤样本中经常含有腐殖酸(humic acids)、多糖等污染物,会抑制测序文库构建的酶活性。而来自宿主的样本,如人肠道上分离的DNA经常有宿主的DNA污染,需要去除污染DNA。除了DNA纯度,另一个挑战是如何能以同等效率提取不同微生物菌种的DNA。如机械破碎细胞,一种细菌的细胞裂解条件可能对另一种细菌并不合适,如会造成易破碎细胞的DNA比较碎,而难破碎细胞的DNA无法被提取。提取DNA方法对宏基因组的结果有重要影响,因此在同一系列的研究中,DNA提取方法应保持一致。

15.2.3 测序方法

随着DNA测序文库构建方法的发展,现在只要少量DNA就可以构建测序文库,如

Nextera XT protocal只需要1ng DNA。因此,从大多数生态环境样本中提取的DNA应该能用于构建测序文库。如有些条件只有很少的DNA样本,像古生物化石样品,可以通过DNA扩增来产生足够的DNA。

测序还要考虑测序深度(depth)与读长(read length)等因素。16S扩增子测序一般采用双端250bp(PE250)测序,单个样本需要3万~5万条序列的测序深度;而宏基因组一般采用双端150bp(PE150)测序,需要测至少2000万条(20Mb)序列,数据量可达到6Gb(150×2×20Mb)。深度取决于研究目标,如研究样品中稀少(rare)微生物的组成可要比研究高丰度(abundant)微生物的组成测更多的数据量。读长一般是越长越好,现在Illumina HiSeq平台在快速运行模式下,进行两端测序的读段可以拼接得到450bp的序列。而其他测序平台,如PacBio的SMRT可以产生更长的读段(>40kb),但其产生的数据量比较少。目前一般综合利用不同测序平台的优点,Illumina的短读段可以用于调查群落的组成比例,而Pacbio的长读段有助于细菌基因组组装时骨架的组装。测序技术的发展无疑将会增加读长并降低价格,使宏基因组的研究目标更容易完成。

15.3 扩增子测序数据分析

本节以细菌16S rRNA基因扩增子测序(简称16S测序)为例,对扩增子测序的数据分析流程进行说明。扩增子测序的分析流程,包括数据预处理、OTU聚类、物种分类注释与多样性统计等过程。

15.3.1 测序数据质控与预处理

为保证数据质量和避免得到错误结果,宏基因组测序的原始数据(raw data)需要先进行预处理得到纯净序列(clean data)后,再进行下游的分析。通过常用的NGS质控工具可以过滤低质量读段,切除低质量碱基与测序接头等。对来自宿主的样本还需要用比对宿主基因组的方式去除宿主DNA的污染。通常16S测序采用混合样本测序策略,因此先要通过样本特异性的条码(barcode)将总的测序序列分解为各样本的序列,再用于数据质控处理。Illumina HiSeq或MiSeq测序获得的双端序列(paired-end reads)还要先拼接成一条序列。16S测序的PCR扩增和测序过程中都可能出现错误,产生许多背景噪声,可能导致对生物多样性的估计过高,因此需要采用一些工具(如QIIME 的Denoiser)进行去噪处理。另外,16S测序中的PCR扩增过程还可能会产生嵌合体(chimera),即试管内两个不同模板DNA分子的重组产物(图15-3),需要利用一些工具(如ChimeraSlayer,UCHIME等)进行识别并删除。PCR也会产生重复读段,Picard工具有专门的去除重复读段模块,它不需要先把读段比对到参考基因组。

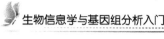

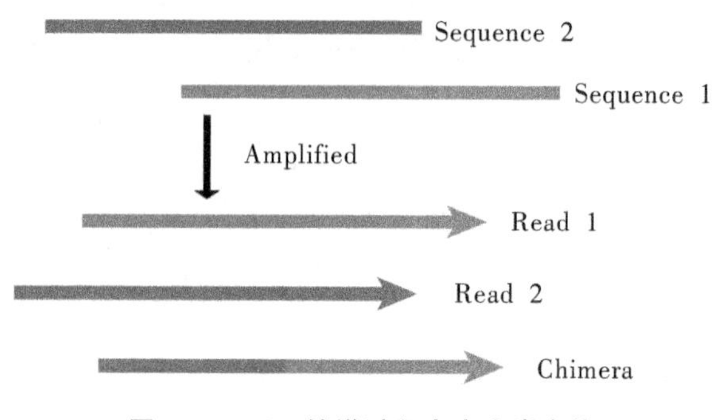

图15-3 PCR扩增过程中产生嵌合体

15.3.2 OTU聚类与物种分类注释

为了解样本中存在哪些微生物，最直接的思路就是将每条序列比对到分类数据库，这样可以获得样本中已知的物种分类信息。然而，样本中还存在大量未知物种，仅比对参考数据库无法全面了解样本的物种构成。因此，通常做法是将相似的序列聚为一类，称为可操作分类单元(operational taxonomic unit，OTU)。因为在16S扩增子测序中无法获得完整的16S rRNA基因信息，不宜直接用物种的概念，所以用OTU取代“物种”的概念进行系统发育分析和多样性分析。

尽管很多16S rRNA基因序列在同一物种中非常保守，但仍有一部分序列是会变异的，而且在扩增和测序过程难免出错，因此以100%相似度作为聚类标准很可能将本是同一个物种的序列划分为两个不同的分类单元。实际应用中，常用95%、97%和99%相似度作为某一个分类水平的阈值，将高于这个相似度的序列划分为一个OTU，例如MEGAN软件推荐种间相似度为99%，属间相似度为97%，科间相似度为95%。除了利用序列相似性进行从头聚类(de novo clustering)以外，还可以通过比对参考数据库进行聚类：一种策略是保留与参考数据库匹配的序列，舍弃不匹配的序列(closed-reference)；另一种是保留匹配的序列，同时将不匹配的序列再进行相似性聚类(open-reference)。最后各OTU选择一条代表序列，并比对到已知的参考数据库后就可获得各OTU的物种分类信息。不匹配序列可能是源自还没有被纳入数据库的新物种。最初的基准研究显示发现新物种需要1M条序列，所以这是每个样本16S测序的最底数据量。而且要注意，16S序列的数量并不等同于细菌细胞数量，有些细菌有多拷贝的16S基因，而且这些多拷贝的16S基因序列可能完全相同或有一些差异。

OTU聚类构建完后，首先可对每个OTU进行计数，建立一个OTU组成丰度表，用于后续的多样性分析。同时，每个OTU需要选择一个代表序列来作为这个OTU的代表进行系统发育分析。一般可以选最长的或丰度最高的序列。选出代表序列后，比对OTU序列到含有物种分类信息的参考数据库，即可对测序的OTU序列进行物种分类鉴定与建立系统发育树。因此，OTU分类分析最关键的因素是序列比对算法和含有物种分类信息的参考数据库。16S rRNA基因序列参考数据库常用的有核糖体数据库RDP(Ribosomal Database Project)、Greengenes数据库和SILVA数据库等。

15.3.3 多样性分析

宏基因组研究需要以一种生态学的观点来指导分析。按照生态学的观点,多样性高的生态群落,抵抗力和稳定性都会更高更强。当得到一个群落的物种组成后,一般就是计算生态多样性。通常生态多样性的指标可分两类:α多样性指数(α-diversity)与β多样性指数(β-diversity)。

α多样性是指一个生态环境内物种的多样性,主要是评价同一个环境内样品的多样性程度。常用的度量指标包括计算菌群多样性的香农多样性指数(Shannon diversity index)、辛普森多样性指数(Simpson diversity index)和菌群丰度的Chao1丰度估计值(Chao1 richness estimator)等。

β多样性是指不同生态系统之间的物种多样性,衡量时空尺度上物种组成的变化。Beta多样性不仅描述环境内物种的数量,还考虑这些物种的相似性以及彼此之间的亲缘关系。物种相似性越低,β多样性越高。

UniFrac距离矩阵常用于β多样性分析,其计算方法为:首先利用来自不同环境样品的OTU代表序列构建一个进化树,样品对间的距离通过计算一对样本共有的和非共有的进化树分支的长度得到,其公式为:样品对间距离=非共有的分支长度总和/共有与非共有的分支长度总和。Unifrac度量差异通过0-1距离值表示(图15-4),进化树上最早分化的树枝之间的距离为1,即差异最大,来自相同环境的样品在进化树中会较大概率集中在相同的节点下,即它们之间的树枝长度较短,相似性高。若两个群落完全相同,那么它们没有各自独立的进化过程,UniFrac值为0;若两个群落在进化树中完全分开,即它们是完全独立的两个进化过程,那么UniFrac值为1。

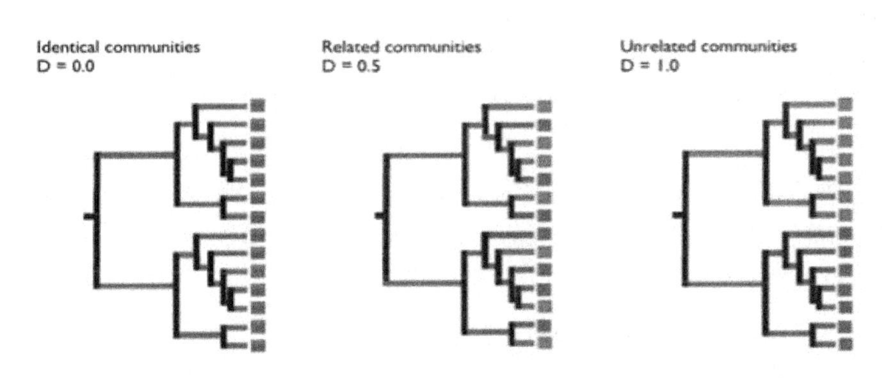

图15-4 基于进化树的UniFrac距离多样性分析(红色与蓝色代表OTU来自两个不同样品)

从UniFrac的定义可以看出它只考虑序列是否在群落中出现,而不考虑序列的丰度。若两个群落包含的物种完全相同,那么不管每个物种的丰度是否有差别,UniFrac值都为0,此为Unweighted分析(只考虑OTU是否在群落中出现,不考虑其丰度)。而Weighted分析会根据每个OTU的相对丰度来计算权重,可以更进一步定量地检测样品间不同谱系上的差异。

Unifrac分析得到的距离矩阵可用于多种分析方法,如可通过多变量统计学方法PCoA分析(principal cordinates analysis),直观显示不同环境样品中微生物进化上的相似性及差异性。PCoA分析是一种研究数据相似性或差异性的可视化方法。PCoA从多维OTU数据中提取出最主要元素和最大程度反映样本差异的三个坐标轴,并映射在三维空间体系中,通过可视化作图,距离越近的点表示相似度越高。

需要注意的是,如果样品间测序深度差别太大,有可能导致多样性的估算产生偏差(bias)。一般不同样品的数据要先进行标准化(normalization)处理后才能进行样品间的比较。常用的标准化方法是随机从每个样品中选择相同数目的读段,即稀疏化(rarefaction),或将每个OTU的读段数除以该样本的总测序量使OTU计数转换为相对丰度值。

15.3.4 数据分析工具与数据库

QIIME(Quantitative Insights Into Microbial Ecology, www.qiime.org)和Mothur(www.mothur.org)是微生物生态学研究领域最流行的综合软件包,它们的功能与用途相似,可以实现从数据预处理、OTU聚类到多样性分析的基本分析流程。QIIME分析流程由美国科罗拉多大学的Rob Knight团队开发,包含了PyNAST比对、系统发育树构建、OTU分类及主坐标分析(PCoA)聚类可视化等软件,并含有人类微生物组项目中用于宏基因组分析的标准化分析流程脚本。

随着高通量测序技术的发展,鸟枪法宏基因组测序的相关分析软件也越来越多。对于有较高质量宏基因组参考数据库的人类肠道微生物,可采用Kraken2进行序列的物种分类,HUMAnN2可用于基因功能定量分析。而对于缺少高质量宏基因组参考数据的研究,则可采用MEGAHIT从头组装宏基因组数据得到重叠群,并用Prokka进行基因预测。预测得到的基因集可通过BLAST比对到各种基因功能注释数据库进行生物学意义研究,如常用的碳水化合物基因数据库CAZy、抗生素抗性基因数据库CARD和毒力因子数据库VFDB等。如果涉及多个样品的宏基因组数据分析,通常还需要采用CD-HIT构建非冗余基因集(non-redundancy gene catalog),实现所有样本基于统一的参考序列进行定量和比较。

除了上面提到的专门软件,也有一些整合的宏基因组分析网站,如IMG/M和MG-RAST等。它们集成了宏基因组分析的各种工具,有预处理、聚类、功能注释及不同条件间比较等。MG-RAST直接将测序数据与相关样品的背景信息(metadata)作为输入文件,而IMG/M需要预组装的重叠群用于分析。

与其他NGS应用类似,美国生物信息中心 NCBI 的SRA(Sequence Read Archive)数据库也是存储各种宏基因组数据的主要官方数据库。同样,欧洲生物信息中心EBI也提供功能相似的存储数据库ENA (European Nucleotide Archive),界面相对于SRA更友好,而且可以直接下载原始FASTQ文件。这些数据库中积累大量数据,特别是目前未知物种的序列数据后,将促进宏基因组研究中发现新基因或新物种。

15.4　16S rDNA扩增子数据分析实践

16S rDNA扩增子测序分析是微生物组领域应用最广泛的技术。16S rRNA基因测序数据分析流程为：先对样本测序数据进行质控与预处理，得到样本的OTU聚类与物种分类信息，再通过可视化查看样品的细菌种类，并统计每个样品的差异菌种。

此流程所有命令都需在WSL的bash终端下运行(以下命令前面的"$"代表bash提示符，不需要输入)。运行Ubuntu之前，先在电脑D盘创建一个新文件夹win16s，并将样本测序数据文件(raw_reads.zip)放在此目录下。

$cd /mnt/d/win16s/　　切换到工作目录

15.4.1　相关软件与文件

(1)安装VSEARCH

$sudo apt install vsearch　　默认安装在/usr/local/bin/目录

(2)安装RDP classifier

先下载RDP Classifier(此流程只能使用老版本v2.2)并放在本练习文件所在的D盘的win16s目录，再解压缩文件rdp_classifier_2.2.zip，可得到一个新的文件夹rdp_classifier_2.2：

$unzip rdp_classifier_2.2.zip

$ls /mnt/d/win16s/rdp_classifier_2.2/

可见此目录下有rdp_classifier-2.2.jar等文件。

(3)下载RDP Gold数据库(rdp_gold.fa)

$wget -c http://drive5.com/uchime/rdp_gold.fa

15.4.2　分析流程运行命令

(1)准备测序数据

本实验需要把所有样本的原始测序数据(raw_reads.zip)放在一个文件夹(win16s)。一个样品的双端测序有两个读段文件，这里以"_R1"与"_R2"分别代表正向与反向测序读段(如果文件名与此不一致，需要重新命名)。

$unzip raw_reads.zip

$ls raw_reads

显示测序数据文件列表，如SAA_R1.fastq.gz，SAA_R2.fastq.gz等六个样本的两端测序数据的压缩文件。测序公司提供的数据一般已去除barcode和primer序列。下面先处理一个样本的数据，其他样本可用同样步骤进行分析。如果样品数量较多，也可将以下处理命令写到一个shell脚本，一次进行多个样品数据分析。

(2)合并双端测序序列

如果样品数量较小,可以对每个样品分别进行合并,一次合并一个样品的两端测序数据:

```
$vsearch --fastq_mergepairs raw_reads/SAA_R1.fastq.gz --reverse raw_reads/SAA_R2.fastq.gz --fastqout SAA.merged.fastq
```

命令运行后,部分输出信息如下:

```
# Merging reads 100%
        28741  Pairs
        19633  Merged(68.3%)
        9108   Not merged(31.7%)
```

(3)序列质量控制

一般可先用FastQC检查测序读段的质量信息,注意读段长度。本练习所用测序序列为16S rRNA v3—v4区片段大约为400bp。这里将合并后长度<380bp的读段都过滤掉,并去除所有含有未知碱基的序列。

```
$vsearch --fastq_filter SAA.merged.fastq --fastq_maxee 1.0 --fastq_minlen 380 --fastq_maxns 0 --fastaout SAA.filtered.fasta
```

命令运行后,部分输出信息如下:

#33624 sequences kept (of which 0 truncated),7616 sequences discarded。

(4)序列去重复(dereplication)

16S rDNA测序涉及PCR过程产生大量重复,为简化后续分析可以先做序列去重复。注:如将miniuniqusize值设成大于2,可去除低丰度序列,增加计算速度

```
$vsearch --derep_fulllength SAA.filtered.fasta --sizeout --minuniquesize 2 --output SAA.derep.fasta
```

命令运行后,部分输出信息如下:

#1371 uniques written,7560 clusters discarded (84.6%)

(5)嵌合体检测

PCR过程容易产生嵌合体(chimera),主要是由于PCR过程中模版的不完全延伸。一般可通过与参考数据库序列文件(rdp_gold.fa)比对去除嵌合体:

```
$vsearch --uchime_ref SAA.derep.fasta --db rdp_gold.fa --sizein --sizeout --nonchimeras SAA.nochimeras.fasta
```

命令运行后,部分输出信息如下:

#Found 138 (10.1%) chimeras, 1212 (88.4%) non-chimeras, and 21 (1.5%) borderline sequence in 1371 unique sequences。

[此步骤可略]如果没有参考序列,VSEARCH也可以通过从头(de novo)方法去除嵌合体:

```
$vsearch --uchime_denovo SAA.derep.fasta --sizein --sizeout --nonchimeras SAA.
```

nochimeras.fasta　注意：从头方法的命令运行较以上参考序列方法慢。

(6)OTU聚类

OTU是人为给某一个分类单元(科、属、种等)设置的标志。通常按照97%的相似性阈值将16S rRNA基因序列划分为不同的OTU，选取最长的序列作为OTU的代表，用于在种或属水平的分类鉴定。

$vsearch --cluster_fast SAA.nochimeras.fasta --id 0.97 --centroids SAA.otus.fasta --relabel OTU_ --sizein --sizeout

以序列最小相似度97%聚类，得到121个Clusters，部分输出信息如下：

#Clusters:121 Size min 2,max 6924,avg 10.0

(7)生成OTU表格

OTU聚类后，将原始测序读段比对回OTU序列(map reads back to the OTU data)，得到每个OTU的数量，生成OTU表：

$vsearch --usearch_global SAA.nochimeras.fasta --db SAA.otus.fasta --id 0.97 --otutabout SAA.otutab.txt

命令运行后，部分输出信息如下：

#Matching unique query sequences:1212 of 1212 (100.00%)

Writing OTU table (classic) 100%

(8)物种分类注释

OTU聚类后，挑选出每个OUT簇中的代表序列(一般为最长的序列)，与RDP、Sliva或GreenGenes等数据库进行比对，进行物种注释。这里采用Ribosomal Database Project classifier及其默认数据库做OTU物种分类注释。

$java -Xmx1g -jar rdp_classifier_2.2/rdp_classifier-2.2.jar -q SAA.otus.fasta -o SAA_otus_tax.txt -f fixrank

得到将不同OTU注释为不同分类水平上的物种信息。SAA_otus_tax.txt文件中每行为一个OTU的在不同分类水平的物种注释信息：

OTU_1;size=2553; - Bacteria domain 1.0 "Firmicutes" phylum 1.0 "Bacilli" class 1.0 "Lactobacillales" order 1.0 \ Streptococcaceae family 1.0 Streptococcus genus 1.0

(9)OTU物种分类数据整理

其他样本重复运行以上的分析命令得到OTU表，然后就可统计所有样本的菌群在门、纲、目、科、属和种各层次上的分类结果(主要看门与属水平)。这里查看属水平上的分类结果。

利用WPS或EXCEL打开上一步得到的各个OTU分类注释数据文件(如SAA_otus_tax.txt)，整理成文件otus_tax.csv(图15-5)，其中行(row)为样品名，列(column)为细菌在属水平的分类(属名)。每个样本只取丰度最高的(前9个)菌属，其他菌属都合并为"Others"。具体数据整理过程扫描书后二维码查看。

	A	B	C	D	E	F	G	H	I	J	K
1	Sample	Streptococcus	Prevotella	Actinomyces	Haemophilus	Neisseria	Gemella	Granulicatella	Porphyromonas	Rothia	Others
2	SAA	0.29442	0.12415	0.05715	0.04686	0.10486	0.04336	0.07188	0.02481	0.07814	0.15437
3	SAB	0.29495	0.15948	0.07746	0.06666	0.06330	0.05501	0.04777	0.02481	0.01016	0.20041
4	SAF	0.33196	0.08455	0.01305	0.21919	0.12917	0.02457	0.03177	0.03388	0.00988	0.12198
5	SAG	0.49129	0.03102	0.03187	0.26211	0.02350	0.02854	0.01560	0.00571	0.01389	0.09647

图 15-5 样本中物种的相对丰度

(10)菌群丰度可视化

基于在属水平丰度前10的物种,采用累积柱状图进行展示,并比较不同样品间的物种差异。运行R可视化命令前,先将样本文件otus_tax.csv放到目录(D:/win16s)。

```
#Plot relative abundance for all samples
#Stacked Bar Plots in R
library(ggplot2)
library(reshape2)
library(scales)
#set your working directory by either setwd()
setwd("d:/win16s")
#upload your data to R
data <- read.csv("otus_tax.csv",header = T)
head(data)
#convert data frame from a "wide" format to a "long" format
datam = melt(data,id = c("Sample"))
datam$value <- datam$value * 100
#make the plot!
n <- length(levels(datam$variable))
n #check n < 10?
cols <- hue_pal(h = c(0,360) + 15,c = 100,l = 65,h.start = 0,direction =
1)(n)[c(7,1,3,5,9,2,6,4,8,10)]
ggplot(datam,aes(x = Sample,y = value)) +
    geom_bar(aes(fill = variable),stat = "identity") +
    labs(x = "Sample",y = "Relative abundance (%)") +
    scale_fill_manual(name = "Genus",values = cols)
```

在属分类水平的菌株丰度分布如图15-6所示,可见链球菌属(Streptococcus)是样本中丰度最高的菌种。

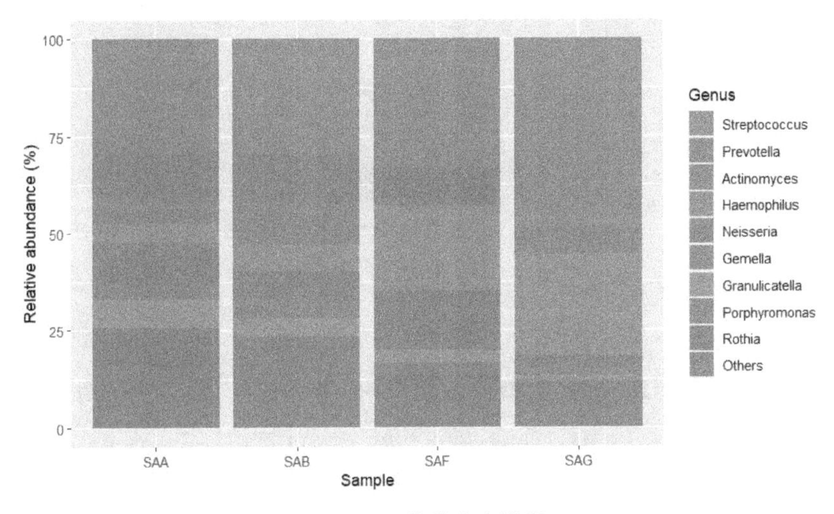

图15-6 物种丰度堆积

习题

1. 简述16S rRNA与16S rDNA,以及16S rRNA基因序列可用于微生物鉴定的原因。

2. 利用本章16S rDNA测序数据,通过在线宏基因组分析网站MG-RAST进行菌群分析,并比较与上面分析结果的差异。

参考文献

Dan E. Krane, Michael L. Raymer. 生物信息学概论 . 孙啸，等，译 . 北京：清华大学出版社，2004.

刘箭 . 分子生物学及基因工程实验教程 . 北京：科学出版社，2008.

王举，王兆月，田心 . 生物信息学：基础及应用 . 北京：清华大学出版社，2014.

吴祖建，高芳銮，沈建国 . 生物信息学分析实践 . 北京：科学出版社，2010.

杨焕明 . 基因组学方法 . 北京：科学出版社，2012.

张新宇，高燕宁 . PCR引物设计及软件使用技巧 . 生物信息学，2004，2(4)：15-18.

Andreas M, Francis O. Assessing an effective undergraduate module teaching applied bioinformatics to biology students[J]. Plos Computational Biology, 2018, 14(1):e1005872.

Bankevich A, Nurk S, Antipov D, et al. SPAdes: a new genome assembly algorithm and its applications to single-cell sequencing. Journal of Computational Biology, 2012, 19(5): 455-477.

Bentley D R, Balasubramanian S, Swerdlow H P, et al. Accurate whole human genome sequencing using reversible terminator chemistry. Nature, 2008, 456(7218):53-59.

Carriço J A, Rossi M, Moran-Gilad J, et al. A Primer on Microbial Bioinformatics for non-bioinformaticians. Clinical Microbiology and Infection, 2018:S1198743X17307097.

Clair C, Visick J. Exploring bioinformatics: a project-based approach. second edition. Jones & Bartlett Learning, 2015.

Gauthier J, Vincent A T, Charette SJ, et al. A brief history of bioinformatics.Brief Bioinformatics 2019, 20(6):1981-1996.

Handelsman J, Rondon M R, Brady S F, et al. Molecular biological access to the chemistry of unknown soil microbes: a new frontier for natural products-ScienceDirect. Chemistry & Biology, 1998.

Kelley D R, Schatz M C, Salzberg S L. Quake: quality-aware detection and correction of sequencing errors. Genome Biology, 2010, 11(11): R116. Edwards DJ, and Holt KE. Beginner's guide to comparative bacterial genome analysis using next-generation sequence data. Microbial Informatics and Experimentation 2013, 3(1): 2.

Knight R, Vrbanac A, Taylor B C, et al. Best practices for analysing microbiomes. Nature

Reviews Microbiology, 2018.

Li Y, Zhang W, Zheng D, et al. Genomic Evolution of Saccharomyces cerevisiae under Chinese Rice Wine Fermentation. Genome Biology & Evolution, 2014(9):9.

Momand J, Mccurdy A. Concepts in Bioinformatics and Genomics. Oxford university press, 2016.

Mortazavi A, Williams B A, Mccue K, et al. Mapping and quantifying mammalian transcriptomes by RNA-Seq. Nature Methods, 2008.

Shendure J, Balasubramanian S, Church G M, et al. DNA sequencing at 40: past, present and future. Nature, 2017, 550(7676):345-353.

Stothard P. The sequence manipulation suite: JavaScript programs for analyzing and formatting protein and DNA sequences. Biotechniques, 2000, 28(6):1102, 1104.

Trapnell C, Roberts A, Goff L, et al. Differential gene and transcript expression analysis of RNA-seq experiments with TopHat and Cufflinks. Nature Protocols, 2012, 7:562-578.

Tsai I J, Otto T D, Berriman M. Improving draft assemblies by iterative mapping and assembly of short reads to eliminate gaps. Genome Biology, 2010, 11(4):1-9.

Wooley J C, Godzik A, Friedberg I, et al. A Primer on Metagenomics. Plos Computational Biology, 2010, 6(2):e1000667.